高性能强夯装备与复杂地基处理
关键技术及应用

张季超　水伟厚　付卫东　等　编著

科学出版社

北京

内 容 简 介

本书主要内容包括：绪论、高性能强夯施工机械及其发展、基于性能的强夯法地基处理设计理论、高能级强夯关键技术、动力排水固结法处理关键技术、强夯地基处理工程检测技术、高能级强夯技术工程应用、动力排水固结法工程应用、强夯置换法工程应用及复杂地基处理工程。

本书可供土木工程领域的科技人员阅读，也可供高等院校相关专业的教师、高年级本科生和研究生参考。

图书在版编目(CIP)数据

高性能强夯装备与复杂地基处理关键技术及应用/张季超等编著. —北京：科学出版社，2025.3

ISBN 978-7-03-069935-0

Ⅰ. ①高⋯ Ⅱ. ①张⋯ Ⅲ. ①强夯-工程施工-研究 Ⅳ. ①TU751

中国版本图书馆 CIP 数据核字（2021）第 198145 号

责任编辑：任加林 / 责任校对：马英菊
责任印制：吕春珉 / 封面设计：东方人华平面设计部

科 学 出 版 社 出版
北京东黄城根北街 16 号
邮政编码：100717
http://www.sciencep.com
北京中科印刷有限公司印刷
科学出版社发行 各地新华书店经销
*
2025 年 3 月第 一 版 开本：787×1092 1/16
2025 年 3 月第一次印刷 印张：20 1/4
字数：458 000
定价：220.00 元
（如有印装质量问题，我社负责调换）
销售部电话 010-62136230 编辑部电话 010-62135120-2005（BA08）

本书编著人员

张季超　水伟厚　付卫东　赵志杰
王亚凌　许　勇　曾华健　李云华
张雪松

前　言

随着建筑行业的不断发展，土地资源的日益紧缺，如何更加合理地利用土地与地下空间资源，是目前土木建筑工程界关注的问题。同时在城市建设发展的过程中，会遇到各种各样的复杂地质条件，找到合适的地基处理方法，就能够给工程施工提供极大的便利。强夯法具有高效、节能、环保的优点，针对特殊地基土及复杂地基施工环境能够大幅减小工后沉降，较大幅度缩短场地达到稳固的时间，以满足建筑物上部结构正常使用阶段和施工阶段的承载力要求。

本书从强夯技术实践和研究进展的角度，重点阐述了高性能新型成套强夯机械设备、基于性能的强夯法地基处理设计、高能级强夯法施工关键技术、强夯检测技术、强夯置换技术、动力排水固结地基处理方法等内容。工程实录部分结合高能级强夯、强夯置换以及动力排水法在多项重大工程中的应用，对回填地基、软土地基、砂土地基等地基处理方案的选用、施工工艺的确定、可行性实验研究、检测结果分析和经济效益等进行了探讨，可为类似工程施工与设计提供参考。

本书作者长期从事地基处理的科学研究与工程实践，其研究成果"节能环保高性能强夯装备及复杂地基处理关键技术"获得 2019 年的广东省科学技术奖二等奖，"广州大学城软弱地基处理设计"获得 2016 年的中国建筑设计奖，"饱和软土地基预处理关键技术集成创新与实践"获得 2015 年的中国建筑学会科技进步奖二等奖，"地基处理新技术与工程实践"获得 2013 年的河南省建设科学技术进步奖一等奖，"广州大学城软弱地基处理新技术的研究与应用"获得 2007 年的广州市科学技术奖二等奖，"广东科学中心饱和软土地基预处理技术研究与应用"获得 2006 年的广东省科学技术奖二等奖，"超高层建筑桩基静载试验及机理分析"获得 1996 年的河南省科学技术进步奖三等奖等。本书按照国家有关技术规范和规程，深入浅出地对强夯技术进行了全面阐述，对作者主持和参与的多项工程应用实例进行了详细介绍与分析。

本书由广州大学张季超、许勇，大地巨人（北京）工程科技有限公司水伟厚，中海油惠州石化有限公司付卫东、李云华，珠海天力重工有限公司赵志杰，中化岩土集团股份有限公司王亚凌，江苏省岩土工程公司深圳分公司曾华健，番禺职业技术学院张雪松编著。广州大学王可怡及土木工程专业博士研究生张岩，广东省基础工程集团公司夏继军、邵孟新，深圳市路桥建设集团有限公司张爱军，大地巨人（广东）岩土工程有限公司董炳寅，珠海天力重工何海胜、李旭平，河南工程学院段敬民、皇民、高梦起，广州城建职业学院方金刚、吴承霞、高策等参加了与本书有关的辅助性工作。广州大学土木工程专业硕士研究生彭超恒、左正轩、吕明、刘丹、陈志河、陈力、张业平、陈泽宇等参加了本书相关资料的整理工作。全书由张季超、水伟厚、许勇、张岩负责校审工作。

本书得到广东省重点领域研究计划项目（项目编号：2020B0101130005）、广州大学高水平大学建设（项目编号：27000523）、广州市"121"人才梯队、河南工程学院"特聘教授"、番禺职业技术学院"大师工作室"等资金资助。

因作者水平有限，书中难免有遗漏和不足之处，热切希望读者批评指正。

目　　录

第1章 绪 论

地基处理在我国有着悠久的历史，古代劳动人民很早就懂得对特殊地层进行人工处理，并有极其宝贵的丰富经验。许多现代的地基处理技术在古代都可找到它的雏形。采用重锤夯实土是最古老也是最简单的处理方法。据史料记载，早在 3000 年前我国已经开始采用竹子、木头及麦秸等来加固地基，2000 年前就已采用了在软土中夯入碎石等压密土层的夯实法；而灰土和三合土的垫层法，早就是我国古代传统的建筑技术之一。随着土木工程的发展，地基处理技术也在不断发展。因此，地基处理是一门既古老又年轻的学科。

从 20 世纪 70 年代初法国工程师梅纳（Menard）提出采用强夯技术加固填土地基以来，该项技术已在世界各地广泛应用。我国于 1975 年开始介绍和引进强夯技术，并于 1978 年底开始在工程中试用，一直沿用至今。随着我国城镇化进程的加快，建设项目越来越多，而且荷载越来越重，对地基的要求也越来越苛刻。"地少人多"的矛盾日渐突出，城镇空间狭小已成为制约经济发展的首要因素。在解决用地矛盾时，采用了大规模的"围海造地""填谷造地"等方法，但围海、填谷造地堆积起来的场地不仅非常疏松，且常夹杂有淤泥杂质，极不均匀，若不进行处理，根本无法作为建设用地。在这种背景下，强夯技术得到了快速发展。

由于强夯技术具有经济易行、效果显著，且其设备简单、施工便捷、质量容易控制、节省材料等特点，在我国得到迅速推广，特别是"十一五""十二五"期间，多项重大工程项目因采用了强夯技术而缩短了施工周期，节省了大量的工程投资，取得了良好的经济效益与社会效益。

强夯技术广泛应用于碎石土、砂土、低饱和度的粉土与黏性土、湿陷性黄土、杂填土、素填土等地基。对于饱和度较高的黏土和淤泥质地基通过辅以置换等措施也可以取得一定的加固效果，如形成硬壳层，可作为工业项目的厂区、道路、一般建（构）筑物地基，但不宜用作高重设施基础。对于高饱和度粉土与黏性土等地基，采用夯坑内回填块石、碎石或其他粗颗粒材料进行强夯置换也取得了一定效果。近年来，多项全国重大工程项目采用强夯技术加固地基并取得显著效果，经检测评价满足设计要求[1]。

目前用强夯技术加固地基的方法，已广泛应用于工业与民用建筑、仓库、油罐、储仓、公路和铁路地基、飞机场跑道、码头及大型填海造地等工程。工程实践表明，强夯法具有施工简单、加固效果好、经济实用等优点，在某种程度上比机械的、化学的和其他力学的加固方法更为实用、经济和有效。针对深厚回填土、饱和软土等复杂地基，相对其他地基处理方法，强夯法具有高效、节能、环保的优点，它可减小工后沉降、缩短场地稳定时间、节约工程造价。自 20 世纪 80 年代起，本书作者及其研究团队已对强夯法开展研究。2004 年起结合广东科学中心饱和软土地基处理工程项目，广州大学先后与大地巨人（北京）工程科技有限公司、广东科学中心、广东省基础工程集团有限公司等单位共同组成课题组，针对大面积填海、开山造地等复杂地基处理问题开展研究，通过跨地区、多部门的产学研协同攻关，创建了基于性能的动力固结法处理地基关键技术。

近年来，本书作者及其研究团队又开展了高性能强夯装备和复杂地基处理关键技术研究，获国家授权发明专利 6 项、实用新型专利 8 项，获批国家专有技术 2 项、国家级（省级）工法 3 项，获中国建筑设计奖（地基基础）、中国建筑学会科技进步奖、广东省 2019 年科技进步奖三等奖。上述成果已在广东科学中心、中海油珠海精细化工项目、中国石油珠海高栏港岛成品油储备库、惠州 100 万 t/a 乙烯工程等多项重大工程中成功应用，地基处理面积达 597.6 万 m²。同行业评价上述成果"总体上达到国际先进水平，其中性能化设计理论与方法达到国际领先水平"，符合"资源节约性、节能环保性"的发展方向，为我国动力固结法处理复杂地基关键技术的应用起到重要的示范作用，具有广阔的应用前景[2-3]。

1.1 概　　述

1.1.1 强夯法的产生及发展

1. 强夯法

强夯法又称动力固结法（dynamic consolidation method）或动力压实法（dynamic compaction method），其原理是用起重设备将重锤（一般 10～40t）起吊到一定高度（一般 10～40m），然后让其自由下落，冲击地面，同时利用其冲击过程中产生的强大应力波，使地基土中的孔隙体积压缩，孔隙水压力急剧上升。在这一过程中，砂土会局部液化，黏性土在夯点周围产生辐射状的铅直裂缝，使孔隙水顺利排出，从而可以提高地基土体的承载力，降低压缩性，改善砂土的液化条件，还可消除湿陷性黄土的湿陷性等。

由于强夯法经济、简便，并且加固效果显著，其迅速在世界各国得到大规模的推广和应用。我国于 1978 年首次在天津新港三号公路进行了强夯法的试验研究。在初步掌握了这种方法的基础上，于 1979 年 8 月至 9 月又在秦皇岛码头堆煤厂细砂地基进行了试验，结果证明其地基处理效果显著。随后，强夯法迅速在全国各地推广应用。现在强夯法已成为我国地基处理的主要方法，据不完全统计，"十二五""十三五"期间，全国重大工程地基处理项目中采用强夯法处理地基面积达 7 000 万 m²。

强夯法加固地基一般是在天然含水量状态下进行的，它要求地基土体的渗透系数不能太小，以利于孔隙水压力的消散和土体颗粒的移动，使土体达到密实状态。在创始之初，强夯法仅用于加固碎石土和砂土地基。国外对强夯法的适用范围有比较一致的看法，即强夯法只适用于塑性指数 $I_p \leqslant 10$ 的地基处理。随着人们对动力固结法的施工技术不断改进，该方法已广泛地应用于碎石土、砂土、低饱和度的粉土与黏性土、湿陷性黄土、杂填土和素填土等地基的处理，国外甚至曾用强夯置换法处理泥炭、有机质粉土等地基。

沿海地区采用"围海造地"、西部丘陵山区采用"削峰填谷造地"等方式进行大规模场地开发，已成为沿海地区、山区解决用地矛盾的有效方法。针对深厚回填土、冲填饱和软土等复杂地基处理,强夯法具有"高效、节能、环保"的特点,可缩短场地稳定时间、减小工后沉降、节约工程造价,且环境友好、不用钢材水泥等。在本书作者及其研究团队完成的 300 余项强夯法工程应用中,选取高能级强夯预处理疏桩劲网复合地基技术在中化格力二期项目中的应用、延安新城湿陷性黄土地区高填方场地地基 20 000kN·m 超高能级强夯处理工程等国家重大工程在第 7 章进行了详细介绍。

2. 强夯置换法

强夯置换(dynamic replacement,DR)法是在强夯法处理地基基础上发展而来的新型地基处理方法。它采用在夯坑内回填块石、碎石、建筑垃圾等粗颗粒材料,利用夯锤的高能量冲击和挤压,不断夯击坑内回填料,最终将这些粗颗粒挤压入土中,形成强夯置换墩。有很多难以处理的地基工程,都是将强夯法与置换法相结合处理,此方法拓展了强夯技术的应用领域。

强夯置换加固软土的方法是 20 世纪 80 年代发展起来的,我国自 1987 年以来发展迅速,已有一系列工程采用强夯置换处理软土或液化地基。

由本书作者及其研究团队首创的"预成孔填料置换强夯法技术""高能级强夯置换工艺+环墙基础设计"等多种组合工艺地基处理技术,实现了置换墩体与下卧硬层的良好接触,可有效加固处理饱和黏性土、淤泥、淤泥质土、软弱夹层等软弱地基,较大幅度增加了加固深度。实践表明,强夯置换法适用于地下水位高、回填深度大且承载力要求高的地基处理工程,可有效改善地基承载力和减少地基工后沉降。在本书作者及其研究团队完成的 240 余项强夯置换法工程应用中,选取泉州石化 1 200 万 t/a 重油深加工项目——青兰山库区 15 000kN·m 强夯置换工程、葫芦岛海擎重工机械有限公司煤工设备重型厂房开山填海地基 15 000kN·m 强夯置换处理工程等国家重点工程在第 9 章进行了详细介绍。

3. 动力排水固结法

动力排水固结(dynamic drainage consolidation)法是一种复合型软土地基处理方法,可直接改善地基软土本身的力学性能,充分发挥土体本身的潜在性能,并在较短的时间内改进软土地基的结构性能。动力排水固结法吸收了动力固结和静力固结地基处理方法的优点,是一种动静相结合的先进工艺。动力排水固结法适合加固含水量高、压缩性大、工程性质差类软土地基。

自 20 世纪 80 年代动力排水固结法提出以来,我国岩土工程界已将其成功地用于上海、深圳、海南等地区软土地基处理工程,均取得了较好的效果。我国学者于 1980 年初就利用自行设计的动力固结仪(一维变形)对软黏土动力固结的机理进行了室内试验研究,为理论计算提供了可靠参数。根据软黏土的强夯特点,适应软黏土地基的"先轻后重,逐级加能,少击多遍,逐层加固"的夯击方式被提出,并在多个工程实践中取得了较好的加固效果。

与传统强夯相比,动力排水固结有其突出的特点,即它强调了动力排水固结的效果,突出土体的排水固结性,尤其是加大了固结速度。动力排水固结动力系统能量的施加由小到大，因为软土含水量高，多数呈流塑状态，只能以小的能量使浅层软土率先排水固结，强度增长后，再进一步加固深层软土；在夯击能量施加时由小到大，即先施加小能量加固浅层软土，再用高能量加固深层软土。动力排水固结法与强夯法在排水系统方面的差别就更为明显：动力排水固结法在软土中设置人工排水系统，以改善软土的排水边界条件，而强夯法则没有人工排水系统。此外，在固结速度和固结程度上两者也有差别，即动力排水固结速度快，固结程度更彻底。

本书作者及其研究团队通过对饱和软土强夯特性的深入研究，提出了"吹砂填淤、动静结合、分区处理，少击多遍、逐级加能、双向排水"的动力排水固结法，经过多项实践表明：动力排水固结法具有工程造价低、施工工期短、环境污染小、社会和经济效益突出等特点。在作者及其研究团队完成的 130 余项动力排水固结法工程应用中，本书选取广东科学中心饱和软土地基预处理工程在第 5 章进行了介绍。选取广州市工商行政管理局南沙分局动力（强夯）排水固结处理工程、惠州市大亚湾石化工业区 I1 地块软弱地基处理工程等在第 8 章进行了详细介绍。

4. 强夯机械

随着强夯能级的提升，夯锤质量及提升高度不断增加。普通起重机在进行强夯作业时，由于施工过程中频繁加载及瞬时卸载，整机振动非常厉害，高强度的工作使得机械结构不可避免地遭受破坏。普通起重机由于重心偏高，高能级强夯作业时甚至有倾覆的危险，机械可靠性明显降低。因此，普通起重机很难继续作为夯锤提升装置使用。

国内刚引进强夯机械时的吨位能级最高只有 3 500kN·m。传统的强夯机械已不再适应高能级强夯技术的要求，一些大型的工程机械制造商已相继涉足新型强夯机的设计和制造，强夯机械设计和施工向着高能级、多样化的方向发展。新型高性能强夯机从普通的履带式强夯机演变而来，对传统夯锤、脱钩机、门架等强夯机关键组成部分进行原始创新，使其适应高能级强夯施工发展的需要。

由本书作者及其研究团队研发的可伸缩履带式强夯机底盘、基于 GPS 技术的强夯机械控制系统、实用型镶嵌式组合夯锤、具有限位功能的强夯机门架、强夯机自动挂脱钩装置、强夯智能监控装备——"强夯宝"等新技术综合应用的强夯机械，有效实现了自动化、信息化、智能化，施工效率及安全可靠性的提升。目前，由本书作者及其研究团队研发的具有自主产权的新型高能级 CGE-1800 系列强夯机械，已完成了 25 000kN·m能级的强夯试验，以及具有自动记录夯次量、夯点定位坐标、无线传输显示和智能计算分析监控的"强夯宝 1.0"已投入工程应用。其改善了传统强夯机振动大、倾覆力矩大、无法满足高能级强夯作业的缺点，具有使用方便、作业可靠、机体振动摆动小、适用性广及成本低的特点。第 2 章对高性能强夯施工机械的发展和新型强夯施工机具的智能化、数字化组成做了详细介绍。

1.1.2 强夯法的特性

强夯法自发明以来，逐步应用于工程中，其具有以下特点。

（1）适用各类土层：可以用于加固各类砂性土、粉土、一般黏性土、黄土、人工填土，特别适宜加固一般处理方法难以加固的大块碎石类土及建筑、生活垃圾或工业废料组成的杂填土，结合其他技术措施也可用于加固软土地基。

（2）应用范围广泛：可以应用于工业厂房、民用建筑、设备基础、油罐、公路、铁道、桥梁、机场跑道、港口码头等工程的地基加固。

（3）加固效果显著：地基经强夯处理后，可以明显提高地基承载力和压缩模量，增加干容重，减少孔隙比，降低压缩系数，增加场地均匀性，消除湿陷性、膨胀性，防止振动液化。地基经强夯加固处理后，除含水量过高的软黏土外，一般都可以在夯后就投入使用。

（4）有效加固深度：结合国内外的工程情况，中低能级强夯法加固深度一般均可以达 6～8m，高能级可达 10～18m。

（5）施工机具简单：强夯机具主要为履带式起重机。当起吊能力有限时可以辅以龙门式起落架或其他设备，加上自动脱钩装置。

（6）节省材料：一般的强夯处理是将原状土施加夯击能量，无须添加其他建筑材料，从而节约了建筑材料的购置、运输、打入地下的施工费用，大大缩短了施工周期。当有特殊要求时，可辅以砂井、挤密碎石工艺配合强夯施工，其加固效果比单一工艺高出许多，材料也比单一砂井、挤密碎石方案要少，费用较低。

（7）节省工程造价：强夯工艺无须建筑材料，节省了建筑材料的购置、运输、制作等费用，除消耗少量油料外，没有其他消耗，因此工艺造价低廉。

（8）施工快捷：只要工艺合适，强夯工艺无须建筑材料的制作，其施工周期短，特别是对粗颗粒非饱和土的强夯，周期更短，一般与挤密碎石桩、分层碾压、灌注桩方案相比更为快捷，因此间接经济效益更为显著。这从另一角度对设计人员提出了更高要求，即地基处理方案中时间效益更为凸显，施工快捷是方案可行的重要要求。

1.1.3　国内外强夯法的研究现状

强夯法的研究是从 20 世纪 70 年代开始的。在 1974 年英国召开的有关土体深基础会议上，有学者详细介绍了强夯法。此后，许多学者开始致力于强夯法的研究，尤其对其在工程实践、室内试验、理论分析及数值模拟方面进行了大量的研究工作。

1. 强夯法机理研究

强夯法目前已应用于地基土的大面积加固中，其深度可达 30m。当其应用于非饱和土时，压密过程基本上同实验室中的击实试验相同；在饱和无黏性土的情况下，可能会产生液化，其压密过程同爆破和振动密实的过程相同。对于这类土需要破坏土的结构，产生超孔隙水压力，以及通过裂隙形成排水通道进行加固。现在对强夯法加固地基的作用机理大致有以下三种。

（1）动力密实机理，即在强夯法加固非饱和土时，强大的冲击能强制压密地基，使土体中的气相体积大幅度减小，改变土体颗粒骨架结构，压缩其孔隙，从而增加地基土密实度。

（2）动力固结机理，即利用强大的冲击能与冲击波，破坏土体的结构，土体局部液化并产生许多裂隙，同时作为孔隙水的排水通道，使土体固结，从而土体触变恢复压密土体。

（3）动力置换机理，即强夯将碎石整体挤入淤泥成整体置换或间隔夯入淤泥成桩式碎石墩。对于饱和黏性土、粉土地基应用强夯法，可尝试用夯坑内回填块石、碎石或其他粗颗粒的方法来解决。

2. 强夯法的模型研究

强夯法处理地基方法简单、经济、施工快，应用十分普遍，但是强夯法目前仍停留在经验积累阶段，严格的强夯设计理论和分析方法还没有真正建立起来。多年来，许多学者应用各种模型预估强夯作用下的地基土，对其进行理论和计算方法的研究。

较早的研究模型是质量-弹簧-阻尼器模型。应用该模型对强夯法处理地基后承载力的计算进行探讨，但该类模型实际上是一维的微分方程，其求解的强夯表面应力与位移，没有同时使得强夯的边界接触应力、接触时间及夯沉量与实测资料相符。因为从力学观点来看，地基土受到夯锤冲击的过程，完全可作为轴对称的三维动力问题求解，应用一维模型求解不考虑侧向应力及变形，这与实际情况有较大出入。在此基础上，建立于反分析法上的反分析模型又发展起来。该方法是通过建立合理的反分析模型，利用强夯时停止夯击的标准（即达到夯实效果时单击夯沉量）来反演强夯后地基土的变形模量，定量地预测强夯后地基土的容许承载力大小。实际上，这种计算强夯后变形模量的方法只是一种单值反分析法，仅为强夯设计和施工提供参考。近期发展起来的是"帽子模型"，是对地基土的应力分布特征进行数值模拟，它不仅反映夯击时动应力的传递过程，而且考虑到强夯时土体的变形呈现典型的弹塑性特征。采用弹塑性的土体本构模型，应分析强夯时地基土的动应力传递过程，并进一步探讨强夯的加固机理。此模型较全面地反映土的应力-应变关系，可用于处理和预测土体复杂的应力状态中土力学等典型边值问题中的非线性、非比例加载和卸载、应力路线的依赖关系和膨胀等。在动荷载的数值模拟中，"帽子模型"是基于典型的塑性增量理论中的连续介质模型建立的，已被许多土工材料数值模拟所采用[4]。

3. 强夯法的试验研究

强夯法加固地基的试验研究包括两类：一类是工艺性试验，即确定强夯的夯击能量、夯击次数、有效夯实系数等，主要由单点夯击试验确定；另一类是夯击方案可行性试验，即在整个强夯处理场区选择若干具有代表性地层的区域进行群夯试验，确定夯击能量、夯击遍数、夯击间距、间隔周期、地面下沉量及强夯地基承载力、压缩模量、有效处理深度等。在此基础上，采用荷载试验，标准贯入试验或是其他原位、土工试验，并与未进行强夯处理的原状地基试验结果进行对照比较，从而确定评估强夯加固效果。

强夯试验研究能很好地证明强夯法的作用。自强夯法应用以来，大量的工程实践为强夯法的发展提供了有益经验，从这些实践经验中可以合理地选择强夯时所采用的夯锤质量、下落高度、夯点布置等各项参数。同时，经过现场的试验，可以对比强夯前后土体的各种物理力学性质指标，从而确定强夯对土体的明显作用效果，证明强夯处理土体的有效范围。另外，应用试验研究的结论，结合以往的工程经验获得影响强夯作用效果的众多因素，应用数学的方法，将这些因素进行回归得出评价强夯加固效果的多种公式，为强夯法的发展提供了许多有益的经验公式。其中，梅纳公式就是应用这种方法得出的强夯法加固深度公式，随着工程实践的增加和现场测试的加深，我国又在此基础上提出了修正后的梅纳公式，使加固深度的计算公式更加合理。

4. 强夯法的数值分析

随着数值模拟分析方法应用于工程实践的日益扩大，计算机的发展为计算研究提供了便利条件，用数值模拟的方法来研究强夯法成为一种全新的研究方法。但是土体在自然界的存在模式是各种各样的，土的组成、结构和由此形成的特性也是千差万别的，再加上强夯法处理土体作用机理复杂，要正确地描述强夯作用土体的应力、应变及破坏规律是很不容易的。

自强夯法处理地基试验成功以来，大量的研究工作不断展开，数值模拟方法在强夯法中的应用极大地拓宽了强夯法的研究，但是由于早期理论知识和计算机方面的不足，对强夯较早的模拟没有十分满意的结果。较早的模拟大致有拟静力法、波动计算法、动力计算法。近年来，随着土动力学和高等土力学应用于强夯法的发展，强夯法加固饱和软黏土的动力固结理论得到了较好的模拟。其中，一种方法是进行非线性耦合分析，该方法综合考虑流固动力耦合和接触耦合，采用三维有限单元法，分别给出这两种耦合情况的解析迭代格式，对强夯法加固地基的机理进行数值模拟分析；另外一种方法是将强夯模型建立在比奥（Biot）真三维固结理论基础之上，充分考虑土体固结过程，以及土体非线性特性及孔隙水在高能量冲击下的紊流特性，真正实现了土体与水体的耦合分析。

数值模拟方法尽管存在不少有待解决的问题，但克服了许多经验公式的不合理性，而且其计算结果与实测结果相比，规律基本相同。数值方法对于强夯机理的分析和辅助工程设计有一定的帮助作用。

5. 强夯前后地基土的微结构研究

土体模型是具有非常复杂的非线性特征，并用传统的、基于线性分析基础之上的技术方法建立起来的宏观力学研究模型，由于缺乏对土体结构特征及其演化规律的描述，在实际应用中遇到了越来越大的困难。因此，著名的土力学专家沈珠江院士指出：21世纪将是土体的微观结构力学的世纪，土体结构性本构模型的建立将成为核心问题。

经过武汉（1983 年）和南京（1985 年）的两次有关土结构学术会议以后，我国对土体微结构概念的理解已经趋向一致，认为土体微结构是指土中各组分在空间上的存在形式、结构特征，它们受各组分的定量比例及相互间的作用力的控制。土体微结构的特征主要包括以下几个方面：①形态学特征，指结构单元体的大小、形状、表面特征及数量比例关系；②几何学特征，指结构单元的空间布局；③能量学特征，指结构连接类型和结构总能量；④孔隙特征。自 1925 年土的微结构概念被首次提出以来，土体微结构研究已经获得了可喜的成果，大致可分为以下几个方面。

1）土体微结构定性研究

土体微结构定性研究主要借助光学显微镜、电子显微镜等手段，系统地研究土结构的形态特征。自 20 世纪 70 年代，学者们已经开始分析土的微结构与工程性质的关系，并对颗粒定向性、土的微结构与土的变形破坏之间的关系进行探讨。在国内，有关学者同期应用微结构定性解释一些特殊土（黄土、膨胀土）的工程性质方面取得较大进展，如对黄土的微结构进行观察和分类，并将其与黄土湿陷性的关系进行了探讨，以及对膨胀土的微结构与工程性质的关系进行了详细的研究。

2）土体微结构定量研究

微观研究的定量测试技术早期主要是应用 X 射线衍射仪，对黏性土中扁平黏土矿物颗粒定向排列进行测定。国内有关研究人员先后借助计算机图像分析技术，获得黏性土孔隙、颗粒大小、形态、定向性等方面的信息；利用统计方法，引进熵的概念，对细粒土、黄土、膨胀土进行了定量研究，并在微结构分形特征、天然黏性土的主要工程性质与微结构的关系、黏性土变形过程中的微结构变化与黏性土微结构形态模式方面取得了可喜的成果。

3）土体微结构力学模型研究

目前，比较有影响的微结构模型主要有两类：第一类是由经典塑性滑动理论发展形成的重叠片和微滑面模型，该模型是从土的微观结构角度建立起来的，得到国外土力学界的重视；第二类为颗粒模拟模型，近年已被应用到水泥、纤维和砂等复合材料的本构关系模型中。在国内，有关学者从微结构的变化规律出发，详细讨论了建立微结构变化与宏观应力之间关系的基本原理，提出适合中密到松散砂土在低围压下的散粒体模型，对于有胶结强度的土，引入损伤力学的概念，建立了双弹簧的复合体模型；利用重叠片和微滑面微观力学模型建立了各向异性黏性土（软土）蠕变的微观力学模型，取得了较好的拟合效果，并且从土体微结构与传统的土力学理论的区别的角度，提出了"以土体的结构性控制为基本点、以建立土体的结构性本构模型为核心内容、以土体工程问题的量化结构模拟和预测为目标、以非线性力学和土质学为基础"的现代土力学分支（微结构力学）的基本概念。

1.1.4 强夯机械的发展现状

强夯起重机作业性能和施工能力直接影响着强夯工程的进度、安全、效益及强夯工艺的发展。强夯施工机械主要包括夯锤、起重机、脱钩装置、辅助门架等设备，其中主要设备是起重机。目前常以中小吨位履带起重机作为改造对象，通过增加各种防后倾装置和门架等，达到较高的施工级别。这种改造虽然能够防止设备在工作时倾覆，增加了主臂的刚度和强度，一次性投入成本低，但是存在安全性差、使用效率低、消耗和维护成本高的缺点。近年来，相继有科研单位和专业设备制造厂参与强夯机具的开发研制，我国强夯机具得到了快速发展。例如，多个公司研究开发了高能级强夯机，其强夯能级范围 25 000～30 000kN·m。

夯锤有组合拼装式和整体式，材料选用铸钢或者钢筋混凝土；外形主要有方形和圆形。夯锤的选取对夯击效果有显著影响。由于方形夯锤在连续夯击时对位困难、消耗能量大，已基本被淘汰。目前在高能级强夯施工中的夯锤多为 300kN、400kN、450kN 的圆形铸钢锤，经验留孔面积为夯锤底面积的 0.1 倍，留孔直径为 25~40cm，以避免和减小"气垫"作用。另外，夯锤面积会影响有效加固深度。实践表明，同一能级下，夯锤半径适当减小，最大夯击应力比增大，加固效果更好；在高能级强夯下，重锤低落比轻锤高落的有效加固深度和加固后地基的均匀性都好。

强夯脱钩装置多采用机械式脱钩和人工挂钩，不仅效率低，而且不安全。目前，强夯脱钩装置多采用国外成熟的液压挂钩和自动脱钩装置，这样施工人员不必进入夯击区，施工效率和安全性均得到提高。随着科技的发展，以"强夯宝"为代表的智能化和数字化监控装置已应用于强夯施工设备上，从而实现远距离智能监控，进一步提高施工作业的安全性和效率。

1.1.5 基于性能的强夯地基处理

20 世纪 90 年代初，美国加州大学伯克利分校的学者提出基于位移的抗震设计（displacement-based seismic design，DBSD）的思路，建议改进基于承载力的设计方法，这一全新理念最早被应用于桥梁抗震设计中。该设计方法的核心思想是从总体上控制结构的位移和层间位移水准。这一理论的构思影响了美国（1994）、欧洲（1998）及日本（2000）的抗震设计，特别是在经历了 1994 年美国加州北岭地震和 1995 年日本阪神地震后，巨大的财产损失使得人们看到了性能设计的重要性，随即对其展开了深入研究。

美国应用技术委员会（Applied Technology Council，ATC）于 1995 年发表的 ATC-34 报告和 1996 年发表的 ATC-40 报告均对基于性能的抗震设计方法进行了描述。

美国加州结构工程师协会（Structural Engineers Association of California，SEAOC）于 1995 年建立了不同等级地震下能达到预期性能水准且能实现多级性能目标建筑的一般框架，并建议地震设防等级分为四级。

美国联邦紧急事务管理局（Federal Emergency Management Agency，FEMA）在其 1996 年发表的 FEMA273 报告和 FEMA274 报告中也包括了基于性能的抗震设计内容及其方法。

基于性能化的设计理论于 20 世纪 90 年代由美国学者首次提出，并将其应用于结构抗震设计领域。性能化抗震设计思想自提出以来，性能化抗风和防火等设计理论也陆续提出。性能化抗震设计和性能化抗风设计也成为高层、大跨度结构设计的重要内容。然而，对于基于性能的强夯地基处理设计的研究目前尚属空白，故在第 3 章专门对基于性能的强夯法地基处理设计进行探讨。在大规模城市化建设过程中，结合地基处理对整个工程的质量、进度和投资的影响，探讨基于性能的强夯地基处理设计方法，有助于解决地基处理过程中的社会经济性与处理效果的安全可靠性之间的矛盾，从而更好地指导工程建设。

1.1.6 复杂地基处理

对于复杂地基处理，早年我国从国外引进和发展了高压喷射注浆法、振冲法、强夯法、深层搅拌法、土工合成材料法、袋装砂井法、强夯置换法、聚苯乙烯泡沫塑料（expandable polystyrene，EPS）超轻质填料法等。同时也发展了符合我国国内具体工程地质条件的软土复杂地基处理方法，如土桩法、灰土桩法、砂桩法等；在工程实践中还发展了许多新的地基处理方法，如真空预压法、塑料排水带法、刚性桩复合地基法、锚杆静压桩法、低强度桩复合地基法等。早年部分软土地基处理方法在我国的应用如表 1.1 所示。

表 1.1　早年部分软土地基处理方法在我国的应用

	地基处理方法	时间		地基处理方法	时间
国外引进	高压喷射注浆法	1972 年	我国研发	土桩法	20 世纪 50 年代中期
	振冲法	1977 年		灰土桩法	20 世纪 60 年代中期
	强夯法	1978 年		砂桩法	20 世纪 50 年代
	深层搅拌法	1977 年		真空预压法	1980 年
	土工合成材料法	20 世纪 70 年代末		塑料排水带法	1981 年
	袋装砂井法	20 世纪 70 年代		刚性桩复合地基法	1981 年
	强夯置换法	1988 年		锚杆静压桩法	1982 年
	EPS 超轻质填料法	1995 年		低强度桩复合地基法	1990 年

针对软土地基这种复杂的地质条件，地基处理方法可以分为两大类：一类是对天然地基进行全面的土质改良；另一类是形成复合地基。根据地基处理的加固原理，目前常用的软土地基处理方法可归纳为五类，如下所述。

1）置换法

置换法是指用物理力学性质较好的岩土材料转换天然地基中部分或全部软弱土，形成复合地基，以达到提高地基承载力、减少工后沉降的目的。

2）排水固结法

排水固结法是指地基土体在一定荷载作用下排水固结，土体的孔隙体积减小，抗剪强度提高，以达到提高地基承载力、减少工后沉降的目的。其中与强夯结合的动力排水固结法将在第 3 章 3.4 节详细介绍。

3）灌入固化物法

灌入固化物法是指向地基中灌入或拌入水泥、石灰或其他化学固化材料，在地基中形成复合体，以达到地基处理的目的。

4）振密、挤密法

振密、挤密法是指采用振动或挤密的方法使地基土体进一步密实，以达到提高地基承载力和减少工后沉降的目的。

5）加筋法

加筋法是在地基中设置强度高、规模大的筋材，以达到提高地基承载力和减少工后沉降的目的。筋材可以是钢筋混凝土、低强度混凝土，也可以是土工合成材料等。

软土地基处理方法、原理及适用范围如表 1.2 所示。

表 1.2 软土地基处理方法、原理及适用范围

处理方法		原理	适用范围
置换法	换填垫层法	将软弱土开挖至一定深度，回填抗剪强度较大、压缩性较小的材料，分层夯（压）实，形成双层地基。垫层能有效扩散基底压力，提高地基承载力，减少工后沉降量	处理浅层的软土地基
	强夯置换碎石桩法	对于厚度小于 6m 的软弱层，边强夯边填碎石，形成深度为 3~6m，直径为 2m 左右的碎石桩体，与周围土体形成复合地基	高饱和度的黏土与软塑的黏性土等地基及对变形要求不严的工程
	石灰桩法	生石灰与粉煤灰等掺和料拌和均匀，在孔内分层夯实形成竖向增强体，通过生石灰的吸水膨胀挤密桩周土，并与桩周土组成复合地基	饱和黏性土、淤泥、淤泥质土等地基
排水固结法	动力排水固结法	通过在软土地基设置竖向（塑料排水板、袋装砂井等）及水平（排水水沟等）排水体，以一定的时间间隔施加冲击能量，软土地基在动荷载作用下，形成高孔隙水压力梯度，孔隙水通过设置的排水系统和动力荷载作用下的裂隙排水系统快速排出，孔隙体积减小，有效应力增加，快速实现软土地基的固结	处理厚度较大的淤泥、淤泥质土等饱和黏性土地基
	堆载预压法	通过在软土地基中设置竖向排水通道（塑料排水板、袋装砂井等），以缩小土体固结排水距离，在预先堆相当于或超过建筑物重量的荷载作用下，使软弱地基排水固结，从而提高地基承载力，减少工后沉降	
	真空预压法	通过在软土地基上铺设垫层，并设置竖向排水通道（袋装砂井、塑料排水板等），再在其上覆盖不透气的薄膜形成密封层。然后用真空泵抽气，使排水通道保持较高的真空度，使土中产生负的孔隙水压力，孔隙水逐渐被排出，使土体达到固结	
	真空堆载联合预压法	当真空预压达不到要求的预压荷载时，可与堆载预压联合使用，其堆载预压荷载和真空预压荷载可叠加计算	
	电渗排水法	通过向土中插入的金属电极通以直流电，使土中水流由正极区域流向负极区域，使正极区域土体由于水流排出而固结	饱和软黏性土地基
灌入固化物法	水泥土搅拌桩法	以水泥浆（湿法）或水泥粉（干法）作为固化剂，通过特制的深层搅拌机械，将固化剂和地基土强制搅拌，使软土硬结成具有整体性、水稳定性和一定强度的桩体的地基处理方法	正常固结的淤泥、淤泥质土以及黏性土地基。地基土的天然含水量小于 30%、大于 70% 或地下水的 pH<4 不宜用干法
	高压旋喷桩法	用高压水泥浆通过钻杆由水平方向的喷嘴喷出，形成喷射流，以此切割土体并与土拌和形成水泥土加固体的地基处理方法	淤泥、淤泥质土、流塑、软塑或可塑黏性土等地基
	夯实水泥土桩法	将水泥和土按照设计的比例拌和均匀，在孔内拌和形成高黏结强度桩，并且桩、桩间土和褥垫层一起组成复合地基的地基处理方式	地下水位以上的黏性土等地基，处理深度不宜超过 10m
振密、挤密法	强夯法	利用强大的冲击能，迫使深层土液化和动力固结，土体密实，用以提高地基承载力和减小沉降，消除土的湿陷性、胀缩性和液化性	厚度较浅的黏性土地基
	机械碾压法	通过压路机、推土机、羊足碾等压实机械压实地基表层土体	浅层黏性土或大面积填土分层压实工程
	干振碎石桩法	利用干法振动成孔器成孔，使土体在成孔和填石成桩过程中被挤向周围土体，从而使桩周土体得以挤密；同时，挤密的周土和碎石桩共同构成复合地基	松软黏性土地基

处理方法		原理	适用范围
加筋法	低强度混凝土桩复合地基法	在地基中设置低强度混凝土桩,与桩间土形成复合地基,提高地基承载力、减小沉降	各类深厚软弱地基
	钢筋混凝土桩复合地基法	在地基中设置钢筋混凝土桩,与桩间土形成复合地基,提高地基承载力、减小沉降	
	长短桩复合地基法	由长桩和短桩与桩间土形成复合地基,提高地基承载力、减小沉降。长桩和短桩可采用同一桩型,也可采用两种桩型。通常长桩采用刚度较大的桩型,短桩采用柔性桩或散体材料桩	
	加筋土法	通过在被加固的土体内铺设人工合成材料、钢带、钢条、尼龙绳或玻璃纤维作为拉筋,或在软弱土层上设置树根桩形成人工复合土体,可承受抗压、抗剪和抗弯作用,用以提高地基承载力、减少沉降和增加地基稳定性	淤泥质土、黏性土等路堤和挡墙结构地基
	土工合成材料法		黏性土和软土地基,可用作换填垫层材料

1.2 强夯技术应用和发展特点

1.2.1 强夯技术应用和发展的客观性

随着工程建设的发展,强夯技术越来越显示出其应用和发展的客观性和必然性。强夯法是随工程需要应运而生,并随国内大型基础设施建设和沿海填海造陆工程扩大而发展的。近年来随着强夯技术的发展,我国自主研发的强夯系列专用机在很多大型石油、化工、船舶、港口项目中得到应用[5]。

目前,国产强夯机施工能级最高可达 25 000kN·m,一次性最大有效加固深度约 20m。在花岗岩残积土地区的填海造地、开山回填碎石土地基处理中,由于碎石土颗粒较大、土质疏松,厚度大多在 10m 以上。这类地基的处理方法以强夯法为主,即以降低地基土的压缩性、达到减少工后沉降为主要目的,而采用其他方法则处理效果差,很难达到预期目的,或成本高、工期长(如堆载预压方法少则半年,多则数年)。强夯法可以一次性处理到位,工期可以缩短 3~5 个月,根据目前已经完成的数十项工程来看,强夯法对地基处理效果显著。

甘肃省某大型石油化工场地,占地面积约 80 万 m²,湿陷性黄土的湿陷程度由上向下,由Ⅱ级自重湿陷性黄土一直渐变为非湿陷性黄土,湿陷性黄土的最大埋深16m。该设计要求消除全部湿陷性,根据黄土地区经验,可用于该场地的地基处理方法主要有垫层法、预浸水法、分层强夯法和挤密法。垫层法仅适用于浅层处理,预浸水法可消除湿陷性,但其仅为一种初步处理,处理后还需要二次处理以消除过大的工后沉降,需水量较大,质量不易控制,施工前需要场地大量钻孔以加快浸水,浸水后场地恢复时间长。

以 30 000m³ 油罐为例进行经济对比分析,地基处理要求承载力大于等于 250kPa,消除 16m 范围内黄土的湿陷性。若采用挤密法处理:桩径 400mm,间距 1m,正方形布置,历经钻孔、灰土拌和、挤密三道工序,按桩长 16m 计算,地基处理的费用约 211

万元，工期约两个月。若采用 16 000kN·m 强夯法一次处理：处理面积 2 642m²，地基处理总造价约 53 万元，预计工期约 30 天。若采用分层强夯法：开挖深度 6m，采用 8 000kN·m 强夯后，再采用 6 000kN·m 强夯回填，地基处理和土方开挖回填总造价约 70 万元，预计工期约 50 天。

以 24m×96m 工业厂房为例，地基处理要求承载力大于等于 200kPa，消除 10m 范围内黄土的湿陷性。若采用挤密法处理：按桩径 400mm、间距 1m、桩长 10m 计算，地基处理的费用约 133 万元，工期约两个月。若采用 8 000kN·m 强夯法处理：地基处理总造价约 27 万元，预计工期约 25 天。

从以上分析可以看出，对于油罐地基，与挤密法相比，16 000kN·m 强夯法一次处理费用约为挤密法的 1/4，工期约为挤密法的 1/2；与分层强夯法比较，费用节省 1/4，工期缩短 40%。对于工业厂房地基，与挤密法相比，8 000kN·m 强夯法费用节省约 4/5，工期缩短 60%。多位专家对黄土地区的多次技术、经济、工期论证后，最终选用了客观可行的、性价比最优的方法——最高能级达 16 000kN·m 的强夯法进行地基处理。

1.2.2　强夯技术应用和发展的唯一性

强夯技术应用和发展在某些大型项目中具有唯一性。在填海造地陆域形成时，如果回填碎石土深度较大，形成的地基比较疏松、空隙较大，而且随着造地规模增大，回填土厚度深达 15m，甚至 20m 以上，采用常规地基处理方法难以处理，即使采用桩基，由于块石影响，不仅施工难度较大，而且无法解决深厚填土的自重沉降问题。在这种情况下，强夯法是地基处理唯一可供选择的方法，从这种意义上讲，强夯具有排他性和唯一性。只要环境允许、土层条件适合，强夯法在某种程度上比其他机械的加固方法、化工的加固方法使用更为广泛和有效，是最具节能省地优势的技术措施之一。例如，使用强夯法处理花岗岩残积土、碎石土、砂类土、非饱和黏性土等粗粒土地基，其承载能力可提高 200%～500%，压缩性可降低 20%～90%。

辽宁省某大型船舶建造设施工程船体联合工场地基处理工程，占地面积 25 万 m²，原陆域形成设计方案为先建坝拦水，抽水清淤，清理已回填区域的大量抛石，再炸山填海，且必须将块石的粒径粉碎至 5cm 以内，最后对地基进行注浆处理，再做 ϕ800 灌注桩。由于考虑该场区回填层尚未固结，海积相的压缩性比较高，承载力低。若采用桩基，有施工难度大、造价高、工期长等诸多困难，即使增加大量额外费用提高上部结构的刚度，也难以保证满足差异沉降和变形协调的要求。在充分考虑该工程的地质资料、上部结构和荷载特点、变形要求、工期等的基础上设计人员提出了目前来讲是唯一的，也是最优的强夯法的处理方案，由此在陆域形成过程中可省去拦坝清淤、清理回填区域大量抛石和破碎块石，而代以直接一次回填整体推进的方法。这不仅加快了陆域形成进度，而且大幅节省费用。施工采用了异形锤联合平锤高能级复合强夯的五遍成夯新工艺，不仅满足了结构承载力要求，而且大幅度减小了回填碎石土的差异沉降。该方案为建设单位节省了近 2 500 万元的造价，缩短工期 14 个月。项目投产 3 年后，柱基和地坪最大沉降量仅 1.5cm，效果良好。

　　舟山某造船厂综合仓库及管子加工车间，场地由人工填土塘渣层和海相沉积的淤泥质软土层组成，其中：层①$_1$为塘渣回填土，主要由凝灰岩块石组成，炸山后直接回填，块石径 10～100cm，呈棱角状；层①$_2$为塘渣回填土，主要由黏土和块石组成，黏土占 60%，块石径 10～150cm；层②为淤泥，流塑，全场地分布；层③为含砂砾黏性土，松散，砂砾占 10%，局部相变为中粗砂；其下为全风化凝灰岩。该项目采用表层 2 000kN·m 低能级强夯后进行预钻孔，然后施打预应力高强度混凝土（prestressed high-strength concrete，PHC）管桩，钻孔难度很大，桩基施工过程中 30%桩被打坏，40%的桩达不到标高要求。厂房建成后 3 个月的地坪和部分柱基沉降已经达到 30cm，吊车卡轨，不得不投入大量资金多次进行维修。多个工程实例也证明了对开山石回填厚度较大地基，用强夯法进行施工的唯一性和有效性。

1.2.3　强夯法设计施工的复杂性

　　强夯法地基处理在很多项目中具有显而易见的优势，但必须因地制宜地进行设计和施工才能扬长避短，使其更好地为国民经济建设服务。

　　人工回填或原始工程地质条件的复杂性、上部结构变形敏感性和承载力的差异性等均导致了强夯法设计的复杂性，而且能级较高时超出有关规范，对工程经验的依赖性很强。因此，设计和施工单位对强夯施工安全的复杂性都应有清醒的认识。

　　目前强夯法地基处理设计包括强夯法设计和强夯置换法设计。在进行具体方法设计前，应综合考虑场地地层条件和软弱层情况，上部荷载大小，对承载力和变形的要求，是一次处理到位还是预处理后还需做打桩等因素，再根据具体情况选择适宜的施工工艺。选定了施工工艺后，依据需加固土层厚度确定强夯能级，根据有关规范及经验确定强夯主夯点间距，按照有关规范要求的强夯收锤标准进行试验性设计，通过试夯判断单点夯击能是否合理，确定最佳单点夯击击数、主夯点间距等参数。

　　强夯法设计是一个系统工程，是一个变形与承载力双控且以变形控制为主的设计方法，对于强夯工程尤其如此。具体来讲，强夯地基处理的设计要结合工程经验和现场情况，主要从以下方面进行优化：夯锤、施工机具选用，主夯能级、加固夯能级确定，满夯能级确定，夯点间距及布置，夯击遍数与击数，有效加固深度，收锤标准，间歇时间，处理范围，监测、检测，变形验算，稳定性验算，填料控制，夯坑深度与土方量计算，减振隔振及降排水措施，垫层设计等。

　　强夯的有效加固深度既是反映地基处理效果的重要参数，又是选择地基处理方案的重要依据。根据在辽宁大连、广西钦州、山东青岛、甘肃庆阳等地的工程经验，对于 8 000～16 000kN·m 能级强夯的收锤标准宜适当从严，必须确保单点总夯击数才能确保加固效果。能级 20 000kN·m 比 10 000kN·m 增加了 100%，有效加固深度仅增加了 50%左右，成本却增加了近 100%。虽然能级越高，有效加固深度越大，但仅靠能级增加得到的有效加固深度的增幅衰减明显，故对要求有效加固深度更大的工程，不必一味地增加能级，可考虑分层处理或结合其他方法，经技术、经济、工期综合比较后选择采用。高能级强夯与有效加固深度关系及建议的夯点间距如表 1.3 所示。

表 1.3　高能级强夯与有效加固深度关系及建议的夯点间距

单击夯击能/ （kN·m）	有效加固深度/m				建议主夯点 间距/m
	填土地基		原状土地基		
	块石填土	素填土	碎石土、砂土等 粗颗粒土	粉土、黏性土等 细颗粒土	
10 000	12.0～14.0	15.0～17.0	11.0～13.0	9.0～10.0	9.0～11.0
12 000	13.0～15.0	16.0～18.0	12.0～14.0	10.0～11.0	9.0～12.0
14 000	14.0～16.0	17.0～19.0	13.0～15.0	11.0～12.0	10.0～12.0
15 000	15.0～17.0	17.5～19.5	13.5～15.5	12.0～13.0	11.0～13.0
16 000	16.0～18.0	18.0～20.0	14.0～16.0	13.0～14.0	12.0～14.0
18 000	17.0～19.0	18.5～20.5	15.5～17.0	14.0～15.0	13.0～15.0
20 000	18.0～20.0	19.0～21.0	16.0～18.0	15.0～16.0	14.0～16.0

1.3　强夯技术的节能环保性

1.3.1　工程建设绿色节能环保的必要性

目前，我国的能源形势相当严峻。我国已成为世界上最大的能源生产国和能源消耗国。作为能耗大国，我国建筑总能耗已占社会能耗的近 30%，有些城市高达 70%，建筑节能潜力巨大。

美国有关学者对绿色建筑的理解是：①尽可能少地扰动；②从自然中来，到自然中去；③结束是新的开始；④循环式高层次往复；⑤永恒地持续下去；⑥重视过程。

绿色岩土亦然，要求重视岩土工程的绿色性或可持续性，其重点在于：①认识、改造影响环境的岩土工程问题；②强调岩土工程本身的可持续性。这些观点正是切合了强夯加固法的特点。强夯法将土作为一种能满足技术要求的工程材料，在现场以土治土，充分利用和发挥土层本身的作用，符合岩土工程"要充分利用岩土土体本身的作用"的总原则，且对于土层没有化学性质上的损害，是一种绿色的地基处理方法。

1.3.2　强夯技术的节能环保特性

强夯法是一种节能、节地、节水、节材的地基处理方法，符合我国工程建设"资源节约性、节能环保性"的发展方向。在国内建设的各项工程中，其绿色、节能、环保的特性开始凸显出来。例如，在辽宁某船厂项目中，由于强夯法合理而有效地应用，直接节省钢材 1 200t，节省混凝土超过 6 万 m³。大连某石油仓储项目，采用了强夯法地基加固＋环墙浅基础的方案，直接节省钢材 2 200t、混凝土约 48 000m³。按此比例推算，如果全国每年有 500 万 m² 强夯地基面积，总量可直接节省钢材约 40 万 t、混凝土 450 万 m³、水泥 180 万 t。在不考虑运输的情况下，其间接可节省标准煤 60 万 t、水 480 万 t、电力 13 860 万 kW·h，可减少烟粉尘排放 350t、CO_2 排放 120 万 t、SO_2 排放 9 000t，其节能环保的优势和效果是显而易见的。

工程实践证明，将质地坚硬、性能稳定和无侵蚀性的工业废渣作为地基或填料，采用强夯法处理，能取得较好的效果，从而解决了长期存在的废渣占地和环境污染问题，同时还为废渣利用开辟了新的途径。随着社会的发展，人口激增，环境问题日益严重，而对每天产生的大量垃圾和固体废弃物的处理更是迫在眉睫，治理城市废物和垃圾已成为世界各大城市的重大环境问题。利用强夯法处理工业垃圾有极大的优越性，国外有很多工程都取得了成功。近几年，英国、法国、美国、西班牙、比利时等国都在用强夯法处理垃圾填埋场和固体废弃物。强夯法地基处理不使用钢材、水泥等能耗高的工业产品，而且施工时还可以将工业矿渣炉渣、建筑垃圾、生活垃圾等废料作为建筑材料用于工程，故当前应用强夯法处理地基的工程范围极广，已付诸实践的有工业与民用建筑、重型构筑物、机场、码头、堤坝、公路和铁路路基、储仓、核电站、油库、人工岛等。因此，强夯技术处理垃圾等固体废弃物，蕴藏着巨大的可利用潜力，这也是化害为利、变废为宝、实现经济及环境效益双赢的资源之一。

总而言之，强夯法在国内外的基础工程中应用得越来越多。国内大型基础设施（机场、码头、高等级公路等）建设的发展、沿海城市填海造陆工程及西部大开发，都给强夯工程的大量实施创造了条件。工程建设中的山区杂填土地基、开山块石回填地基、炸山填海、吹砂填海、围海造地等工程也越来越多。同时，该项技术具有绿色节能特性，对于节约水泥、钢材，降低工程造价，净化人类生存环境等许多方面都有显著优点。多年工程实践表明，强夯技术的广泛应用有利于节约能源和环境保护，是一种绿色地基处理技术，其进一步应用必然使强夯这一经济、高效的地基处理技术为我国工程建设事业做出更大的贡献。

第2章 高性能强夯施工机械及其发展

2.1 强夯施工机械

2.1.1 简述

强夯法加固地基一般采用 30～80t 的重锤、8～20m 的落距对土进行强力夯击，将机械能转化为势能，再变为动能（夯击能）作用于土体。它依靠很大的冲击能（一般为 500～8 000kN·m）使地基土中出现冲击波和很大的动应力，以提高土的强度，降低压缩性，改善土的振动液化条件，并能消除湿陷性黄土的湿陷性，提高土层的均匀度等。

随着实际工程地基处理的深度与广度的加大，传统的强夯机械（简称强夯机）已经不能适应高能级强夯技术的高性能要求，因此强夯设计和施工向着高能级、多样化发展。一些大型的工程机械制造商已相继涉足新型强夯机的设计和制造，同时也取得了不错的进展，在很大程度上改变了强夯机相对落后的局面。如今的高性能强夯机从普通的履带式强夯机演变过来，主要对夯锤、脱钩机、起重机等关键组成部分进行创新，使其适应高能级强夯施工发展的需要。

（1）常规组合夯锤采用螺栓连接，极易导致螺栓弯曲变形和螺栓锈蚀，给施工造成极大的不便。针对此类问题，我国研制的镶嵌式组合夯锤通过键槽与连接键的配合，将固连连接部进行连接，并通过配重块的固定孔实现对连接键相对键槽连接的限位，克服了螺栓锈蚀及泥沙阻塞导致难以拆卸的难题。

（2）针对传统脱钩器必须达到预定高度才能脱钩，脱钩和挂钩时需要挂钩员操作等问题，科研人员设计了一种可自主抓吊夯锤的强夯机挂钩装置。

（3）针对传统起重机门架需要人力反复操作支腿的问题，科研人员设计了一种具有限位装置的强夯机门架。该设计一方面解决人力推开后需等其落地方能离开的状态，大大提高了施工安全可靠性；另一方面还解决了强夯机位置发生变化时门架反复推开的问题，并创新了由自动限位装置、GPS 自动定位装置及自动脱钩装置形成的自动装置。针对传统起重机履带式底盘存在灵活性低、转场运输困难的问题，科研人员设计了伸缩式强夯机履带底盘。针对传统起重机夯锤脱钩的瞬间易造成安全事故的问题，科研人员设计了一种遥控装置，可实现远距离遥控操作强夯机。

2.1.2 强夯施工机械的发展

20 世纪 70 年代初期，法国首先推出了采用强夯法处理地基的新技术，此后随着强夯技术的不断发展，强夯施工机械也由初期的小型履带式起重机，逐步发展到大能量的专用强夯机械，如法国已开发出用液压驱动的专用三脚架，能将 40t 重夯锤提升到 40m 的高度；又如法国尼斯机场为了要起降波音 747 客机而延长跑道，延长部分有 3 000m 长，要求加固深度达 40m，为此特制了一台起重量为 200t、提升高度为 25m，具有 186 个轮胎的超级起重台车。我国在 20 世纪 70 年代末引进强夯技术，普遍采用起重量为 15t 的履带式起重机作为强夯施工机械。在装备动滑轮组和脱钩装置，并配有推土机等辅助设备以防止机架倾覆的前提下，最大起锤重量 10t，最高落距 10m，最大单击夯击能为 1 000kN·m。之后，随着起重机械工业的发展，有些施工企业配备了 50t 履带式起重机作为强夯机械，在不需推土机等辅助设备的情况下可进行单击夯击能为 3 000kN·m 的强夯施工。至 20 世纪 80 年代中期，山西省机械施工公司进行了重要的技术革新，在起重机臂杆端部增设辅助门架，使履带式起重机的起重能力大幅度提高，可进行单击夯击能为 4 000～6 000kN·m 的强夯施工，从而使我国强夯施工由过去只能做低能量夯击提高到能进行中等能量级夯击和高能量夯击的水平。

如何选择施工机械是强夯施工的首要问题。一般遵循的原则是既要满足工程要求，又要降低工程费用。从满足工程要求来分析，即根据设计要求达到的地基处理深度来确定单击夯击能，并选择相应的起重机械。国外采用履带式起重机作为强夯施工机械时，常采用单根钢丝绳提升夯锤，夯锤下落时钢丝绳也随着下落，所以夯击效率较高。但当夯锤重量为 20t 时，一般要选用起重能力超过 100t 的起重机。

我国目前是世界最大的起重机市场，但我国起重机的发展历史较短。2004 年之前，不要说 250t 以上的履带式起重机，即便是 150t 以上的履带起重机也全部为进口产品。当时国产最大的液压履带起重机，是抚顺挖掘机厂生产的 qUY150A 型 150t 级履带起重机。经过数十年的发展，我国履带式起重机行业实现了整体式跨越。在大型履带式起重机市场中也越来越多地出现国产品牌，形成与欧美企业分庭抗礼的局面。常用的几种起重机类型如下。

（1）轮式起重机（图 2.1）。该类起重机具有机动灵活、操纵方便、效率高等特点，在工程中得到了广泛的应用。起重臂作为轮式起重机的主要承载部件，其质量占整机质量的 13%～20%，而大型起重机所占比例则更大，是制约起重机发展的关键部件。轮式起重机起重臂技术随着工业大环境的进步，伸缩机构、吊臂材料、吊臂截面，以及创新结构的发展和应用都达到了新的高度。从目前的发展态势看，单缸自动插销"鸭蛋"形吊臂无疑是当前新技术的产物。臂架类轮式起重机起重臂技术下一步的发展将围绕吊臂材料、自锁式支撑伸缩臂滑块、快速伸缩机构、起重臂支撑边界条件等方面进行，使起重臂伸得更快、吊得更高，吊重更大。

（2）塔式起重机（图 2.2）。塔式起重机外形就像一座桥梁，整个大梁被很多支架式的支柱支撑着，其主要特点就是稳定性好，且能提高功效，缩短工期。

图 2.1　轮式起重机　　　　　　　　　　　　　图 2.2　塔式起重机

（3）履带式起重机（图 2.3）。履带式起重机是将起重作业部分装在履带底盘上、行走依靠履带装置的流动式起重机，可以进行物料起重、运输、装卸和安装等作业。履带式起重机具有接地比压小、转弯半径小、可适应恶劣地面、爬坡能力大、起重性能好、吊重作业不需打支腿、可带载行驶等优点，并可借助更换吊具或增加特种装置成为抓斗起重机、电磁起重机或打桩机等，实现一机多用，进行桩工、土石方作业，在电力、市政、桥梁施工、石油化工等行业应用广泛。我国生产履带式起重机历史较短，"七五"期间以技术贸易相结合的方式，分别从日本和德国引进中小吨位履带式起重机生产技术，主要生产 25t、35t、50t 等中小吨位履带式起重机，20 世纪 90 年代中期之前，国内履带式起重机市场，尤其在大吨位履带式起重机领域基本被国外企业垄断，随着国内履带式起重机市场的升温，国内企业开始加强该领域的产品研发，在 2003 年率先推出 150t 履带式起重机。随后，国内企业在履带式起重机领域发展迅速，技术水平提高很快，系列不断得到完善。

高能级强夯可以一次性处理深厚地基土，能够有效改善回填土和原地基的压缩性，消除湿陷性，减少填土分层，减少土方交叉作业的影响，大幅减少场地形成到工后沉降稳定后所需的工程量，缩短了工期，节省了投资。最终试验表明，超厚（20m 以上）分层压实（夯实）填筑场地经超高能级强夯后，场地工后沉降量和沉降稳定时间都大幅度减小。履带式强夯机如图 2.4 所示。

图 2.3　履带式起重机　　　　　　　　　　　　图 2.4　履带式强夯机

2.2　新型强夯施工机械

2.2.1　自动平衡式强夯机

目前，国内大多以 15～50t 的中小吨位安装用履带起重机作为改造对象，增加辅助装置来实现 8 000kN·m 以下能级的强夯作业。这种改装后的"代用强夯机"存在振动大、安全性差、使用效率低、消耗和维护成本高等缺点，不能适应高强度的强夯作业要求。另外，在现有安装用履带起重机基础上进行改造，很难达到更高能级，不能满足强夯技术需求。

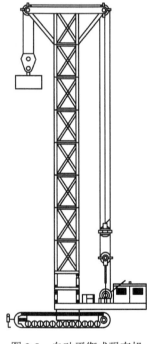

图 2.5　自动平衡式强夯机

履带式专用强夯机采用了液压支承式回转支承减载结构，可提高回转支承使用寿命和作业可靠性；其采用刚性变幅三角形空间析架结构和后部液压支腿的设计，可减小强夯作业对整机和机构的冲击振动，以符合强夯作业特点和要求，但其构型仍没有脱离履带式固定臂起重机的形式，存在倾覆力矩大、自重大、成本高和起升荷载不能自动平衡等缺点。

为提供一种新型的使用方便、作业可靠、机体振动小、适用性广及成本低的履带式专用强夯机，中化岩土集团股份有限公司研发了自动平衡式强夯机（图 2.5）。整机由履带、车架、单立柱、水平梁、卷扬、吊钩、单立柱调平装置和起升荷载平衡装置组成。工作时，夯锤落点在履带的支撑平面内，整机稳定性好。分段连接的单立柱，结构简单、自重轻，便于改变单立柱高度。单立柱与车架之间连接有单立柱调平装置，当地面不平时，自动调整单立柱的铅垂度，避免产生单立柱受偏载和夯锤落点偏差等问题。起升和释放夯锤时，作用在水平梁两端的向下载荷通过平衡装置自动调节以实现平衡，单立柱只承受通过立柱中心的垂直荷载，不承受弯矩，单立柱受力特性好，夯锤释放时，单立柱无侧向反弹，摆动小。

2.2.2　组合式夯锤

1. 夯锤发展

夯锤是强夯施工时必不可少的重要设备，按材料分类有混凝土（或钢筋混凝土）锤、铸钢锤；按形状分类有方形锤、圆形锤或圆台形锤；按结构分类有整体式锤、组装式锤、透孔式锤或封闭式锤。夯锤设计的原则是重心低、稳定性好，产生负压和气垫作用小，这样可以减少起吊力和夯击力的损失。一般锤身设有若干孔洞，这样可以克服提升时土和锤底之间的强大吸力，减少落锤时的空气阻力，并能排出夯击时锤底与土之间的空气，保证有效夯击能量。

对于使用平底夯锤还是异形夯锤效果更好的问题，曾有研究结果表明：在能级和夯击次数相同的情况下，平底夯锤重锤低落距的夯坑深度深于轻锤高落距的夯坑深度，异形夯锤轻锤高落距的夯坑深度深于重锤低落距的夯坑深度。在质量、高度和夯击次数相同的情况下：平底夯锤的加固深度深，加固效果均匀；异形夯锤的加固深度浅，加固效果不均匀，且集中在较浅的深度范围内（图 2.6）。

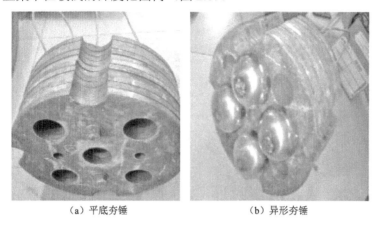

（a）平底夯锤　　　　　　　　（b）异形夯锤

图 2.6　平底夯锤和异形夯锤

夯锤直接夯击地面，从而达到强夯要求的效果。这就要求夯锤要底面平整，且能使夯锤夯击地面时夯击均匀，并有很大的质量，一次夯击能处理一定面积的地基。夯锤通常用钢、铸铁或外包钢板内浇混凝土制成，锤底盘面积为 $3\sim 6m^2$，我国在应用强夯法初期采用钢制夯锤，由于钢制夯锤成本过大，后用钢板焊接成开口外壳，内放钢筋并灌混凝土的钢筋混凝土夯锤得到普及，随着对高能级强夯技术的要求，目前的组合夯锤底盘都设置矩形凸楞，并采用强度较大的轨道钢作为材料。

夯锤的选择对施工工艺、起重机效率发挥及最佳夯击能都有着重要关系。常见的夯锤质量有 10t、15t、20t 三种，多采用外包钢板内浇混凝土、铸铁或钢等材料制作，锤底盘面多为圆形，直径为 2.523m，底盘面积为 $5m^2$，如图 2.7 和图 2.8 所示。

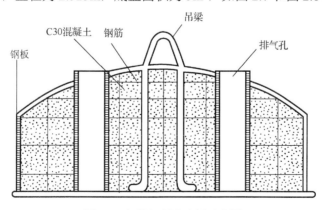

图 2.7　钢筋混凝土夯锤示意图

图 2.8　夯锤示意图

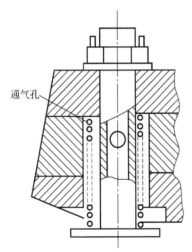

图 2.9　夯锤防堵通气孔结构图

夯击作业时，由于夯坑对夯锤的进入有气垫作用，将消耗一定的夯击能量和对锤起拔有吸着作用，影响夯击效果，必须设置防堵通气孔，直径 200mm，对称布置 4～6 个，中心线与锤的轴线平行。通气孔结构图如图 2.9 所示。当夯锤压缩夯坑气体时，空气经空心螺栓上的气孔排出；当锤体接触坑底时，空心螺栓头压缩弹簧并堵住气孔，阻止泥土进入；当起拔夯锤时，弹簧将螺栓推出、空气可由排气孔经螺栓中心孔自由流通。

传统的夯锤存在如下缺点。

（1）传统铸铁夯锤虽然在施工时便于挂钩配合使用，但是不能根据能级需求调整夯锤的质量，需配备多个不同质量的夯锤，增加了运输难度与成本。

（2）传统组合夯锤虽然实现了吨位可调，但采用螺栓连接，极易导致螺栓弯曲变形和螺栓锈蚀，从而给施工造成极大的不便。

2. 组合夯锤

珠海天力重工有限公司生产的镶嵌式组合夯锤具体做法如下。

1）镶嵌式组合夯锤设计

新型组合夯锤包括锤体及吊钩，锤体上设置若干贯通锤体端面的通气孔。锤体包括底座、配重块及可拆卸的连接底座、吊钩的连接机构。其中，连接机构包括具有第一键槽及止退孔的第一连接部、第二键槽的第二连接部，可拆卸的连接第一键槽与第二键槽的连接键，以及与止退孔相匹配的止退件；吊钩与第一连接部固定连接，第二连接部与底座固定连接；配重块通过与连接机构的外形相匹配的固定孔套于连接机构外，并固定于止退件与底座之间，即止退件构成配重块的远离底座的限位，底座构成配重块远离止退件的限位；固定孔的内表面构成连接件的止退面。镶嵌式夯锤及连接构件的组成如图 2.10 所示。

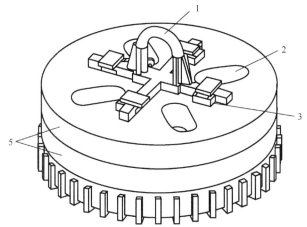

1. 吊钩；2. 通气孔；3. 止退件；4. 可拆卸连接底座；5. 配重块。

图 2.10　镶嵌式夯锤及连接构件的组成

夯锤由底座两个配重块、可拆卸的连接底座及配重块的连接构件组成，如图 2.11 所示。

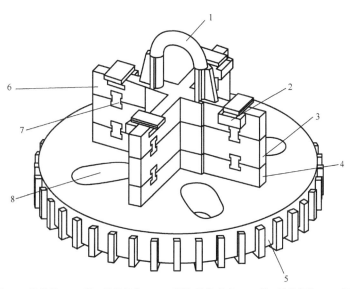

1. 吊钩；2. 止损件；3. 连接体；4. 第二连接部分；5. 可拆卸连接底座；6. 第一连接部分；7. 连接键；8. 通气孔。

图 2.11　夯锤底座的结构组成

由此可见，镶嵌式组合夯锤通过键槽与连接键的配合将有固连有吊钩的第一连接部与固连有底座的第二连接部连接，并且通过配重块的固定孔实现对连接键相对键槽位置的限位。这样，镶嵌式组合夯锤就不会由于泥沙的阻塞及螺栓的锈死与弯曲而导致难以拆卸的问题，更容易进行拆卸与组装。

2）镶嵌式组合夯锤（图2.12）的组合的关键部件

镶嵌式组合夯锤组合的关键部件为连接机构，包括第三连接部，其中，第三连接部包括至少一个连接体，该连接体至少与第一连接部具有相同的横截面；连接体上形成有第三键槽及第四键槽，第三键槽与第一键槽通过连接件可拆卸连接，第四键槽与第二键槽通过连接件可拆卸连接。可通过增强连接体的个数来增加连接机构的高度以适应夯锤对配重块数量的需求。

镶嵌式组合有很多种方法，基础的方法为连接体的高度等于配重块的高度，便于增减配重块，即当连接构件需调节高度时可不用更换止退件。优选的方案为沿底座的周边上均匀地分布有多根垂直于底座的地面矩形凸楞，可减小夯锤夯地时的接触面积，有效地提高夯锤夯击效果。

图 2.12　镶嵌式组合夯锤

2.2.3　自动挂脱钩装置

1. 传统脱钩装置

夯锤起吊到预定高度后，自由下落，夯击地面，完成一次强夯过程。为使夯锤自由脱钩安全方便，人们设计出了自动脱钩器装置，如图2.13所示。工作时将吊钩挂在夯锤提梁下，合上锁柄，提升时由于锁柄的限制将锤提起，其作用与普通吊钩相同。夯锤提升至预定高度时，利用固定在起重机上的定高度钢丝绳（拉绳）拉开锁柄，在夯锤重力作用下，吊钩绕轴转动，夯锤滑出吊钩，自由下落，吊钩复位，进行下一循环操作。

常见的强夯机包括机身、吊臂、脱钩器和夯锤等。传统强夯机脱钩装置（图2.14）通常由吊钩和机械式脱钩装置组成。在使用过程中，由驾驶员操作强夯机将脱钩器吊至夯锤吊耳附近，位于工作区的挂钩员将脱钩器吊钩挂于夯锤吊耳上，驾驶员操作提钩；待夯锤达到预先设定的高度后，由钢丝绳拉紧脱钩装置，实现夯锤与脱钩器分离，夯锤作自由落体运动而下落，实现对工作面的夯击；然后脱钩器下落至夯锤吊耳附近，由挂钩员挂钩、起吊进行下一工作循环。

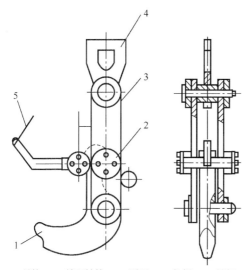

1. 吊钩；2. 锁环轴轮；3. 耳环；4. 拉绳；5. 锁柄。

图 2.13 自动脱钩装置图

图 2.14 传统强夯机脱钩装置

夯击过程中可能对周边建筑物产生振害影响是强夯法的显著缺点，从而要求强夯法施工应保持一定安全距离，故强夯法特别适合新开发的、大面积开阔场地的地基处理工程，如港口堆场、仓库、码头、道路路基和新建厂矿场地等。传统强夯机脱钩器存在如下的缺点：

（1）在设备施工过程中，须在现场额外配备一名挂钩员，配合强夯机驾驶员操作吊挂夯锤，挂钩工作繁重且较不安全，并大大增加了人工成本。

（2）脱钩装置必须达到预先设定的高度才能脱钩，在出现设备倾斜、钢丝绳损坏等危险情况时，如不能及时脱钩会造成严重的事故。

（3）采用钢丝绳拉脱的方式会把夯锤拉离夯锤起升时的重心位置，导致夯锤落下后偏离夯坑，使得下次挂钩时需要移动设备方可对准。

（4）一般强夯施工时挂钩员必须在距离设备 20m 以外，夯锤落下后走到夯锤位置挂钩，挂钩结束后再走到距离设备 20m 以外的位置，如此重复，工作效率偏低。

2. 常用自动挂脱钩装置设计及工作原理

自动挂脱钩装置能使笨重的夯锤在施工中挂脱自如，并且操作简便、安全可靠，解决了传统强夯机脱钩器存在的问题，下面具体介绍常用的自动挂脱钩装置。

1）自动挂脱钩装置设计

针对上述传统技术的缺陷，通过结构创新，研制出一种可自主抓吊夯锤的强夯机挂脱钩装置，利用该挂脱钩装置抓吊的夯锤可在任意高度实现脱离，以便降低人工成本、提高施工安全性以及施工效率。这种强夯机挂脱钩装置,包括壳体和可转动地设置在该壳体上的爪钩,爪钩具有与夯锤吊耳脱离的第一转动位置和与夯锤吊耳挂接的第二转动位置,其中壳体上还设有可相对于爪钩升降的卡座、与该卡座配合的限位元件及用于使卡座上升的脱钩的动力装置,卡座具有限制爪钩转动的限制转动位置和允许爪钩转动的允许转动位置,限位元件具有限制卡座下降的位置和允许卡座下降的位置。当爪钩与夯锤吊耳脱离时,限位元件处于所述限制下降位置,卡座在脱钩动力装置和限位元件的作用下处于较高的允许转动位置,爪钩在自重作用下处于第一转动位置。当爪钩与夯锤吊耳挂接时,限位元件在夯锤吊耳的作用下而处于允许下降位置,爪钩在夯锤吊耳的作用下而转至第二转动位置,同时卡座处于较低的限制转动位置。采用自动挂脱钩装置进行强夯法地基处理,施工现场如图 2.15 所示。

图 2.15　采用自动挂脱钩装置进行强夯法地基处理施工现场

2)自动挂脱钩装置工作原理

(1)基本组成。该装置主要由壳体、爪钩、卡座、限位元件、挂脱钩动力装置等构成(图 2.16 和图 2.17)。壳体采用上圆筒下喇叭形的结构设计,顶部设置与牵引系统连接的连接杆。三个爪钩通过销轴布于壳体上,其下端的钩头与夯锤蘑菇头状吊耳的倒角凸缘相匹配,可绕销轴实现挂脱功能。卡座通过导向滚轮与壳体内壁接触实现升降运动,并在弹簧复位元件的作用下在限制位置与允许位置间往复位移。限位元件与卡座形成动态配合关系,与壳体之间设置复位元件以确保定位的可靠性。脱离杠杆与壳体铰接,通过壳体外侧的气缸推动脱离杠杆绕其支点沿逆时针方向转动,在钢丝绳拉动下脱离杠杆绕其支点沿逆时针方向转动。当气缸出现故障时,可以通过钢丝绳实现在设定高度进行脱离。脱离杠杆支点设置的施压滚轮可降低接触摩擦系数,提高灵活度。

(2)基本原理。当限位元件位于径向伸出的限制下降位置时,在脱钩动力装置和限位元件的作用下,卡座处于较高的允许转动位置,爪钩在自重作用下处于第一转动位置,此时爪钩与夯锤吊耳脱离;在夯锤吊耳的作用下,限位元件克服复位元件的弹力而处于沿径向缩回的允许下降位置,爪钩转至第二转动位置与夯锤吊耳挂接,卡座在自重及滚轮导向作用下下降至低位,处于限制转动位置。

(3)工作流程。强夯机自动挂脱钩装置的工作流程为:初始状态下,卡座受限位元件约束保持高位,爪钩处于靠自重顺时针旋转位置。当装置下降接触夯锤吊耳时,夯锤吊耳凸缘顶开限位元件,爪钩逐步咬合吊耳,卡座降至低位锁定爪钩的旋转,随后即可起吊夯锤。当夯锤起吊至设计高度时,操作气缸或钢丝绳将脱离杠杆顶起或拉起,脱离杠杆上的施压滚轮将卡座顶起，引导滚轮与爪钩分开，爪钩自由旋转，夯锤吊耳与挂脱钩装置脱离，各组件自动复位至初始状态。可见，自动挂脱钩装置较传统人工挂钩方式可显著提升作业的安全性与效率；驾驶员操作即可实现抓吊夯锤，不需要配备挂钩员，可节约人力成本并保障施工质量。

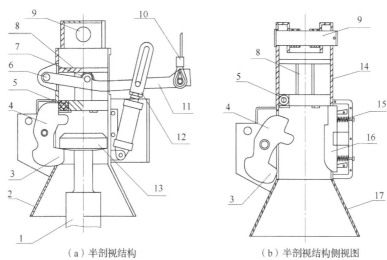

（a）半剖视结构　　　　　　　　　　（b）半剖视结构侧视图

1. 夯锤；2. 壳体；3. 爪钩下端的钩头；4. 爪钩；5. 引导滚轮；6. 支点；7. 施压滚轮；8. 卡座；9. 连接杆；
10. 钢丝绳；11. 壳体的脱离杠杆；12. 壳体外侧的气缸；13. 夯锤吊耳；14. 壳体的圆筒状上部；
15. 复位元件；16. 限位元件；17. 壳体的呈喇叭状开口下部。

图 2.16　强夯机挂脱钩装置的半剖视结构示意图

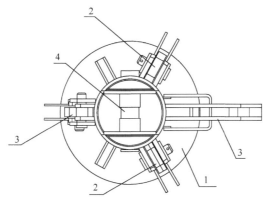

1. 壳体的呈喇叭状开口下部；2. 爪钩；3. 壳体的脱离杠杆；4. 连接杆。

图 2.17　挂脱钩装置的俯视图

2.2.4　强夯机门架

1. 传统强夯机门架

强夯的工艺特点是将夯锤提升到一定高度让其自由落下，对地基进行夯打击实。这就要求强夯机具有较强的起重能力，且稳定性能好、使用方便，就位准确、迅速。强夯施工时，由于起重机起重时倾角较大，夯锤脱落后突然卸载会引起起重臂瞬间产生后倾，严重时会发生倾覆事故，危及人身及机械安全；即使不发生倾覆，强夯机也会因振动而产生危害。因此设计门架装置，一方面为了提高强夯施工时整体的稳定性，另一方面减少臂架的弯矩效应，使臂架的受力更好。

强夯施工时，夯击能量很大，实际工程已达 18 000～20 000kN·m，即使不发生倾覆，由此引起的振动对起重机产生的危害也很严重。因此，必须使夯锤脱落时尽量少产生振动，增强其稳定性。为此，采用了门架的方法来处理这一难题。

门架示意图如图 2.18 所示，门架由横梁和门架柱、柱脚组成，门架不仅要满足强度要求，且应满足稳定性要求，以保证门架在起吊过程中和夯锤脱钩后不发生失稳和扭转现象，由于门架较高，应采取一定的措施，降低柱的长细比，保证施工安全可靠。

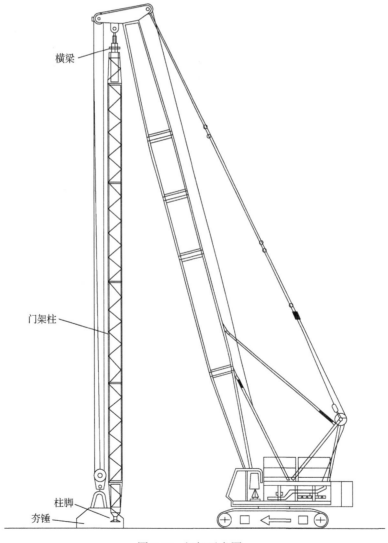

图 2.18　门架示意图

1）横梁

门架横梁采用钢板焊接，可满足抗弯、抗剪要求。横梁示意图如图 2.19 所示。

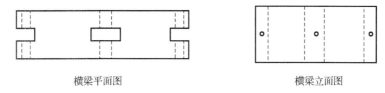

横梁平面图　　　　　　　　　　　　横梁立面图

图 2.19　横梁示意图

2）门架柱

门架分节制作，分为标准柱和上、下两个特定柱。上柱上端通过螺栓和门架横梁连接，下柱下端支承于柱脚上。柱与柱之间用螺栓连接，柱脚水平放在地面上。柱均采用格构柱，四肢均用等边角钢，缀条采用等边角钢焊接，门架柱示意图如图 2.20 所示。

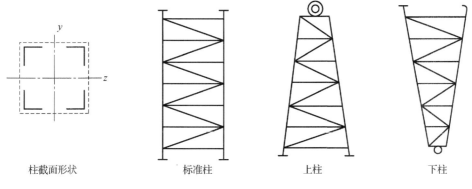

柱截面形状　　　　　　标准柱　　　　　　上柱　　　　　　下柱

图 2.20　门架柱示意图

标准柱每节 3m，使用时可按起吊高度进行调节，并且自重较轻，运输安装均很方便。

3）柱脚

柱脚示意图如图 2.21 所示，柱脚采用铸铁制作。

图 2.21　柱脚示意图

采用这类门架可使施工过程中起重臂的稳定性加强，把振动降低到最低程度，施工既安全又快速。

随着强夯工程范围的不断扩大，市场对强夯机的起重能力、可靠性等方面有了更高的要求。为了提高强夯能级和增加工作时的稳定性，目前多在强夯机的臂架上增加门架装置来进行强夯施工。通过结构创新设计了一种具有限位装置的强夯机门架。一方面解决人力推开后等其落地方能离开的问题，提高了施工安全可靠性；另一方面还解决了强夯机位置发生变化时门架反复推开的问题，从而降低了工作人员的劳动强度，提高了强夯机的工作效率，而且不需要配备太多工作人员，降低了人力成本。自动限位装置配上自动定位装置及自动脱钩装置形成整套的自动装置，提高了强夯工艺的效率，为高性能的强夯技术的实际工程推广应用打下基础（图 2.22）。

传统强夯机门架（图 2.23）结构存在如下局限性。

图 2.22 强夯机门架部件

图 2.23 传统强夯机门架

（1）平衡梁与支腿间单纯依靠销轴铰连接，门架侧向稳定性不高。平行四边形侧向平移严重依赖起重机的回转制动约束，一旦起重机的回转制动失效或履带附着力不足时，门架极易侧向平移而使臂架扭曲，导致强夯机倾覆。

（2）平衡梁与支腿间的刚性连接，有助于门架的承力和提高侧向稳定性，但刚性连接降低了门架的地面适应能力及与强夯机臂架的协调性，严重时导致在高低起伏的强夯施工现场中无法使用。

（3）平衡梁与支腿间销轴铰连接，虽然解决了门架的地面适应能力及与强夯机臂架的协调性问题，但使门架就位姿态控制存在问题，即需用人工方法确保正确姿态，劳动力成本上升，人身伤害风险增加。另外，人工外推支腿力不能持久，在人工外推支腿时需要驾驶员配合，这增加了强夯机的操控难度。

（4）有手拉葫芦的钢丝绳门架姿态控制装置，当门架移动需要调整姿态时，需人工多次调整手拉葫芦，自动化程度低。调整手拉葫芦时门架支腿尚未固定，极易摆动，并易对调整手拉葫芦的人员造成伤害，而且钢丝绳的最大张力取决于手拉葫芦的大小或钢丝绳的粗细，如果选配不当或最大张力出现变化，手拉葫芦的钢丝绳门架姿态控制装置不具备缓冲和释放功能。

（5）具有自锁功能的门架横梁对支腿产生角度约束，自锁结构只能在其主横梁保持水平的情况下使用，不能应用于施工场地起伏较大的情况，否则极易酿成重大安全事故。

门架不仅要满足强度要求，还应满足稳定性要求。强夯施工过程中，由于强夯场地的特殊性，门架装置容易形成一个支点着地或门架的两个支腿相互错位的歪扭情况，此时整个门架装置的受力不好且很容易使整个臂架受到很大的弯矩与扭矩而发生折臂现象。在实际使用过程中，出于安全考虑，工作人员都会把门架两个支腿推成八字形再落地进行施工，但由于门架支腿自重大，两边同时进行人力推开，存在较大的安全隐患。当强夯机位置发生变化时，需要强夯机和门架一起移动，由于门架支腿在自重的作用下变回垂直状态，此时需要人力再次推开支腿。如此反复费时费力，降低了强夯机的工作效率，而且需要配置相应的工作人员，增加了人力成本。

2. 具有限位功能的强夯机门架

具有限位功能的强夯机门架结构及构造细节如图 2.24 所示，其包括提梁、连接块、两组门架顶节及分别设于每组门架顶节与提梁之间的限位装置。由于门架较高，应采取一定措施，降低门架柱（即门架顶节）的长细比，以保证施工安全可靠。

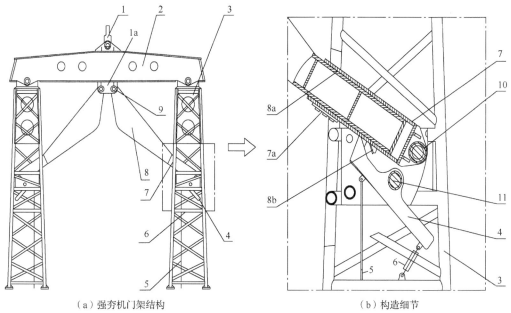

（a）强夯机门架结构　　　　　　　　　（b）构造细节

1. 提梁；1a. 双耳铰耳；2. 连接块；3. 门架顶节；4. 棘爪；5. 拉绳；6. 复位弹簧；7. 滑动套；
7a. 封板；8. 支撑架；8a. 支撑架下端；8b. 棘爪卡片；9、10、11. 销轴。

图 2.24　具有限位功能的强夯机门架结构及构造细节

（1）提梁。提梁的两端分别铰接于一组门架顶节的顶部，提梁的中部设有双耳铰耳，连接块上端与强夯机鹅头上的接口连接，下端则固定于提梁的中部。

（2）门架顶节。在门架工作过程中，门架顶节通过下端支腿支撑于地面，以支撑整个门架。

（3）限位装置。限位装置用来确定两组门架顶节的支腿间距离及防止支腿在自重的作用下回到垂直状态。每组限位装置包括支撑架滑动套、棘爪等，其中滑动套、棘爪和复位弹簧均位于门架顶节的内部。

支撑架［图 2.25（a）］的上端和滑动套的下端分别设有单耳铰耳，支撑架上端的单耳铰耳通过销轴铰接于提梁中部所设的双耳铰耳，滑动套下端的单耳铰耳通过销轴铰接于门架顶节内部所设的双耳铰耳。支撑架的下端上设有前后两排棘爪卡块，每排棘爪卡块包含两个齿；棘爪包括前棘爪和后棘爪；复位弹簧则包括前复位弹簧和后复位弹簧，其中前棘爪由前复位弹簧牵引并设置为与前排棘爪卡块配合以限定两组门架顶节下端支腿的第一工作间距，后棘爪由后复位弹簧牵引并设置为与后排棘爪卡块配合以限定两组门架顶节下端支腿的第二工作间距。

　　滑动套［图2.25（b）］可相对滑动地套设在支撑架的下端外部，底部设有通槽，以便使棘爪能够与支撑架下端的棘爪卡块接触配合，为了防止支撑架的下端从滑动套中脱出，通槽处还设有封板，该封板通过螺栓连接于滑动套。

　　前后两个棘爪［图2.25（c）］中间部分别设有单耳铰点，单耳铰点通过销轴铰接于门架顶节内部所设的单耳铰耳。

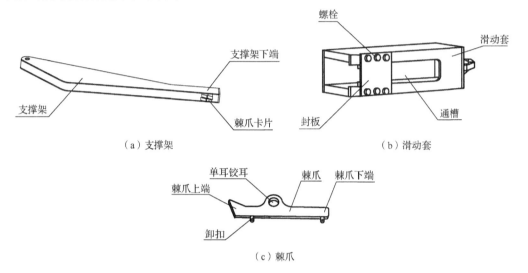

（a）支撑架　　　　　　　　　　（b）滑动套

（c）棘爪

图2.25　支撑架、滑动套及棘爪立体图

　　当强夯机在某点施工时，只需推动门架顶节下端的支腿，棘爪在支撑架下端的棘爪卡块上滑动，当两支腿推到预定工作距离时，棘爪卡在支撑架的棘爪卡块的后端，阻止了支腿回到垂直状态。

　　当强夯机到下一点施工时，只需移动强夯机和门架，无须重新推开门架支腿，实现了一次性操作。当改变门架落地两点距离时，可进行单边操作，工作人员先推动一侧支腿，同时拉动拉绳，使棘爪脱离支撑架的棘爪卡块，支腿在自重的作用下回到垂直状态，然后再推到需要的工作距离，松开拉绳，使棘爪在复位弹簧的作用下与支撑架上的棘爪卡块接触，达到限位的目的，然后再进行另一侧的操作。如果同一工地不需要改变门架落地两点距离，在安装时就可进行限位。

2.3　数字化强夯施工系统

　　传统的强夯施工管理主要靠人海战术进行过程控制，对施工质量控制还存在很多的人为因素干扰，使得强夯施工不尽如人意。

　　基于组合惯性导航的强夯智能化监测设备高度融合先进的数字化技术，通过在夯锤上安装组合惯性导航 IoT 传感器，做到全天候自主式三维空间高精度定位、自动测量落锤高度及锤重。实现对夯击遍数、夯击范围、间歇时间、收锤标准、安全间距等参数实施动态控制，有效避免人为干扰；实现严格的过程控制，有效实现施工信息化管理，提高管理质量、减少管理成本；安全有效地提高施工效率。

全球卫星定位系统（global navigation satellite system，GNSS）能够向全球任何用户全天候提供高精度的三维坐标、三维速度和时间信息等参数。随着我国北斗卫星导航系统（BeiDou Navigation Satellite System，BDS）的诞生，以 GPS、BDS 引领的 GNSS 卫星定位系统在工程施工及工程机械上的应用也越来越广，但对于工程行业而言，GNSS技术的应用仍面临恶劣天气、施工环境、障碍物等对定位精度干扰的挑战。

组合惯性导航系统（inertial navigation system，INS）相较于传统的 GNSS 技术能够不完全依赖外界信息，也不向外界辐射能量，不易受到干扰，帮助工程行业实现真正的高精度、全天候、高效率、操作简便的实时定位服务，有效地保证施工质量，如在土方碾压施工中实时监测，可监控施工中碾压遍数、碾压路径等，大大减少监理及现场管理人员工作量，同时能够实现过程控制；在强夯施工落锤后，夯锤处于通信定位条件恶劣的夯坑底部，组合惯性导航系统依然能够提供高精度精准定位，从而实现夯沉量精准自主测量，是强夯施工的一种节能环保、经济快捷、准确高效的地基处理现代化信息技术。

基于 INS 的强夯信息管理系统，一台设备只需两名工人即可，不但对质量控制更加严格，而且有效地避免了人为因素干扰，提高了强夯施工质量监测精度，还可以自动监控强夯机之间的安全距离，避免距离过近造成安全隐患等现象。这种基于 INS 的强夯施工机械的具体介绍如下。

1）基于 INS 的强夯施工智能监测设备

INS 系统采用 IMU 补偿了 GNSS 受环境干扰大、测量速度不平顺、输出频率低的劣势。通过组合导航系统内置的算法，其会实时监测所有状态参数，调整预测值与测量值之间的权重关系，来最大程度地减小定位定向误差，实时高频次、高精度计算获得该时刻信号 INS 设备位置的三维坐标 (x, y, z)。实时监测系统示意图如图 2.26 所示。

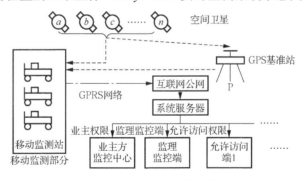

图 2.26　实时监测系统示意图

强夯施工管理系统中，在夯锤上安置牢固可靠的 INS 智能监测设备，与夯锤组成一体，监测夯锤任何时刻的实时三维坐标，通过提供高达 250Hz 的时间戳和三维坐标值，来对整个强夯施工管理参数进行反演和控制。

对于大型项目，往往强夯施工面积达数百万平方米，采用 INS 强夯施工智能监测设备具有如下特点：①无需架设基准站；②定位精度高，观测的平面精度为 1cm，高程精度为1~2cm，完全满足强夯施工监控的精度要求；③观测时间短，可以以10Hz的频率确定施工设备的位置；④提供三维坐标，包括平面位置和大地高程；⑤操作简单，自动化测量，自动传输数据，利用数据处理软件进行处理，结合平面布置图，能够直观了解现场施工情况；⑥全天候作业，不受天气状况影响。

2）数据管理与监测查询

（1）夯锤落距控制。根据夯锤上INS强夯施工智能监测设备设置的初始地面高程，能够实时监测夯锤落距是否满足设计及施工质量验收标准。对于落距不满足要求的夯点，在夯点平面图上用落距检测命令，采用颜色对落距进行平面标示，并在实时监测中发出警报声音，并用警戒色示出。

（2）夯点间距、位置控制。根据夯锤INS定位，参照设计夯点平面布置，可以对夯点位置进行跟踪监测，通过分析计算，在信息管理系统平台上对夯点间距、位置进行颜色标示，使管理者能够准确了解施工的夯点间距及平面位置，对不满足设计要求的在实时监测中发出警报声音，并用警戒色标示出。

（3）夯击数、夯击遍数、顺序控制。对夯击遍数、顺序同样采用颜色进行控制，同预定设计要求进行对比，不满足要求处在实时监测中发出警报提示管理者注意，并用警戒颜色示出。

（4）夯击范围控制。在信息管理系统平台上，对夯锤上INS强夯施工智能监测设备数据进行定位，确定实际施工位置与图纸边界差距，在实时监测中对不满足要求的施工发出警报提示管理者注意，并用警戒颜色示出。

（5）前后两遍间歇控制。通过夯锤上INS强夯施工智能监测设备的时间信息，对前后两遍强夯间歇时间与设计间歇时间进行对比，从而实现对间歇时间控制，不满足设计要求处采用实时警报和警戒颜色示出。

（6）收锤标准控制。自动监测和计算最后两击平均夯沉量，避免人工测量误差，并与设计收锤标准相比较，确定是否满足设计要求。不满足的夯点，进行声音报警和在信息管理平台上采用颜色显示报警。

（7）强夯机间安全距离控制。信息管理平台自动监控强夯机之间安全距离，并及时发出警报，避免强夯机施工距离过近造成安全隐患。对于需要查询的任何施工数据，均可在信息管理平台中予以调出和查询，并在最终实时监测记录中记录，在管理平台上对异常现象予以显示和标记。

3）施工质量监控数据GIS处理与实时发布

在信息管理平台中调用图纸数据库建立强夯区域、能级划分，形成边界。对夯点建立实时三维坐标数据，并将落距、夯击次数、夯击遍数、夯击顺序、间歇时间等建立数据库，形成施工过程控制的初始基准数据。对于施工过程参数，结合GIS地理信息处理系统，对施工实时监测数据及时在图纸上显示，并在信息管理平台上用可视化映射绘图、动态模拟进行标示；与初始基准数据做对比，在GIS系统中进行动态显示和记录；根据程序设置要求向互联网发布信息或以电子信箱等形式通知有关人员，动态了解施工情况，实现强夯设计与施工参数的全面监控。

基于INS的强夯施工智能监测设备系统——"强夯宝"（含硬件和软件系统）（图2.27），

是对强夯施工质量控制的一种全新和有效的过程控制系统，实现了业主、监理、施工等单位全方位过程控制，提供了实施过程监测数据，对提高施工过程控制提供了重要保证。该系统的应用可大大减少管理成本，解决"偷锤漏锤"等问题，将会带来强夯行业的重大变革，有助于引领强夯行业走向"正向循环"。

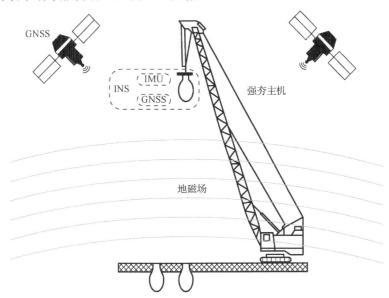

图 2.27　INS 强夯施工智能监测设备系统——"强夯宝"

第3章 基于性能的强夯法地基处理设计理论

3.1 概　　述

20世纪90年代初，国外学者提出了基于位移的抗震设计思想，在经历了1994年美国北岭（Northridge）地震和1995年日本阪神地震后，巨大的人员伤亡和经济损失使得人们看到了性能设计的重要性，随即对性能化设计展开了广泛的研究。美国建立了不同水准地震下能达到预期性能水准且能实现多级性能目标建筑的一般框架，并建议地震设防等级分为四级。日本在1995年阪神大地震之后，吸取了美国学者提出的基于性能的抗震设计方法，研究出结构抗震项目——"基于性能的建筑结构设计新框架"。2000年，日本建筑法规正式采用了基于性能的设计概念。1996年，我国学者在"九五"重大项目"大型复杂结构的关键科学问题及设计理论"中立项研究专题为"基于抗震性能的设防标准"的项目。2010年12月实施的国家标准《建筑抗震设计规范》（GB 50011—2010）[①]增加了建筑抗震性能化设计内容。

在性能化抗震设计快速发展的同时，广州大学对抗风性能化设计进行了探讨，提出了基于性能的结构抗风设计理论框架，并将风压强度划分为4个设计风压等级，将人体振动舒适度划分为6个等级，并建议将结构风振性能水准划分为4种状态，将结构风振性能目标划分为5个等级。

2011年在第十届全国桩基工程学术会议上，有关专家针对在桩基设计中有关"上部结构、基础与地基的相互作用"不统一的问题，提出了基于性能的桩基设计概念，探讨了基于性能的桩基设计流程及桩基计算流程，并建议将桩基抗震性能分为4个性能等级，将桩基的性能目标分为6个等级。

性能化设计思想自提出以来，逐步应用于性能化抗震、性能化抗风和防火等设计理论。性能化抗震设计和性能化抗风设计也成为高层、大跨度结构设计的重要内容。在大规模城市化建设过程中，结合强夯地基处理对整个工程的质量、进度和投资的影响，探讨基于性能的强夯地基处理设计方法，有助于解决地基处理过程中的社会经济性与处理效果的安全可靠性之间的矛盾，从而更好地指导工程建设。

本章主要从高能级强夯理论、高能级强夯置换法、动力排水固结法、基于变形控制的强夯加固地基设计方法、性能化强夯地基处理设计理论这五个方面进行讨论。强夯法按施工工艺可分为三种方法，即强夯法、强夯置换法和动力排水固结法。三种方法具有互补的关系，例如，对于无法满足工期、固结速率的性能化指标的情况，可考虑采用布置沙袋、插塑板的动力排水固结法，或采用碎石置换的强夯置换法；对于无法满足变形、加固深度的性能化指标，可考虑采用高能级强夯法或包含扩孔工艺的强夯置换法。

---

① 最新标准名称改为《建筑抗震设计标准》（GB/T 50011—2010），自2024年8月1日起实施。

图 3.1 为强夯法所用装备示意图，图 3.2 为强夯置换法示意图。

图 3.1　强夯法所用装备示意图

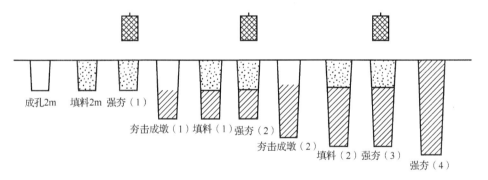

图 3.2　强夯置换法示意图

　　基于性能化的强夯法创新设计新理论立足于变形和承载力的综合考虑，具有很强的针对性和灵活性。针对实际工程的上部结构需要，可以对整个地基基础，也可以对某些关键部位，灵活运用不同技术措施达到预期的性能目标，提高强夯施工质量，满足使用标准的专门要求。性能化设计以现有的强夯法施工工艺和经济条件为前提，还需综合考虑地形地质、场地类别、施工机具、运输吊装等因素，且不同的场地地质情况，对其性能设计要求也有所不同。在施工工法选择时，可根据强夯法性能指标进行全面考虑：一是处理高填方土和湿陷性黄土时，采用以消除湿陷性和加快场地土固结为目的的高能级强夯法；二是处理以饱和软土为目的的低能级强夯时，可采用动力排水固结法，其示意图如图 3.3 所示；三是处理复杂地基时，可采用强夯与其他地基处理技术优势互补发展成的组合式地基处理技术。

　　基于性能的强夯法设计流程如图 3.4 所示。

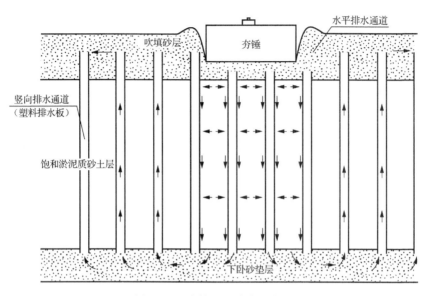

图 3.3　动力排水固结法示意图

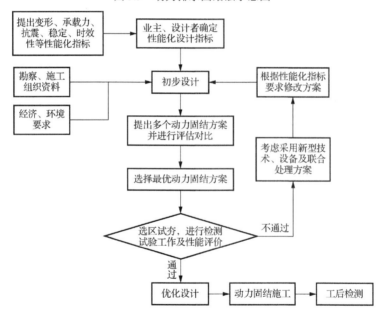

图 3.4　基于性能的强夯法设计流程

3.2　高能级强夯理论

　　强夯法最早由法国开发，经过几十年的应用与发展，它已适用于加固从砾石到黏性土的多种地基土。由于它具有效果显著、设备简单、施工方便、适用范围广、经济易行和节省材料等优点，应用相当广泛。关于强夯法加固地基的机理，目前国内外的看法还不一致，但首先应该区分其属于宏观机理还是微观机理，其次要对饱和土与非饱和土加以区分，且对饱和土中黏性土与无黏性土也应该加以区别。另外，对特殊性土，如湿陷性黄土，应该考虑它的特殊性。同时，强夯法还应该考虑强夯施工参数，如单击夯击能量，单位面积平均夯击能、夯击数、夯击遍数等。本章结合焦作热电厂工程、首阳山电厂二期扩建工程、广东科学中心强夯处理地基工程等实际施工中的问题，对强夯技术加固地基的机理进行较为深入的介绍。

3.2.1　夯击能传递机理

由强夯产生的冲击波按其在土中传播和对土作用的特性可分为体波和面波。体波包括纵波（P 波，也称压缩波）和横波（S 波，也称剪切波），从夯击点沿着一个半球波阵面径向向地基深处传播，对地基土起到压缩和剪切作用，引起地基土的压密固结。面波（R 波）从夯击点沿地表传播，其随距离的衰减比体波快得多，对地基土没有加固作用，其竖向分量反而对表层土起松动作用[6]。

根据波的传播特性，R 波携带大约 2/3 的能量，以夯坑为中心沿地表向四周传播，使周围介质产生振动，对地基压密没有效果；而其余的能量则由 P 波和 S 波携带向地下传播，当这部分能量释放在需要加固的土层上时，土体就得到了加固，如图 3.5 和图 3.6所示。

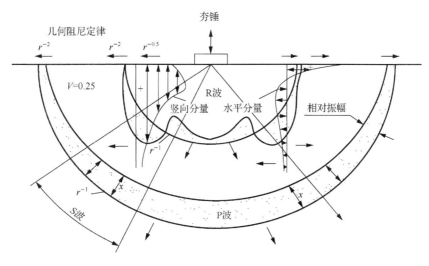

图 3.5　重锤夯击时在地基中产生的波场

图 3.6　振动波对土的加固效果

地基土一般为不均匀的层状结构，土体中的孔隙被空气、水或是其他液体所填充。当波在成层地基中传播遇到一种弹性介质和另一种弹性介质的分界面时，入射波能量的一部分将反射回先前的第一种弹性介质，而另一部分能量则反射到第二种弹性介质中。当反射波回到地表又被重锤挡住再次被反射入土体时，遇到分界面后又一次反射回地面，因此在一个很短的时间内，波被多次反射，这就意味着夯击能量的不断损失。这正是在相同夯击能作用下，单一均质土层的加固效果要好于多层非均质土的原因。另外，反射回来的波能使地表土层变松，这也是强夯中局部地表隆起的原因。因此，强夯的结果在地基中沿深度常形成性质不同的三个区：地基表层形成松动区；松动区下面某一深度，受到体波的作用，使土层产生沉降和土体的压密，形成加固区；加固区下面冲击波逐渐衰减，不足以使土产生塑性变形，对地基不起加固作用，称为弹性区。

3.2.2　强夯法的加固机理

目前，强夯法加固地基的机理可分为动力夯实、强夯、动力置换三种情况，其共同特点是破坏土的天然结构，使其达到新的稳定状态。

1. 动力夯实

在非饱和土，特别是孔隙多、颗粒粗大的土中，高能量的夯击对土的作用不同于机械碾压、振动压实和重锤夯实。由于巨大的夯击能量所产生的冲击波和动应力在土中传播，使颗粒破碎或使颗粒产生瞬间的相对运动，从而使孔隙中气体迅速排出或压缩，孔隙体积减小，形成较密实的结构。实际工程表明，在冲击动能作用下，地面会立即产生沉降，一般夯击一遍后，其夯坑深度为 0.6～1.3m，夯坑底部可形成一层超压密硬壳层，承载力可比夯前提高 2～3 倍以上，在中等夯击能量 1 000～3 000kN·m 的作用下，主要产生冲切变形，从而在加固范围内的气体体积将大大减少，可使非饱和土变成饱和土，至少使土的饱和度提高。

对湿陷性黄土这样的特殊性土，其湿陷是由于其内部架空孔隙多、胶结强度差、遇水微结构强度迅速降低而突变失稳的，造成孔隙崩塌，引起附加的沉降，因此强夯法处理湿陷性黄土就应该着眼于破坏其结构，使微结构在遇水前崩塌，减少其孔隙。

2. 强夯

强夯法处理饱和黏性土时，巨大的冲击能量在土中产生很大的应力波，破坏了土体原有的结构，使土体局部发生液化，产生许多裂隙，增加了排水通道，使孔隙水顺利逸出，待超孔隙水压力消散后，土体固结，由于软土的触变性，强度得到提高，这就是强夯。

传统的固结理论认为：饱和软土在快速加荷条件下，孔隙水无法瞬时排出，所以是不可压缩的，可用一个充满不可压缩液体的圆筒、一个用弹簧支撑的活塞和供排出孔隙水的小孔组成的模型来表示，即泰尔扎吉（Terzaghi）模型。梅纳（Mène）则根据饱和土在强夯后瞬时能产生数十厘米的压缩量这一事实对 Terzaghi 模型进行修正，提出新的模型，即 Mène 模型。两个模型如图 3.7（a）、（b）所示。

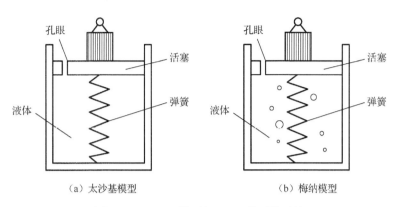

（a）太沙基模型　　　　　　　　　（b）梅纳模型

图 3.7　Terzaghi 模型与 Mène 模型的对比

两个模型的区别如表 3.1 所示。

表 3.1　Terzaghi 模型和 Mène 模型的区别

比较项	Terzaghi 模型	Mène 模型
活塞	无摩擦	有摩擦
液体	不可压缩	可以压缩
弹簧	均质	非均质
孔眼	直径固定，受压液体排出通道	直径可变，受压液体排出通道

　　根据梅纳提出的模型，饱和土强夯加固机理可以描述为：在强夯过程中，根据土体中的孔隙水压力 u，动应力 σ 和应变 ε 的关系，加固区内波对土体的作用可分为三个阶段，如图 3.8 所示。

　　1）加载阶段（OA 或 $O'A'$）

　　在夯击的瞬间，巨大的冲击波使地基土产生强烈振动和动应力 σ，在波动的影响带内，动应力和孔隙水压力往往大于孔隙水压力，有效动应力使土产生塑性变形，破坏土的结构，对砂土，迫使土的颗粒重新排列而密实，因而对饱和土应是动力夯实。对于细颗粒土，法国学者认为 1%～4% 的以微气泡形式出现的气体体积压缩，同时，由于土体中的水和土颗粒的两种介质引起不同的振动效应，两者的动应力差 f_2 大于土颗粒的吸附能时，土颗粒周围的部分结合水从颗粒间析出，产生动力水聚结，形成排水通道，造成动力排水条件。

　　2）卸荷阶段（AB 或 $A'B'$）

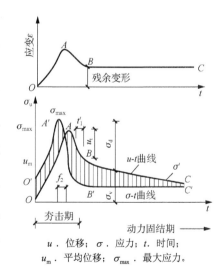

图 3.8　强夯冲击波对土体的作用过程

　　夯击能卸去后，总的动应力瞬间即逝，然而土中孔隙水压力仍保持较高水平，此时 t_1' 孔隙水压力大于有效应力，因而将引起砂土、粉土的液化。在黏性土中，当孔隙水压力大于小主应力、静止侧压力及土的抗拉强度之和时，即土中存在较大的负有效应力，土体开裂，渗透系数骤增，形成良好的排水通道。宏观上看，在夯击点周围产生了垂直破裂面，夯坑周围出现冒气冒水现象，这样孔隙水压力迅速下降。

3）强夯阶段（BC 或 $B'C'$）

在卸荷之后，土体中保持一定的孔隙水压力 σ'，土体就在此压力下排水固结。砂土中，孔隙水压力可在 3～5min 内消散（消散值为 σ_d），使砂土进一步密实。在黏性土中孔隙水压力的消散则可能要延续 2～4 周，如果有条件排水，土颗粒进一步靠近，重新形成新的结合水膜和结构连接，土的强度 σ_v 恢复和提高，从而达到加固地基的目的。但是如果在加荷和卸载阶段所形成的最大孔隙水压力不能使土体开裂，也不能使土颗粒的水膜和毛细水析出，动荷载卸去后，孔隙水未能迅速排出，则孔隙水压力很大，土的结构被扰动破坏，又没有条件排水固结，土颗粒间的触变恢复又较慢，在这种条件下，不但不能使黏性土加固，反而使土扰动，降低了地基土的抗剪强度，增大土的压缩性，形成橡皮土。因此，对饱和黏性土进行强夯，应根据波在土中传播的特性，按照地质土的性质，选择适当的强夯能量，同时又要注意设置排水条件和触变恢复条件，才能使强夯法获得良好的加固效果。在施工前，必须事先进行试夯，探讨其规律，选择强夯能量和方法，检查能否产生动力排水固结和触变恢复。广东科学中心地基强夯处理采用"先轻后重，逐级加能"就是成功的例证。

3. 动力置换

对于透水性极低的饱和软土，强夯使土的结构被破坏，难以使孔隙水压力迅速消散，夯坑周围土体隆起，土的体积没有明显减小，因而这种土的强夯效果不佳，甚至会形成橡皮土。夯击能量大小和土的透水性高低，可能是影响饱和软土强夯加固效果的主要因素。曾有学者认为可在土中设置袋装砂井等来改善土的透水性，然后进行强夯，其机理类似于强夯，也可以采用动力置换，即分为整式置换和桩式置换。前者是采用强夯法将碎石整体挤入淤泥中，其作用机理类似于换土垫层；后者则是通过强夯将碎石填筑土体中，部分碎石桩（或墩）间隔地夯入软土中，形成桩式（或墩式）的碎石墩（或桩）。其作用机理类似于振冲法等形成的碎石桩，主要靠碎石内摩擦角和墩间土的侧限来维持桩体的平衡，并与墩间土起复合地基作用。对橡皮土也可如此。焦作电厂强夯地基处理就是成功的例证。经碎石置换后，承载力可达 200kPa 以上。

3.2.3 强夯法设计

1. 设计方法及步骤

强夯设计步骤如图 3.9 所示。

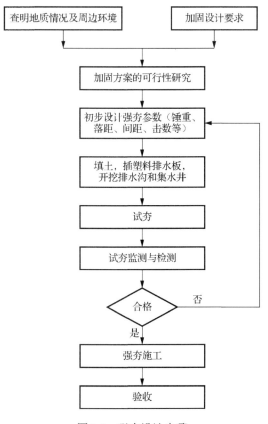

图 3.9 强夯设计步骤

2. 加固地基目的及要求

1）加固地基目的

强夯法加固地基是根据场地土的不同特性而需要提高地基的承载能力和消除不均匀变形，或需要排除地震液化或需要消除湿陷性等而进行的地基加固。加固后的地基应达到预先规定的指标值。

2）加固要求

对不同的地基和工程有不同的加固要求。

（1）对高填土地基，加固后应满足需要的地基容许承载力和消除不均变形为主。

（2）对地震液化地基，加固后应消除液化，且对不同的液化地基有不同的要求。

① 对饱和砂土地基，加固后由标准贯入试验获得的锤击数 $N_{63.5}$ 大于按下式计算出的 N' 值时，则可不液化。

$$N' = \bar{N}'[1 + 0.125(d_s - 3) - 0.05(d_w - 2)] \tag{3.1}$$

式中：N'——当饱和砂土所处深度为 d_s，室外地面到地下水位的距离为 d_w 时，砂土液化临界标贯锤击数；

$\bar{N}'$——当 $d_s = 3\text{m}$、$d_w = 2\text{m}$ 时，砂土液化临界贯入锤击数，其数值分别为 6、

10、16；

d_s——饱和砂土所处深度（m）；

d_w——室外地面到地下水位的距离（m）。

② 对湿陷性黄土地基加固，要求消除湿陷性，其湿陷系数应按下式计算：

$$\sigma_s = \frac{h_p - h_p'}{h_0} \tag{3.2}$$

式中：σ_s——湿陷系数；

h_p——保持天然湿度和结构的土样，加压至一定压力时，下沉稳定后的高度（cm）；

h_p'——上述加压稳定后的土样，在浸水作用下，下沉稳定后的高度（cm）；

h_0——土样的原始高度（cm）。

强夯加固后地基湿陷系数 $\sigma_s < 0.015$ 时为消除湿陷性。对软弱土地基加固，着重于提高地基土强度和减少变形。

3. 主要施工参数的选择

采用强夯技术进行地基处理，一定要根据工程的地质条件和使用要求来确定，并要合理地选择各种参数，才能达到预期的目的。施工参数包括锤重和落距、最佳夯击能、每遍的最佳夯击数和夯击遍数、两遍夯击的间歇时间、加固范围、夯点布置及夯点间距等。

1）锤重和落距

通常根据试验选择的最佳夯击能来确定锤重和落距。在条件不许可时，可按有关修正公式，根据起重机的起吊能力和要求加固的深度，按下式进行计算：

$$H = \alpha\sqrt{\omega \cdot h / 10} \tag{3.3}$$

式中：H——加固深度（m）；

ω——锤重（kN）；

h——落距（m）；

α——修正系数（对湿陷性黄土可取 0.35~0.5；焦作热电厂工程、首阳山电厂二期扩建工程表明，取 $\alpha = 0.4$ 较为合理）。

也可采用表 3.2 估算强夯法的有效加固深度。

表 3.2　强夯法的有效加固深度

单击夯击能/(kN·m)	加固深度/m		单击夯击能/(kN·m)	加固深度/m	
	碎石土、砂土等	粉土、黏性土、湿陷性黄土等		碎石土、砂土等	粉土、黏性土、湿陷性黄土等
1 000	5.0~6.0	4.0~5.0	4 000	8.0~9.0	7.0~8.0
2 000	6.0~7.0	5.0~6.0	5 000	9.0~9.3	8.0~8.5
3 000	7.0~8.0	6.0~7.0	6 000	9.5~10.0	8.5~9.0

2）最佳夯击能

在某一夯击能作用下，地基中出现的孔隙水压力达到土的覆盖压力时的夯击能称为最佳夯击能。

被加固地基土中的孔隙水压力消散慢，当夯击能逐渐增大时，孔隙水压力相应地叠加，可按此叠加值确定最佳夯击能。必须指出的是，孔隙水压力沿深度的分布规律是上大下小，而土的自重压力是上小下大，因此对被加固的地基土的最佳夯击能应根据有效影响深度确定。在一般情况下，对于粗颗粒土可取 $1\,000\sim3\,000\text{kN·m/m}^2$，细颗粒土可取 $1\,500\sim4\,000\text{kN·m/m}^2$。

3）每遍的最佳夯击数和夯击遍数

选择每遍的最佳夯击数，可根据静力触探、动力标贯及土工试验结果给出夯击数与有效影响深度的关系曲线。在满足有效加固深度的条件下，一般以曲线上明显变化的起点所对应的夯击数为每遍的最佳夯击数，且应同时满足下列条件。

（1）最后两击的平均夯沉量不大于 50mm，当单击夯击能量较大时不大于 100mm。

（2）夯坑周围地面不应发生过大的隆起。

（3）不因夯坑过深而发生起锤困难。

夯击遍数应根据地基土的性质确定，一般情况下，可采用 2～3 遍，最后再以低能量满夯一遍。对于渗透性弱的细颗粒土，必要时夯击遍数可适当增加，且宜采用多遍数、少击数的施工方案。

4）两遍夯击的间歇时间

两遍夯击之间应有一定的时间间隔。间隔时间取决于土中超静孔隙水压力的消散时间。当缺少实测资料时，可根据地基土的渗透性确定，对于渗透性较差的黏性土地基的间隔时间，应不少于 3～4 周，对于渗透性好的地基可连续夯击。

5）加固范围

强夯的加固范围应大于建筑物基础的范围，否则会出现四周为外部没有夯击过和内部已夯击过的边缘。为了避免在夯击后的土中出现不均匀的"边界"现象，从而引起建筑物的差异沉陷，必须规定对夯击面积增加一个附加值，放大宽度可自建筑物基础外侧边线起增加加固深度的 1/3～1/2 距离，并不宜小于 3m，也可按照下列公式进行计算：

$$A = \left(B + \frac{2}{3}h\right)\left(L + \frac{2}{3}h\right) \tag{3.4}$$

式中：A——夯击范围（m^2）；

　　　B、L——加固区的宽度和长度（m）；

　　　h——设计加固深度（m）。

6）夯点布置

夯点位置可根据建筑物结构类型布置，一般采用正三角形、正方形或梅花形布点。对大面积基础，宜采用正方形插挡法布置；对条形基础可采用点线插挡法布置；柱基可采用点夯法夯击；对砂土和抛石强夯挤淤，可用排夯法加固（锤印彼此搭接 200～300mm）；当要求加固深度较大时，可在较低标高上夯完后，再将土填到设计标高，进行第二次夯击。其具体布置方法如图 3.10 所示。

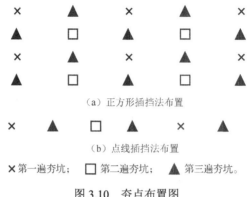

（a）正方形插挡法布置

（b）点线插挡法布置

× 第一遍夯坑；　□ 第二遍夯坑；　▲ 第三遍夯坑。

图 3.10　夯点布置图

7）夯点间距

夯点间距应根据建筑物结构类型、土层厚度和土质条件（或通过试夯）确定：一般为夯锤直径的 1.5～2.0 倍。当压缩层厚度大，土质差时应增大夯击点间距，第一遍夯点间距宜为 6～8m；对土层较薄的砂土或回填土，第一遍夯击点间距最大，以后各遍夯击点间距可与第一遍相同，也可适当减小。对处理深度较深或单击夯能较大的工程，第一遍夯击点间距宜适当增大。

3.3　高能级强夯置换法

3.3.1　简述

由于对强夯和强夯置换概念理解的不同，经常导致一些工程纠纷。工程界对强夯和强夯置换的区别、强夯置换墩的实际长度有些争议。本节结合工程实例，明确强夯法和强夯置换法的概念。强夯法是反复将夯锤提到高处使其自由落下，给地基以冲击和振动能量，将地基土夯实的地基处理方法；强夯置换法是将重锤提到高处使其自由落下形成夯坑，并不断夯击坑内回填的砂石、钢渣等硬粒料，使其形成密实的墩体的地基处理方法。

3.3.2　强夯与强夯置换的区别

强夯和强夯置换的区别主要在于：①有无填料；②填料与原地基土有无变化；③静接地压力大小；④是否形成墩体（比夯间土明显密实）。

强夯置换具体要求是：①有填料；②填料异于且优于原地基土；③夯锤静接地压力≥80kPa；④形成密实的置换墩体。上述四个条件同时满足才能成为强夯置换，如填土地基，强夯施工过程中因夯坑太深（影响施工效率和加固效果）或提锤难（夯坑坍塌或有软土夹层吸锤）时，可以或应该填料，这是强夯。强夯也可以填料，但不是填料一次就是强夯置换，也不是夯一锤填一次，可以是夯几锤填一次。对于采用柱锤强夯来说，满足接地静压力是很容易的，因为柱锤直径大多在 1.1～1.6m，个别柱锤达 1.8m；对于平锤，只有在锤重超过一定质量时可以满足锤底接地静压力要求，且同时满足其他三个条件后的平锤施工才是强夯置换。

需要说明的是，强夯和强夯置换之间没有显著差别，只是一个大工艺条件下针对不同地质条件和不同设计要求的两个产品，在很多实际工程中不能简单地理解为强夯置换就是强夯用于加固饱和软黏土地基的方法。澄清概念的主要目的是保证强夯置换的加固效果，避免用一个"大扁锤"（静接地压力很小，小于 80kPa）来进行强夯置换，因为这样做很难形成"给力"的强夯置换墩，而要通过缩小锤底面积增加静压力来加强强夯置换的效果。随着目前强夯能级的不断提高，18 000kN·m 的强夯和强夯置换已经积累多个工程的经验，较大锤底面积的强夯置换工程也越来越多。工程实践表明，当能级超过 8 000kN·m 后，适当增大锤底面积对增加置换墩长度有利[7]。

目前在强夯设计和施工过程中，经常存在是采用强夯还是强夯置换，是采用平锤强夯置换还是采用异形锤（柱锤）强夯置换的方案选择问题。现就这些问题通过几个工程实例进行探讨。

1. 辽宁葫芦岛某船厂地基处理工程

该工程地基采用开山石回填而成，填土厚度 10m，其下为 3m 海底淤泥。地基处理采用 12 000kN·m 平锤施工，夯坑深度平均 5m。为确保有效加固深度，施工过程中夯坑过深就回填开山石，否则不允许填料。现场施工如图 3.11 所示，施工后效果分析示意图如图 3.12 所示。

图 3.11　葫芦岛某船厂强夯施工

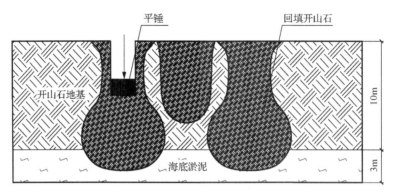

图 3.12　葫芦岛市某船厂强夯施工后效果分析示意图

该工程采用直径 2.5m、质量 60t 的平锤，施工过程中进行了碎石填料，与原地层有差异（填料与原地基填土基本相同，对软弱下卧层有置换作用），形成了比较密实、能有效改良地基变形特性的置换墩。同时满足上述强夯置换的四个条件，且使用柱锤和平锤都可认为是强夯置换。

2. 内蒙古某煤制天然气地基处理工程

内蒙古某煤制天然气地基处理工程，场地主要为沙漠细砂地基，场地分别采用 8 000kN·m 和 3 000kN·m 能级平锤施工，其中在 8 000kN·m 能级施工过程中，夯坑回填碎石。两个能级采用的均是直径为 2.5m 的平锤，3 000kN·m 能级（夯锤 20t）每遍施工后进行原场地砂土推平再施工，而 8 000kN·m（夯锤 40t）能级施工过程中回填了大量碎石料（图 3.13）。

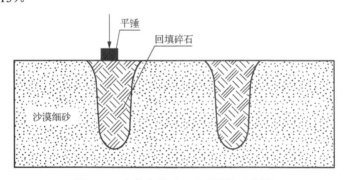

图 3.13　内蒙古某项目强夯置换示意图

该工程 3 000kN·m 能级施工虽满足强夯置换第一个条件——有填料，但不满足其他三个条件，仅仅算是强夯。8 000kN·m 能级同时满足了强夯置换的四个条件，应该属于强夯置换。现场检测表明，夯点周边砂土地基相对密度大幅增加，夯点处形成了密实的碎石墩体，荷载作用点、变形敏感点、结构转折部位等应布置在夯点上。

3. 甘肃庆阳某湿陷性黄土地基工程

甘肃庆阳某湿陷性黄土地基工程位于我国最大的黄土塬——董志塬，属于大厚度自重湿陷性黄土地基。本场地采用 15 000kN·m 能级的平锤施工，夯锤直径 2.5m，锤重 65t，夯坑深为 5～6m，最深为 8m。由于夯坑深度过大，施工过程中夯坑多次填入黄土，每遍夯后采用推平夯坑。施工强夯效果示意图如图 3.14 所示。

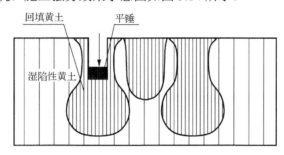

图 3.14　甘肃庆阳某湿陷性黄土地基施工强夯效果示意图

根据填料性质和施工工艺，该场地施工工艺应归于强夯施工范畴。夯坑深度较大，即使采用了柱锤强夯，因填料与原土地基相同，不满足强夯置换第二条，也只能算是强夯而非强夯置换。其实，处理后的地基经检测，夯点是密实的黄土墩体，夯间也是非常密实，随机抽检点基本上难以区分出夯点和夯间，由此达到了整体密实均匀的加固效果。

4. 山东青岛某船厂地基处理

山东青岛某船厂地基处理是典型的上硬下软的双层地基，上面回填的是素填土（碎石土 3～6m），填土下为淤泥质土，部分区域采用 10 000kN·m 平锤（直径 2.5m，锤重 50t），部分区域采用 2 000kN·m 柱锤（直径 1.5m，锤重 15t）进行施工，夯坑过深时回填大粒径开山石，双层地基强夯置换示意图如图 3.15 所示。检测结果表明填料穿透了填土层，进入淤泥质土形成碎石墩体，能有效改良场地的变形特性，无论是平锤还是柱锤，均同时满足了强夯置换四个条件，具备了强夯置换效果。

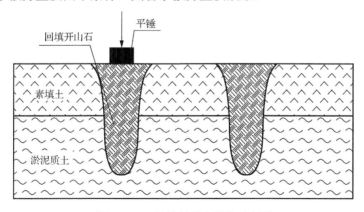

图 3.15　双层地基强夯置换示意图

3.3.3　强夯置换地基的变形计算问题

由于土性质变化的复杂性，采取原状土样困难，边界条件及加荷情况与计算时所采取的简化情况有所差异，强夯置换地基的变形计算一直是个难题，且计算结果往往与实测沉降有较大差别。经过对大量强夯和强夯置换工程的沉降观测，积累了一定的经验。限于篇幅，本节列出部分工程的实测结果和几种方法的计算结果，对《建筑地基处理技术规范》（JGJ 79—2012）修编中第 3.3.5 条第 12 款中的强夯置换变形计算方法的调整做出说明和补充[8]。

1. 关于强夯置换地基复合土层压缩模量计算的说明

确定软黏性土中强夯置换墩地基承载力特征值时，可只考虑墩体，不考虑墩间土的作用，其承载力应通过现场单墩载荷试验确定，对饱和粉土地基可按复合地基考虑，其承载力可通过现场单墩复合地基荷载试验确定。

强夯置换地基的变形计算应符合有关规定，复合土层的压缩模量可按下式计算：

$$E_{sp} = [1 + m(n-1)]E_s \qquad (3.5)$$

式中：E_{sp}——复合土层压缩模量（MPa）；

E_s——桩间土压缩模量（MPa），宜按当地经验取值，如无经验时，可取天然地基压缩模量；

m——置换率；

n——桩土应力比，在无实测资料时，对黏性土可取 2~4，对粉土和砂土可取 1.5~3，原土强度低取大值，原土强度高取小值。

2. 关于强夯置换地基变形计算的说明

强夯置换地基变形的计算应符合如下规定。

（1）软黏性土中强夯置换地基承载力特征值应通过现场单墩静载荷试验确定；对饱和粉土地基，当处理后形成 2.0m 以上厚度的硬层时，其承载力可通过现场单墩复合地基静载荷试验确定。

（2）强夯置换地基的变形宜按单墩承受的荷载，采用单墩荷载试验确定的变形模量计算加固区的地基变形，对墩下地基土的变形可按置换墩材料的压力扩散角计算传至墩下土层的附加应力，按有关规定计算确定；对饱和粉土地基，当处理后形成 2.0m 以上厚度的硬层时，可按《建筑地基处理技术规范》（JGJ 79—2012）第 7.1.7 条的规定计算确定。

（3）复合地基变形计算应符合现行国家标准有关规定，复合地基变形计算深度必须大于复合土层的深度，在确定的计算深度下部仍有软弱土层时，应继续计算。复合土层的分层与天然地基相同，复合土层的压缩模量可按下式计算：

$$E_{sp} = \zeta \cdot E_s \qquad (3.6)$$

式中：E_{sp}——复合土层的压缩模量（MPa）；

E_s——天然地基的压缩模量（MPa）；

ζ——复合土层压缩模量计算系数，即

$$\zeta = \frac{f_{spk}}{f_{ak}} \tag{3.7}$$

式中：f_{spk}——桩间土复合地基承载力特征值（kPa）；

f_{ak}——桩间土天然地基承载力特征值（kPa）。

3. 强夯置换有效加固深度和置换墩长度的实测资料

强夯置换往往都是大粒径的填料，岩土变形参数难以确定，所以强夯置换地基变形的计算方法应该化繁为简，提出一个适宜工程应用的方法。在计算参数中强夯置换有效加固深度和置换墩长度是关键参数。

强夯置换有效加固深度既是选择该方法进行地基处理的重要依据，又是反映强夯置换处理效果、计算强夯置换地基变形的重要参数。强夯置换的加固原理相当于强夯（加密墩间土）+碎石墩（墩点下）+特大直径排水井（粗粒料）。因此，墩间和墩下的粉土或黏性土通过排水与加密，其密度及状态可以改善。强夯置换有效加固深度为墩长和墩底压密土厚度之和，应根据现场试验或当地经验确定。

实际上，影响强夯置换有效加固深度的因素很多，除了夯锤重和落距以外，夯击次数、锤底单位压力、地基土性质、不同土层的厚度和埋藏顺序以及地下水位等都与有效加固深度有着密切的关系。

针对高饱和度粉土、软塑—流塑的黏性土、有软弱下卧层的填土等细颗粒土地基（实际工程多为表层有 2~6m 的粗粒料回填，下卧 3~15m 淤泥或淤泥质土），提出了强夯置换主夯能级与置换墩长度的建议值。图 3.16 中给出了有关规定提出的个工程数据。初步选择时也可以根据地层条件选择置换墩长度，并参照表 3.3 选择强夯置换的能级，而后必须通过试夯确定。很多工程的强夯置换墩很难着底，往往会在墩底留下 1~4m 的软土，如图 3.17 所示的某工程实测基岩深度与强夯置换墩长度的关系（海边吹填软土，表层回填山皮石 2m）。因此，在工程中估算变形时，强夯置换墩的变形加上墩底软土的变形之和应满足设计要求。

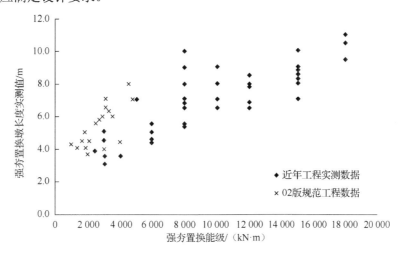

图 3.16　强夯置换主夯能级与置换墩长度的实测值

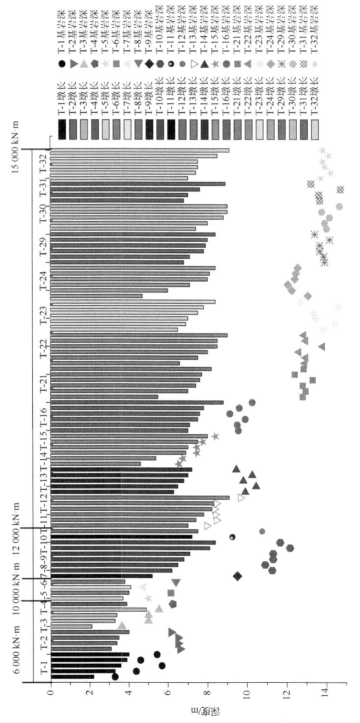

图 3.17　某工程实测基岩深度与强夯置换墩长度的关系

表 3.3　强夯置换主夯能级与强夯置换墩长度的关系

主夯能级/（kN·m）	强夯置换墩长度/m
3 000	3～4
6 000	5～6
8 000	6～7
12 000	8～9
15 000	9～10
18 000	10～11

需要注意的是，表 3.3 中的能级为主夯能级。对于强夯置换法的施工工艺，为了要增加置换墩的长度，工艺设计的一套能级中第一遍（工程中叫主夯）的能级最大，第二遍次之，或与第一遍相同。每一遍施工填料后都会产生或长或短的夯墩。实践证明，主夯夯点的置换墩长度要比后续几遍的夯墩要长。因此，工程中所讲的置换墩长度指的是主夯夯点的置换墩长度。对于强夯置换法，主夯击能指的是第一遍夯击能，是决定置换墩长度的夯击能，是决定有效加固深度的夯击能。

4. 对强夯置换地基变形计算的分析讨论

强夯置换地基的变形计算，结合工程测试结果做如下比较分析。

（1）强夯置换地基的变形按现行国家标准《建筑地基基础设计规范》（GB 50007—2011）有关规定计算。土层的压缩模量根据有关检测报告确定。实际工程中，强夯置换的填料绝大部分为大粒径的碎石、块石，检测报告往往根据重型动力触探或超重型动力触探的结果根据经验估算土层的压缩模量。

（2）根据山东日照某实际工程中的超大板静载试验实测结果，先用置换率应力比确定的复合压缩模量计算，再用承载力比确定的复合压缩模量计算，并与工程实测结果比较分析。

（3）根据辽宁葫芦岛、山东青岛、辽宁大连、广西钦州等地的实际工程的实测结果，按照上述方法分别进行变形计算，通过对比验证各种方法。

通过大量的工程实例验算，得到的结论如下。

强夯置换地基变形包括两部分：一是墩体变形，由等面积的静载试验实测确定（虽然这部分变形可能包括了一少部分的软土变形，但因载荷试验时间短，主要是墩体的变形）；二是墩底软土的长期变形，以及按照扩散角理论计算软土变形。这两个变形量之和即为强夯置换地基的最终变形，该方法简称"墩变形+应力扩散法"。这个方法的前提条件是：①强夯置换地基中，基础的荷载作用在墩体上，或者说夯点应布置在荷载作用点、变形敏感点、结构转折部位等处；②静载试验的荷载板面积宜等于夯锤面积。经对几个工程实例计算验证，计算结果和实测数据较为吻合，计算方法简单。

实际工程中，在满足要求的前提下，强夯置换墩静载试验达到特征值两倍时的变形量在 20mm 左右，特征值对应的沉降量在 10mm 左右。初步设计时可以按墩体变形 10mm，再加上下卧层变形的计算值即可预估总变形量。

3.3.4 强夯置换工程实例

1. 山东日照某工程实例分析

1) 工程概况与试验实测结果

该工程场地地层条件为：杂填土 0～2.6m，淤泥质粉质黏土 2.6～2.9m，吹填砂土 2.9～9.4m，淤泥质粉细砂 9.4～12.3m，12.3m 以下为强风化花岗岩。

该项目强夯试验分 4 个区：试验 1 区采用 6 000kN·m 平锤强夯处理，试验 2 区采用 12 000kN·m 平锤强夯置换处理，试验 3 区采用 12 000kN·m 柱锤+平锤强夯置换处理，试验 4 区采用 15 000kN·m 平锤强夯置换处理。为模拟在 10 万 m³ 油罐作用下夯后地基土的变形特性，验证油罐下采用浅基础的安全可行性，在试验 2 区进行了此次超大板的荷载试验。

试验的最大加荷载量为 560kPa，试验使用的荷载板为现浇早强 C50 钢筋混凝土板，尺寸为 7.1m×7.1m，板面积 50.41m²，板厚 40cm（板厚与板宽比例为 1∶18，可近似按柔性板考虑）。此次大板荷载试验可反映荷载板下 1.5～2.0 倍荷载板宽度范围内地基土的承载力和变形性状，即该试验的影响深度为 11～15m，根据实测资料，该影响深度已达到了基岩顶标高。

施工参数：主夯点间距 10m，第一遍夯点平锤直径 2.5m，锤重 60t，能级为 12 000kN·m；第二遍夯点能级为 12 000kN·m，夯点位于第一遍 4 个夯点中心。第三遍夯点 6 000kN·m 能级平锤强夯，直径 2.5m，夯点位于第一遍、第二遍 4 个夯点中心。第四遍夯点 3 000kN·m 能级平锤强夯，夯点位于第一遍～第三遍的 4 个夯点中心，并且包含第一遍～第三遍的夯点。第五遍满夯 1 500kN·m 能级平锤，每点夯 3 击，要求夯印 1/3 搭接。

大压板静载试验点如图 3.18 所示。图 3.18 示出本次试验承压板与强夯置换墩之间的相对位置，承压板的中心位于第三遍夯点位置，承压板四角分别放置于第一遍、第二遍夯点 1/4 面积位置。此种布置方式的原因有以下两个方面。

（1）根据工程经验，如果承压板中心位于第一遍、第二遍夯点（12 000kN·m）位置，试验所得出的承载力将根据比承压板中心位于 6 000kN·m 能级第三遍夯点位置时得出的承载力高，因此该试验中采用的布置方式偏于保守，测试得出的数据有较高的可靠度。

（2）根据试夯施工的夯点布置方式（图 3.19），可以近似认为每个碎石置换墩承受板上 25m² 的上部荷载。由于该试验采用的承压板的面积为 50.41m²，为了尽量准确模拟油罐作用下碎石置换墩的受力情况，承压板下的碎石置换墩的数量应等于两个。对于该试验方案中的承压板布置方式，承压板的四周分别位于两个 1/4 第一遍夯点和两个 1/4 第二遍夯点位置。强夯置换墩这种桩体属于散体桩，桩体本身由散体材料组成，桩顶的受力状态与周围土体的围压存在很大的关系，其受力状态与刚性桩和半刚性桩有较大的区别，对于该项目场地可近似认为散体桩桩顶任意区域只有直接承受荷载，其下部相应区域的散粒体才会提供反力，桩顶其他未直接接触荷载区域，其下散粒体提供的反力可近似为 0，因此该试验 4 根 1/4 碎石置换墩的受力即可近似为 1 根 12 000kN·m 碎石置换墩的受力，再加上承压板中心位置的 1 根 6 000kN·m 碎石置换墩，该试验承压板可认为是 2 根碎石置换墩在提供反力，这与油罐作用下复合地基的真正受力方式相似，模拟的相似性较好。现场堆载如图 3.20 所示。

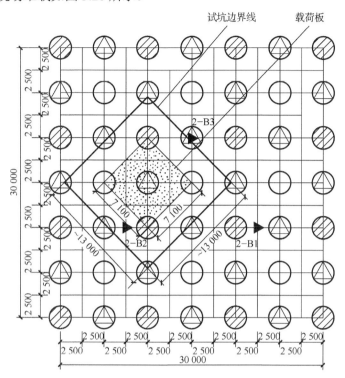

图 3.18　大压板静载试验点（单位：kN·m）

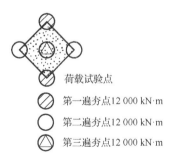

图 3.19　压板静载夯点布置方式

图 3.20　现场堆载

　　试验测试实测荷载–沉降量（*p-s*）值如表 3.4 所示，实测 *p-s* 曲线如图 3.21 所示，荷载板平均最终累计沉降量为 62.40mm；荷载板下 SP2 水平测斜管实测竖向位移曲线如图 3.22 所示。

表 3.4　实测 p-s 值

荷载 p/kPa		0	140	210	280	350	420	490	560
沉降量/mm	本级	0.00	10.30	8.10	9.40	7.30	8.30	9.80	9.20
	累计	0.00	10.30	18.40	27.80	35.10	43.40	53.20	62.40

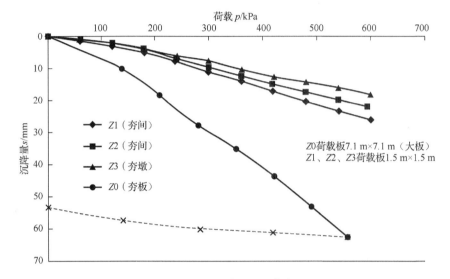

图 3.21　现场实测 p-s 曲线

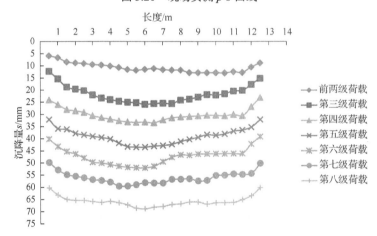

图 3.22　荷载板下 SP2 水平测斜管实测竖向位移曲线

由图 3.21 和图 3.22 所示测试数据可以看出：试验过程中荷载施加较均匀；承压板下地基整体较均匀；每级荷载作用下各测点的沉降平均值较均匀；p-s 曲线显示试验加载过程中，地基土还处于弹性阶段，p-s 曲线接近于直线，并未进入塑性阶段，说明地基承载力的潜力较大。p-s 曲线平缓，没有出现陡降段，根据相关规范的要求，按最大加载量的一半判定，地基土承载力特征值不小于 280kPa。根据相关规范建议公式和类似的工程经验，判定地基土变形模量 $E_0 \geqslant 20$MPa。

实测的桩土分担比为 3:2，桩土应力比为 4（置换墩顶应力平均为 1 200kPa，墩间土的应力为 306kPa）。

2）用置换率应力比确定的复合压缩模量计算变形量

从增强体的材料特性上讲，强夯置换墩的材料一般为碎石土等粗粒料，处理高饱和度粉土和软塑黏性土地基，其置换墩属于用散粒体材料形成的复合地基增强体，依据有关规范宜采用用置换率应力比确定的复合压缩模量，其公式为 $E_{sp} = [1 + m(n-1)]E_s$。地基处理平面示意图如图 3.23 所示。

（1）仅考虑第一遍、第二遍夯点的置换增强体作用。第一遍、第二遍夯点能级为 12 000kN·m，夯锤直径 2.5m，置换墩直径取 1.2×2.5=3.0（m），单墩面积 A_p=7.1m²。实测置换墩长度 7m，计算变形时考虑墩下有 1m 的墩底压密土厚度。荷载板下有两个 1/4 的一遍夯点，有两个 1/4 的二遍夯点，置换率 $m = A_p/A = 7.1/50 = 14\%$。当 m=14% 时，若取桩土应力比最大值 n=4（工程实测第一遍～第三遍点的 n 均为 4），$E_{sp} = [1 + m(n-1)]E_s = 1.42E_s$。

地基处理剖面示意图如图 3.24 所示。

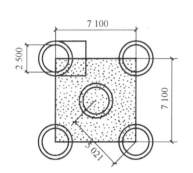

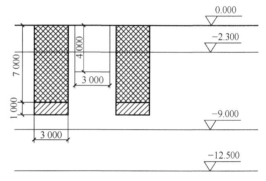

图 2.23　地基处理平面示意图（单位：mm）　　　图 3.24　地基处理剖面示意图（单位：mm）

当 n=4 时沉降计算经验系数为 1.196（$p_0 \geq f_{ak}$）或 0.896（$p_0 \leq 0.75 f_{ak}$），总沉降量=0.896×678.72 ≈ 608.13（mm），与实测值差异较大。下面按照应力比 n=8 进行试算。

当 n=8 时的各层土的压缩情况：若取桩土应力比 n=8，$E_{sp} = [1 + m(n-1)]E_s = 1.98E_s$；沉降计算经验系数为 1.053（$p_0 \geq f_{ak}$）或 0.753（$p_0 \leq 0.75 f_{ak}$），总沉降量为 0.753×529.18≈ 398.47（mm），与实测值差异仍然较大。那么变换一个思路，考虑第三遍夯点的置换作用再进行试算。

（2）考虑第一遍～第三遍夯点的置换增强体作用。在第一遍、第二遍夯点的基础上，考虑第三遍夯点 6 000kN·m 的置换增强体作用：夯锤直径 2.5m，置换墩直径取 1.2×2.5=3.0（m），单墩面积 A_p=7.1m²。实测置换墩长度平均 3.5m，计算变形时考虑墩下有 0.5m 的墩底压密土，共 4m 厚度。荷载板下有两个 1/4 的一遍夯点，有两个 1/4 的二遍夯点，有一个三遍夯点，在 0～4m 范围内的置换率 $m = A_p/A = 2×7.1/50 = 28(\%)$，4～8m 的置换率为 14%。

若按原规范取桩土应力比最大值 n=4，则在 0～4m 范围内 $E_{sp} = [1 + m(n-1)]E_s =$

$1.84E_s$，4～8mm 内，$E_{sp} = [1 + m(n-1)]E_s = 1.42E_s$。

当 $n=4$ 时，沉降计算经验系数为 1.148（$p_0 \geqslant f_{ak}$）和 0.848（$p_0 \leqslant 0.75 f_{ak}$），总沉降量为 0.848×620.05≈525.80（mm）。

当 $n=8$ 时，沉降计算经验系数为 0.975（$p_0 \geqslant f_{ak}$）和 0.688（$p_0 \leqslant 0.75 f_{ak}$），总沉降量为 0.688×466.88≈321.21（mm），依然差异较大。

实际上，从夯坑填料量来分析，墩体直径都要比有关规范建议的 1.1～1.2 倍夯锤直径要大得多。比如该工程 2 号试验区每个夯点的实际填料量平均在 100m³，考虑压实系数 1.2，夯墩直径 1.2×2.5=3.0（m），面积 7.1m²，计算夯墩长度 100/1.2/7.1≈11.7（m），远远大于实测墩长度。很多工程都发现了这个问题，那么这么多填料是如何失踪的？如果按照墩长度 7m 考虑，面积 100/1.2/7≈11.9（m²），换算夯墩直径为 3.9m，约为 1.6 倍的夯锤直径。先按照墩体为 1.6 倍夯锤直径试算。

（3）考虑第一遍～第三遍夯点的置换增强体作用（墩体直径 4m）。在第一遍、第二遍夯点的基础上，考虑第三遍夯点 6 000kN·m 的置换增强体作用：夯锤直径 2.5m，置换墩直径取 1.6×2.5=4.0（m），单墩面积 $A_p=12.6m^2$。实测平均置换墩长度 3.5m，计算变形时考虑墩下有 0.5m 的墩底压密土，共 4m 厚度。荷载板下有两个 1/4 的一遍夯点，有两个 1/4 的二遍夯点，有一个三遍夯点，在 0～4m 内的置换率 $m = A_p/A = 2×12.6/50 = 50(\%)$，4～8m 内的置换率为 25%。

若取桩土应力比最大值 $n=4$，则在 0～4m 内 $E_{sp} = [1 + m(n-1)]E_s = 2.5E_s$，4～8m 内 $E_{sp} = [1 + m(n-1)]E_s = 1.75E_s$；沉降计算经验系数为 1.039（$p_0 \geqslant f_{ak}$）和 0.739（$p_0 \leqslant 0.75 f_{ak}$），总沉降量为 0.739×517.81≈382.66（mm）。

若取桩土应力比最大值 $n=8$ 则在 0～4m 内 $E_{sp} = [1 + m(n-1)]E_s = 4.5E_s$，4～8m 内 $E_{sp} = [1 + m(n-1)]E_s = 2.75E_s$；沉降计算经验系数为 0.7（$p_0 \leqslant 0.75 f_{ak}$），总沉降量为 0.7×186.895≈130.83（mm）。

针对这个工程实例，采用按照置换率与应力比确定复合地基压缩模量的方法，当考虑三遍夯墩影响、取应力比 $n=8$、墩体直径为 1.6 倍夯锤直径时，计算结果与实测结果较为接近，处于工程中可以接受的误差范围，且比实测值稍大，偏于安全。

（4）考虑第一遍～第三遍夯点的置换增强体作用（墩体直径 5m）。在第一遍、第二遍夯点的基础上，考虑第三遍夯点 6 000kN·m 的置换增强体作用：夯锤直径 2.5m，置换墩直径取 2.0×2.5=5.0（m），单墩面积 $A_p=19.6m^2$。实测置换墩长度平均 3.5m，计算变形时考虑墩下有 0.5m 的墩底压密土，共 4m 厚度。荷载板下有两个 1/4 的一遍夯点，有两个 1/4 的二遍夯点，有一个三遍夯点，在 0～4m 范围内的置换率 $m = A_p/A = 2×19.6/50 ≈ 78(\%)$，4～8m 内的置换率为 39%。

若取桩土应力比最大值 $n=4$，则 0～4m 范围内 $E_{sp} = [1 + m(n-1)]E_s = 3.4E_s$，4～8m 内 $E_{sp} = [1 + m(n-1)]E_s = 2.2E_s$；沉降计算经验系数为 0.926（$p_0 \geqslant f_{ak}$）和 0.663（$p_0 \leqslant 0.75 f_{ak}$），总沉降量为 0.663×435.47≈288.72（mm）。

若取桩土应力比最大值 $n=8$，则 1～4m 范围内 $E_{sp} = [1 + m(n-1)]E_s = 6.5E_s$，4～8m

内 $E_{sp} = [1 + m(n-1)]E_s = 3.7E_s$，沉降计算经验系数 1（$p_0 \geqslant f_{ak}$）和 0.7（$p_0 \leqslant 0.75 f_{ak}$），总沉降量为 $0.64 \times 162.322 \approx 103.89$（mm）。

针对这个工程实例，采用按照置换率应力比确定复合地基压缩模量的方法。当取应力比 $n=8$、墩体为 1.8～2.0 倍夯锤直径，以及同时考虑第一遍～第三遍夯点的置换墩作用时，计算确定的沉降量与实测结果较为接近，处于工程中可以接受的误差范围，且比实测值稍大，偏于安全，是一个可以接受的比较理想的结果。

3）用承载力比确定的复合压缩模量计算变形量

从增强体的材料特性来分析，强夯置换墩应当属于散粒体材料形成的增强体，但如果考虑到墩体自身较高的密实度，以及墩体与墩间土的强度的巨大差异，可按照有关规定试算一下。

地基处理后的变形计算应按现行国家标准《建筑地基基础设计规范》（GB 50007—2011）的有关规定执行。复合土层的分层与天然地基相同，各复合土层的压缩模量等于该层天然地基压缩模量的 ζ 倍，ζ 值可按下式确定：

$$\zeta = \frac{f_{spk}}{f_{ak}} \tag{3.8}$$

式中：f_{spk}——复合地基承载力特征值（kPa）；

f_{ak}——天然地基承载力特征值（kPa）。

变形计算经验系数 ψ_s 根据当地沉降观测资料及经验确定，也可采用有关规范中推荐的数值。

复合地基按 280kPa 承载力特征值计算。考虑置换墩增强体的长度为 7m，墩底压密土的深度为 1m。原地基土的承载力特征值为 100kPa，则

$$\zeta = \frac{f_{spk}}{f_{ak}} = \frac{280}{100} = 2.8 \tag{3.9}$$

沉降计算经验系数为 0.907（$p_0 \geqslant f_{ak}$）和 0.653（$p_0 \leqslant 0.75 f_{ak}$），总沉降量为 $0.653 \times 421.84 \approx 275.46$（mm）。

从上面的分析计算可以看出，这个计算结果与复合地基的承载力的特征值关系极为密切。由于复合地基真正的承载力特征值在很多工程中很难准确通过试验确定出来，使得用于计算的承载力特征值偏低地估计了处理地基土的模量，计算得出变形与实测偏大。

4）按照"墩变形+应力扩散法"计算的结果[9]

按"墩变形+应力扩散法"，强夯置换地基的变形包括以下两部分。

（1）第一部分：以置换墩变形为主、软土变形为辅，静载试验的荷载板平均在附加压力 560kPa 下的最终累计沉降量为 62.40mm，在 250kPa 设计荷载作用下的沉降量为 23mm（查 p-s 曲线获得）。

（2）第二部分：以软土变形为主、置换墩变形为辅，地表考虑 250kPa 的附加压力，圆形荷载 $b=2.5$m（等于夯锤直径），考虑墩长度 7m，按照碎石的压力扩散角（$z/b=2.5>0.5$，取 $\theta=30°$）扩散，在深度 7m 处的附加压力为 57kPa，其下还有 2m 淤泥质土（$E_s=2.5$MPa）和 3m 砂土（$E_s=4$MPa），按照大面积荷载作用（不考虑扩散），沉降量为 45+43=88（mm）。

强夯置换地基的总变形量 $s=23+88=111$（mm），比较符合实际况。

需要注意的是，这个方法有一个计算假定是荷载作用点位于夯墩上；如果局部做不到的话，也应该设置刚性基础，使荷载尽量作用在夯墩上。当荷载作用在夯间时，如果夯间有 2m 厚的碎石垫层，也基本上可以将荷载传递到夯墩上，可以保证工后变形不致过大。当垫层厚度小于 1m，且基础宽度过小（小于 1.5m）而荷载较大时，则会出现地基被冲切破坏。这种情况在实际工程中出现的概率不大，所以应尽量保证强夯置换地基完成后的垫层厚度超过 2m。

变形计算汇总结果如表 3.5 所示。

表 3.5　变形计算汇总结果

方法	考虑	计算参数	计算分层沉降量之和/mm	变形计算经验系数	计算总沉降量/mm	实测
用置换率应力比确定的复合压缩模量	若仅考虑第一遍、第二遍夯点的置换增强体作用	墩体直径 3m，n=4，m=14%	678.7	0.896	608.1	静载实测 s=62.4mm，估算最终沉降量在 75～95mm
		墩体直径 3m，n=8，m=14%	529.2	0.753	398.5	
	当考虑第一遍、第二、第三遍夯点的置换增强体作用	墩体直径 3m，n=4，m=28%（0～4m），m=14%（4～8m）	620.1	0.848	525.8	
		墩体直径 3m，n=8，m=28%（0～4m），m=14%（4～8m）	466.9	0.688	321.1	
		墩体直径 4m，n=4，m=50%（0～4m），m=25%（4～8m）	517.8	0.739	382.7	
		墩体直径 4m，n=8，m=50%（0～4m），m=25%（4～8m）	186.9	0.7	130.8	
		墩体直径 5m，n=4，m=79%（0～4m），m=39%（4～8m）	435.5	0.663	288.7	
		墩体直径 5m，n=8，m=79%（0～4m），m=39%（4～8m）	162.3	0.640	103.9	
用承载力比确定的复合压缩模量	复合地基按 280kPa 承载力特征值考虑	$\zeta=2.8$	421.8	0.653	275.5	
墩变形+应力扩散法	第一部分：墩体在设计荷载作用下的变形（由静载试验曲线得到）	23mm	第二部分：按照应力扩散法计算下卧层变形	88mm	$\sum=105$	

5）小结

（1）在相同应力比 n 的情况下，与仅考虑第一遍、第二遍夯点的置换增强体作用相比，当考虑第一遍～第三遍夯点的置换增强体作用时的计算沉降减小了 10%～20%。从实际效果来讲，第三遍的置换墩虽然较短，但对减小变形的实测效果较好。第四遍夯点的能级较低（3 000kN·m），墩长较短，常与表层碎石层起到硬壳层的作用。浅层的压缩模量取值已经较高，再考虑第四遍点的作用对减小变形的贡献不大。因此，计算变形时第四遍点作用不再单独考虑。

（2）工程实测的第一遍~第三遍点的应力比 $n=4$，计算变形是实测变形的 6 倍至 7 倍；n 取 8 的计算变形是实测变形的 3.8~4.5 倍。当应力比 n 由 4 倍增加到 8 倍的时候，计算变形量减少 30%~40%。说明即使再增加应力比的计算值，对变形的减少程度都是有限的。

（3）考虑墩体直径 4m（夯锤直径的 1.6 倍），计算沉降量 382.7mm；考虑墩体直径 5m（夯锤直径的 2 倍），计算沉降量 288.7mm；都远大于实测沉降量。

（4）用承载力比确定的复合压缩模量方法，由试验得到的特征值进行计算变形结果，大于实测沉降量。

（5）按照"墩变形+应力扩散法"与实测值较为接近。

2. 葫芦岛海擎重工机械有限公司地基处理项目

1）工程基本概况介绍

已经部分建成投产的葫芦岛海擎重工机械有限公司位于葫芦岛经济开发区北港工业区内，南北方向处于三号路与五号路之间，南北宽约 700m，东西方向处于纵三路与纵五路之间，长约 1 000m，工程总体分为一期工程和二期工程，总占地面积约 1 600 亩①，其中一期工程煤化工设备重型厂房（一）已于 2009 年 5 月建成，2010 年 3 月份正式投产。

煤化工设备重型厂房（一）占地面积约 42 000m²，钢结构总重 6 000t，总共分为三跨，跨度分别为 36m、30m、30m，柱距为 12m，总共分为 A、B、C、D 四条轴线，其中Ⓒ—Ⓓ轴 400t 两台，150t 行吊两台；Ⓑ—Ⓒ轴 150t 行吊一台，100t 行吊三台；Ⓐ—Ⓑ轴 50t 行吊三台，32t 行吊一台，厂房内另有若干煤化工加工设备。

根据设计单位的方案，整个厂房分为三个区域进行处理，其中重型、中型跨厂房柱基及重要设备下采用 10 000kN·m 能级柱锤强夯置换，以及联合 12 000kN·m 能级平锤强夯置换五遍成夯工艺进行处理，其中柱基中心处采用 15 000kN·m 能级的平锤强夯置换加固；轻型跨柱基下采用 15 000kN·m 能级平锤强夯置换联合 12 000kN·m 能级平锤强夯置换施工工艺进行处理；其他轻型设备及室内道路、地坪下采用 12 000kN·m 能级的平锤强夯置换五遍成夯的施工工艺进行处理，其中柱锤强夯置换夯锤直径为 1.3m，平锤强夯置换夯锤直径为 2.4m。

该场地地基处理后分别采用平板荷载试验、重型动力触探、瑞利波三种方法对其进行检测，根据 9 个平板荷载试验检测结果，厂房地基经过处理后承载力特征值为 360kPa；根据 12 个点的重型动力触探试验检测结果，厂房地基经过处理后置换墩的长度分别为 6.2m、6.0m、6.0m、8.7m、6.9m、7.0m、8.1m、7.9m、6.6m、8.0m、7.8m 和 8.5m，平均长度为 7.3m，置换墩直径约为 1.5m；根据瑞利波试验检测结果，厂房地基经过地基处理后 0~12m 深度范围内，其等效剪切波速基本上在 200m/s 以上，波速值提高幅度比较大，加固效果比较明显，有效加固深度超过 10m。

本场地地基基础采用浅基础的设计方案，Ⓐ轴采用 5m×6.5m 的独立基础，Ⓑ轴采用 5.5m×7.5m 的独立基础，Ⓒ轴和Ⓓ轴采用 6m×9m 的独立基础。

2）沉降理论计算值

实测的静载试验结果如图 3.25 和图 3.26 所示（荷载板 1.5m×1.5m）。

该工程基础长 $L=9.000$m，基础宽 $B=6.000$m，基底标高为-2.850m，基础顶轴力准

---

① 1 亩=666.67m²，下同。

永久值为 9461.700kN。

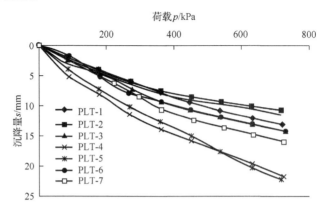

图 3.25　实测的静载试验 p-s 曲线

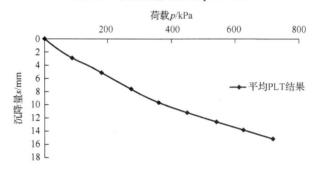

图 3.26　静载试验平均值 p-s 曲线

（1）压缩模量为 6.14MPa，沉降计算经验系数 0.604（ $p_0 \leqslant 0.75 f_{ak}$ ）。

（2）地基处理后的总沉降量 $\approx 0.604 \times 115.57 = 69.80$ （mm）。

3）按照"墩变形+应力扩散法"计算结果

荷载取值：9461.7/(9×6) $\approx$ 175（kPa）。

（1）根据静载试验曲线得到：特征值 175kPa 对应夯墩的变形为 5mm。

（2）根据静载试验结果， $E_0 = I_0(1-\mu^2)\dfrac{pd}{s} = 0.886 \times (1-0.27^2) \times \dfrac{175 \times 1.5}{4} \approx 54$ （MPa）。

（3）按照 $E_s = E_0$ 计算， $\psi_s = 0.2$ ，计算 s=4mm。

（4）软土沉降量计算：夯墩直径按 1.5m，夯锤长度 7.3m，应力扩散角 30°，在 7.3m 处的附加压力值为 4kPa。变形量 $s = 4 \times \left(\dfrac{1}{3} \times 2 + \dfrac{1}{4} \times 1 + \dfrac{1}{6} \times 1.85 \right) \approx 4.9$(mm)（下卧层的压缩模量分别为 3MPa、4MPa、6MPa，对应的厚度分别为 2m、1m、1.85m）。

（5）总沉降量为 5+4.9=9.9（mm）。

4）实际沉降观测值

该厂房总共进行过 5 次沉降观测，持续时间约 3 年（含项目投产 2 年），如图 3.27 所示。5 次观测的独立柱基础实际发生的总的最大沉降量为 12.1mm，绝大部分柱基沉降量在 6～10mm。按照"墩变形+应力扩散法"的计算结果，其与实测结果接近。

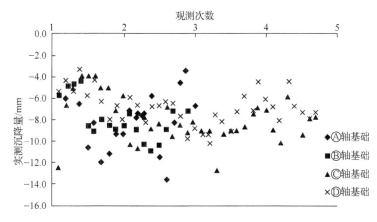

图 3.27　葫芦岛海擎重工 1 号厂房各轴基础累计实测沉降量

（2009 年 3 月～2011 年 4 月）

3. 大连中远船厂某项目

该场地位于辽宁大连旅顺经济技术开发区，场地主要由抛石填海造地而成。上部填土主要为轮渡施工时清淤的排放物，主要由卵石及淤泥组成，均匀性差，下覆淤泥质土沉积层。其典型地质剖面如图 3.28 所示，加固后剖面示意图如图 3.29 所示。

经过各方面技术经济对比分析，采用 2 000～3 000kN·m 柱锤强夯置换联合 3 000kN·m 平锤强夯法处理，为确保加固效果，在现场进行了 2 块试验区，处理后完全满足设计要求。柱锤直径 1.2～1.4m，平锤直径 2.4～2.6m。试验后进行正式施工。大面积施工及工程运营两年来的监测结果表明，加固效果良好。

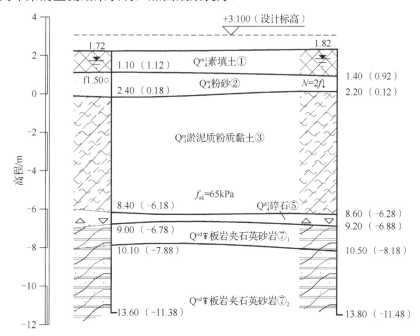

图 3.28　典型地质剖面图

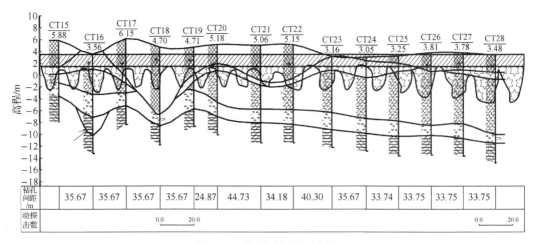

图 3.29　加固后剖面示意图

该工程分区域采用不同的施工参数进行施工，如Ⅳ区采用了 2 500kN·m 能级柱锤强夯置换联合 3 000kN·m 能级平锤强夯置换四遍成夯工艺处理。

通过实测数据可知，置换墩墩体的平均长度为 3.86m，密实度为稍密—中密，夯间土上部的硬碎石土层平均厚度约为 2.8m，密实度为稍密。墩体密实度为稍密—中密，墩底至 6.0m 深度范围内主要是粉质黏土和淤泥质土，粉质黏土平均击数为 3.55，淤泥质土平均击数为 1.53；夯间土上层为碎石土层，平均厚度为 3.05m，密实度为稍密—中密（以中密为主，个别点为稍密），以下至 6.0m 深度范围内主要为粉质黏土、淤泥质土，粉质黏土重型动力触探平均击数为 3.32 击，淤泥质土平均击数为 2.63 击。较夯前有较大改善。

根据静载试验（图 3.30 和图 3.31），夯点位置处承载力特征值不小于 400kPa，夯间土承载力特征值不小于 120kPa，满足设计要求。

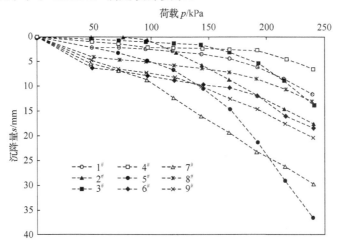

图 3.30　1 号船体装焊车间夯间土加固后静载试验 p-s 曲线

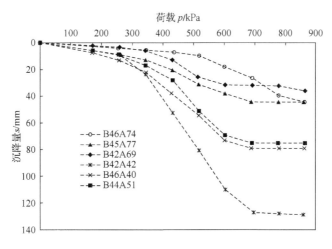

图 3.31　1 号船体装焊车间夯墩静载试验 p-s 曲线

运营两年后的实测沉降量：普通地坪 1～2cm，设备基础 3～4cm。

4. 中石油广西石化千万吨炼油项目

拟建场地为开山填海形成，填土厚度差异很大，最深达到 15m。依据岩土工程勘察报告，汽油罐区范围场地西部为挖方区，罐区主要位于填方区，原为海沟，填土厚度较大。

汽油罐区：地基处理根据本场地回填土均匀性较差，且部分罐跨越挖填方区域，采用填土厚度从浅入深、能级由低到高施工，部分罐下采用异形锤强夯置换，以满足地基加固和消除差异沉降的目的。其中，TK109、TK201、TK205、TK206、TK208 罐基部分位于填方区域，在施工 4 500～8 000kN·m 异形锤夯点时，采用 3000～10 000kN·m 能级强夯先从填土厚的地方开始向填土薄的方向推进；TK101、TK102、TK103、TK106、TK203、TK204、TK206 罐填土下有厚度不等的淤泥和淤泥质土。其中，TK101、TK102、TK103、TK201 罐下淤泥质土较厚，厚度为 3.0～6.7m。汽油罐组一为 5 000m³ 罐，汽油罐组二为 10 000m³ 罐（表 3.6）。

表 3.6　汽油罐区各罐平均沉降量

汽油罐组（一罐号）	TK101	TK102	TK103	TK104	TK105	TK106	TK107	TK108
实测最大环墙沉降量/mm	10.1	11.9	28.0	48.6	18.8	29.5	52.0	37.0
汽油罐组（二罐号）	TK201	TK202	TK203	TK204	TK205	TK206	TK207	TK208
实测最大环墙沉降量/mm	29.5	38.1	37.6	26.6	47.4	42.8	62.6	42.4

柴油罐区：本区为 2 万 m³ 罐共 12 个，其中有 10 个点位于填方区，根据填土厚度采用 2 000～12 000kN·m 能级进行强夯置换，其中 2 000kN·m 普夯区填土厚度 0.5～2.9m；8 000kN·m 能级强夯置换区填土厚度 5.3（+0.5）～9.3m；10 000kN·m 能级强夯置换区填土厚度 8.0～11.0m；12 000kN·m 能级强夯置换区填土厚度 8.0～13.0m，主要集中在 11.0～13.0m。充水预压监测环墙最大沉降量 16.5～47.3mm，各罐平均沉降量如表 3.7 所示。

表 3.7 柴油罐区各罐平均沉降量

罐号	TK101	TK102	TK103	TK104	TK105	TK106	TK107	TK108	TK109	TK110
平均沉降量/mm	16.5	33.3	45.6	42.4	47.3	33.4	38.7	34.9	37.7	42.2

芳烃罐区：根据填土厚度，本区采用 2 000kN·m 普夯和 8 000kN·m、10 000kN·m、12 000kN·m 能级强夯置换处理。普夯区填土厚度小于 2.0m；8 000kN·m 能级强夯置换区填土厚度为 6.3～9.3m；10 000kN·m 能级强夯置换区填土厚度为 8.0～11.0m；12 000kN·m 能级强夯置换区填土厚度为 9.6～12.6m。芳烃罐容积为 5 000m³。各罐平均沉降量如表 3.8 所示。

表 3.8 芳烃罐区各罐平均沉降量

罐号	TK101	TK102	TK201	TK202	TK203	TK204	TK301	TK302
平均沉降量/mm	25	15	21	25	38	26	36	38

航煤罐区：根据填土厚度，分别采用普夯和 8 000kN·m、10 000kN·m 能级强夯置换。2 000kN·m 普夯区填土厚度≤2.0～3.0m；8 000kN·m 强夯置换区填土厚度为 4.0～9.8m，集中在 6.0～8.0m；10 000kN·m 强夯置换区填土厚度为 6.6～13.8m，集中在 10.0～12.0m，其中东侧 4 个罐下有 0.8～9.0m 的淤泥。航煤罐容积为 5 000m³（表 3.9）。

表 3.9 航煤罐区各罐平均沉降量

罐号	TK101	TK102	TK103	TK104	TK105	TK106	TK107	TK108	TK109	TK110
平均沉降量/mm	28	38	45	39	28	24	32	29	58	67

库区压舱水罐：压舱水罐容积为 5 000m³，直径为 20m，荷载为 250kPa，采用 6 000kN·m 能级强夯处理，采用环墙浅基础，其沉降观测点布置如图 3.32 所示，充水预压沉降曲线如图 3.33 所示，沉降量为 11～69mm，其中 a 罐的 5 号、7 号测点时沉降量最大，达到 69mm。

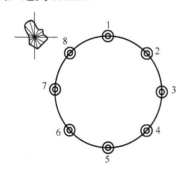 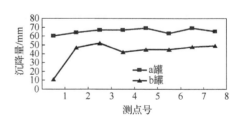

图 3.32 充水预压环墙沉降观测点布置　　图 3.33 充水预压沉降曲线

5. 浙江温州某工程

浙江温州某工程位于弃土回填区，东侧为在建的南山路，南侧为规划的湖滨北路，西侧为枫树梢安置用地。工程总用地面积约为 35 795m², 建筑占地面积约为 15 900m²。图 3.34 为项目建筑效果鸟瞰图。

图 3.34　建筑效果鸟瞰图

拟建建筑由 4 幢 3~4 层的商业用房和 1 幢综合办公楼组成, 采用浅基础, 单柱荷载设计值为 5 000~6 000kN, 本场地填土厚度极不均匀, 回填土主要由碎石、角砾粉质黏土和分化岩石组成, 建筑外轮廓范围内回填厚度为 12.3~59.3m, 为人工新近 5~8 年间回填形成, 厚度分布差异显著。场地填土为不同时期周围开山的碎石土、砂土, 紫红色细砂岩, 未经压实, 因此需对深厚回填土进行有效的处理, 以满足建筑荷载的要求。

该场地地基处理的重点是加固上部的欠密实填土地基, 在综合分析工期、造价、施工质量的基础上, 结合该本工程的工程概况, 采用差异化处理深度的调平思路, 该场地地基处理拟采用中、高能级强夯处理方案。该场地强夯工艺主要为 4 000~18 000kN·m 平锤强夯, 强夯主夯点以柱网分布位置控制, 提高建筑物地基基础的整体刚度。该施工工艺可利用不同强夯能级、不同工艺组合的高能级强夯法加固, 处理后可满足上部结构对差异变形的使用要求。高能级主夯点主要布置在柱网角点以及建筑物基础角点等对差异变形敏感的区域, 中高能级主要分布在仅有地下空间（中心地下广场等）分布的区域, 形成深浅组合的立体加固体系。该工程项目竣工两年后, 变形监测最大沉降量为 2cm, 变形已经达到稳定标准。

3.4　动力排水固结法

3.4.1　简述

针对深厚软土型地基在强夯施工时易出现"掉锤、橡皮土"等难题, 采用现场监测、试验研究和仿真分析等方法, 研究了不同类型场地土的强夯参数选取、排水系统设置方式的综合影响, 创立了"吹砂填淤、动静结合、分区处理, 少击多遍、逐级加能、双向排水"的动力排水固结性能化处理技术, 提出了"以不破坏土体宏观结构"为原则的饱和软土地基强夯处理设计手段, 确立了塑料排水板、袋装砂井、碎石桩等竖向排水通道与砂垫层、开山土碎石垫层等水平排水通道相结合的排水体设计方法，从而达到预定的性能化设计目标。通过双向排水有效抑制饱和软土地基的孔隙水压力上升，加速超孔隙水压力的消散，提高地基的承载力，降低工后沉降，解决了深部砂层液化的难题，实现了先加固浅层、再加固中层和后加固深层的强夯目标，满足地基性能要求。

通过科学试验与基础理论研究得出以下结论：在充分利用饱和淤泥质砂土地基的岩土层结构、通过施工排水板与袋状砂井构成"双向排水系统"的基础上，采用简便易行的排水措施后，可使动力排水固结法施工过程中两遍夯击之间的间隔时间比常规强夯法有较大缩短；夯后土的物理力学性能指标和地基承载力均有较大幅度提高，上部软弱土层得以排水固结，深部砂层液化的问题得以明显改善。

3.4.2　动力排水固结法的特点

动力排水固结法是一种复合型软土地基处理方法，可直接改善地基软土本身的力学性能，充分发挥土体本身的潜在性能，并在较短的时间内改进软土地基的结构性能。动力排水固结法吸收了强夯和静力固结地基处理方法的优点，适合加固含水量高、压缩性大、工程性质差类软土地基。

动力排水固结法具有如下特点。

（1）再固结效应明显。

（2）必须有较好的排水条件，保证动荷载作用下产生的孔隙水压力能迅速消散，土体固结，这是土体强度得以提高的根本原因。

（3）强调动静荷载联合使用，这样的固结效果不是两者简单地叠加，而是相辅相成、相互作用的。

（4）动力荷载的作用无法对浅层软土加以彻底扰动，可以保持软土内某些可靠的微结构，土体再固结后，强度可以迅速提高。

3.4.3　动力排水固结加固机理

1.　土体结构重塑

软土是由固相、液相、气相组成的三相分散体系，固相物质包括多种矿物组成的土骨架，骨架空间为气相和液相充填。对于饱和软土，气相的含量较少，据有关资料分析，饱和软土并非没有气体的存在，饱和软土气相的含量与有机质含量的多少有密切关系，一般认为含有1%～4%体积的密封气体。软土具有高含水量、高孔隙比、高灵敏度和低强度的特性，决定了它性能的改善关键在于土体颗粒挤实、孔隙水排出、土体快速固结，而本身的结构不被过度破坏。

软土具有明显的结构性，软土结构的主要作用是增大了土骨架的刚度，结构性越强，土骨架的刚度越大。土体受外荷载作用后，首先由土骨架承担，然后荷载不断增加，结构遭到破坏，此时外荷载才由孔隙水承担。另外，随土体结构破坏，剪切变形增大，沉降相应增大，甚至引起大的滑动破坏。在动力排水固结工程实际中就有类似的现象，即在填土初期，孔隙水压力增长缓慢，后期随着荷载的施加，孔隙水压力才开始发生较大的变化，说明土体结构性的影响显著。在地表的硬壳及软基中硬塑黏土层的存在对土的结构有很好的保护作用，故动力排水固结软土地基处理时应避免对硬壳层有较大的破坏。

动力排水固结能有效改善软土体的结构性能，提高软土的工程性质。土体结构的改善主要体现在：原有的软弱结构在动力排水固结的动力荷载作用下被破坏，经过一段时间后，重新生成工程性能良好的土体结构，从而提高了软土地基的承载力。

另外一种解释是由于土体的高灵敏度的性质，在动荷载作用下，土体中相对平衡状态的颗粒、定向水分子受到破坏，土颗粒原结构遭到一定程度的破坏，即由原来的絮凝结构转化为具有一定程度的分散结构，土体强度有所降低，经过一段时间后，土颗粒重新排列，形成一种更密实的结构，土体强度得到恢复并有所提高。有关研究人员指出，在黏性土体被重塑后，不排水抗剪强度 C_u 明显降低；随后，由于黏性土体的触变性和土体的再固结，土体的强度逐渐恢复，承载力提高；黏性土的不排水抗剪强度 C_u 在 9 个月后得到恢复。

2. 土水势效应排水

软土中的水主要由结合水和非结合水组成，土颗粒的表面带有一定的电荷，当土粒与水相接触时，由于静电力作用吸引水化离子和水化分子，形成双电层。在双电层效应影响下的水膜称为结合水。结合水具有密度大、黏滞度高、流动性差等特点。非结合水主要受毛细力和重力的影响。天然软土可以看作一个土水系统，与其他物质一样，土中的水包括结合水和非结合水，具有能量，如势能和动能。由于软土中的水的运动速度很慢，动能一部分的能量可以忽略不计，能量主要表现为势能，称为水土势。

软土中水的能量是影响水的状态和运动的主要原因，是孔隙水排出的动力所在，孔隙水的排出和孔隙压力的消散必须克服阻力做功，消耗能量，土水系统的水土势正是提供孔隙水动力的源头，水总是由高能量势走向低能量势。依据动力来源，水土势可以有多个分量，这些分量势能的代数和就称为总水土势，可用下式表示：

$$\psi = \psi_s + \psi_m + \psi_\theta + \psi_p + \psi_\Omega + \cdots \tag{3.10}$$

式中：ψ ——总土水势；

　　　ψ_s ——重力势；

　　　ψ_m ——基质势；

　　　ψ_θ ——溶质势；

　　　ψ_p ——压力势；

　　　ψ_Ω ——荷载势。

荷载势是在外加荷载作用下，土体颗粒将发生移动，产生超孔隙水压力，这种超孔隙水压力就是由荷载势提供的。在动力排水固结中，只有荷载势才是有利于土体中水的排出，且是做正功的；其他土水势则是阻碍着软土中水的排出，故而动力排水固结的一个核心问题就是如何提高荷载势。

3. 完善的排水系统

在动力排水固结法中，软土在动力荷载作用下，孔隙水由排水系统快速排出，加速土体固结速度，提高土体强度。在施加强夯动力荷载的过程中，土体有效应力发生显著变化，主要表现为竖向应力的变化，因为竖向总应力不变，孔隙水压力快速增加而又不能很快消除，依据有效应力原理可知，土体有效应力迅速减小，并在饱和软土中产生了拉应力。土体在拉应力作用下，产生一系列不规则、走向不一、长度不等、连通性没有保障的微裂隙。这些微裂隙虽然在某种程度上改善了土体的排水边界条件，增加了再固结势，使土体孔隙水变得比较容易排出，但是由于微裂隙的连通性没有保障，难以形成贯穿软土层的竖向排水通道。

在动力排水固结法中，通过在土层中植入人工排水体，弥补了上述的不足，人工排水体起到了长距离的竖向排水通道作用，人工排水体和微裂隙形成了立体、高效的排水体系，进一步改善了土体排水边界条件。一般而言，淤泥或淤泥质土的渗透系数为 $10^{-9}\sim$ 10^{-7}cm/s，通过设置人工排水体，排水路径大为缩短，使土体的渗透系数大幅度提高。

在不改善排水条件情况下，软土每遍夯击后要经较长时间再固结才能达到有关的稳定性标准。

排水条件改善后，土体较快完成主固结，且夯击后再固结过程也较快进入稳定阶段。夯击荷载作用后的再固结过程也大致分为主固结阶段和次固结阶段，且这一过程比之初始固结过程要快得多。经过合适的夯击和再固结，土将固结得更彻底，土体的次固结变形量加大。这一现象与地基在承受较大超载预压后次固结系数减小的情形有类似规律。

4. 软土再固结效应

软土在静荷载作用下固结稳定，然后在动荷载作用下，孔隙水压力升高，随之消散，软土进一步固结的过程就称为再固结。一般认为，饱和软土在沉积过程中大多数形成结构性较强的片架结构，土体颗粒之间多以边一边、边一面方式连接。在静荷载作用固结后，外荷载由土骨架承担，达到应力平衡状态。但是这种平衡只是一种"暂时稳定"状态。在动荷载作用下，土体骨架结构部分遭到破坏，这种平衡被打破，原来由土体骨架承担的荷载部分传给孔隙水，引起孔隙水压力上升，有效应力减小，在排水条件下孔压消散，土体骨架形成比先前更为稳定的状态。

动力排水固结的再固结效应明显，再固结过程是在外部荷载作用下，结合水膜被激活，并向自由水转化的过程。其可形成有利的排水压力条件与边界条件，加快地基土沉降固结，冲击荷载产生的高应力水平，造成土体中孔隙水压力梯度大，形成了有利的压力条件，提高了软土土水势中荷载势分量。由于上述荷载特征与排水条件改善，地基土瞬时固结与主固结沉降量大，土的密实性好，再固结沉降量大大提高，次固结沉降量减小。再固结潜力的发挥与软土的排水条件密切相关，排水条件好的再固结变形潜力就大。这种再固结潜力的大小姑且用势的概念描述，称为再固结势。再固结势可以写成函数的形式，可用式（3.11）表示，它是多个因子的函数。夯击后再固结比初始固结过程要快，后一遍夯击再固结比前一夯击再固结也有增快的趋势。在较小围压下经过多遍冲击和再固结，效果相当于较大的超载预压。

再固结势=f（排水条件，土体性质，应力状态，超孔隙水压力，……）　（3.11）

5. 压密效应

软土中一般含有 1%～4%的密封气体，动力荷载可以使密封气体移动，加速可溶性气体从土体中排出，加快土体密实。软土地基在动荷载反复作用下，土体颗粒相互靠拢，土体表面的水结合薄膜变薄，部分转化为自由水从土体中排出，土颗粒发生相对位移，且进一步密实，软土孔隙率变小，承载力提高。强夯荷载多次加卸载将地基土密度大幅度提高。由动量定理及通常测得的对土体的冲击时间可知，冲击荷载一般是建筑物使用荷载的数倍至数十倍，其与土体自重叠加，超过了建筑物使用荷载，使稳定一定时间的加固土成为超固结土。S 波即剪切波，主要在土颗粒间传播，使土颗粒重新排列并将土颗粒周围的部分弱结合水转化为自由水，颗粒排列加密，多次的冲压更是促进了这种加密过程。

土体颗粒的密实，必须克服内力做功，土体颗粒的内力主要有以下几种。

（1）化学键，包括离子键、共价键和金属键。化学键能量很大，化学键的连接作用，决定了土颗粒本身的强度。

（2）分子键。分子键的引力存在于土体颗粒中，两个土颗粒之间的吸引力就等于它们之间的各个分子吸引力的总和。

（3）静电力，由土体颗粒表面电荷引起。动力排水固结的加密过程就是克服土体颗粒间相互作用力的过程。

6. 表面硬壳层效应

动力排水固结的动力加载特征决定了被加固软土地基表面会形成硬壳层，或者是原有的硬壳层强度提高，变得更硬。这种硬壳层具有很大的利用价值，具有很大的硬壳层效应，尤其是在道路工程建设中。硬壳层效应大大改善了软土地基的性能，主要表现在以下几个方面。

（1）支撑作用。硬壳层本身具有相当的强度，在荷载不是很大的情况下，硬壳层可以起到很好的板体支撑作用，分担更多的荷载。

（2）应力滞后作用。表面硬壳层对下卧软土层的应力分布具有扩散作用，宏观表现为对上部荷载的滞后作用，从而可以使软土固结承担更大的荷载。

（3）反压作用。当荷载很大时，下卧软土的压缩产生的侧向变形对硬壳层产生了向上的作用力，说明硬壳层此时起到了反压作用。

（4）沉降滞后作用。表面硬壳层推迟了次固结，致使沉降滞后，延长建筑物的初使用期。

3.4.4　动力排水固结施工新技术

利用试验区强夯试验、真空联合堆载试验与工程质量检验等方法，提出了深厚软土吹砂填淤排水固结施工程序、排水措施、施工参数、堆载方案等关键施工技术,解决了吹填地基强夯施工难题,有效地实现了地基性能化目标。

利用真空预压法、电渗法、静动力排水固结法等试验区试验和理论分析相结合方法,创立了竹网加铺土工布砂垫层动力排水固结施工新技术,解决了大面积吹填淤泥地基竹网和土工布承托面成形施工(图 3.35 和图 3.36)、砂垫层铺装、竖向排水体铺设、盲沟与集水井施工和填土硬壳层形成等难题。

图 3.35　干固淤泥面的竹网和土工布　　　图 3.36　稀泥面的竹网和土工布承托面成形施工
　　　　　　承托面成形施工

利用现场试验的方法,开展了在大直径开山块石围海造地软弱地基上,柱锤冲扩碎石桩施工、监测设备埋设和强夯施工技术研究,形成了堆填开山块石土动力排水固结施工新技术,开山块石土回填如图 3.37 所示。针对无线分层沉降监测测试元件难以埋设的问题,提出了无线分层沉降管预装、下管、提升成套技术,解决了回填厚度大、土质及成分不均、块石粒径达 1.5m 以上的围海造地工程施工中垂直排水通道难以设置,以及监测元件难以埋设的问题,建立了无线分层沉降监测方法,实现了无线监测新技术在饱和软土地基处理工程中的应用,为地基性能评价提供技术参数。通过无线监测技术,完成了动力排水固结法长达 11 年的时效分析。分析结果表明,场地土体性能维持不变甚至略有提升,地基承载力提高。这充分证明了动力排水固结法地基处理的加固效果不会随时间的变化而失效。

图 3.37　开山块石土回填

3.4.5　广东科学中心饱和淤泥质砂土地基预处理技术

根据广东科学中心的工程地质条件,结合建设场地对地基的要求,在试验的基础上,提出“吹砂填淤、动静结合、分区处理,少击多遍、逐级加能、双向排水”的饱和淤泥质砂土地基预处理新技术,即在分区处理基础上确立了“以不破坏土体宏观结构”为原则，通过双向排水有效地抑制超孔隙水压力的上升，加速超孔隙水压力的消散，从而达到提高软土地基承载力、降低工后沉降为目的的动静结合排水固结技术[10]，如下所述。

吹砂填淤：通过在软土、淤泥中垫入、挤入承载力较好的干土或砂土，强行挤出软黏土及淤泥并占据其位置，以此来提高地基承载力、减小沉降量，提高土体的稳定性。该工程在原场地为鱼塘的淤泥上，利用珠江河流进行吹填砂施工，利用正在建设中的广州大学城工地 45 万 m³ 余土（山体开挖土），以及外环路路基堆载所卸的 20 万 m³ 堆土进行填土，以达到挤开淤泥、地表形成硬壳层、改善场地条件、产生填土堆载效果的目的。

动静结合：在同一个工程中，采用两种地基处理方法，即动力排水固结法和堆载预压排水固结法，达到预想效果，满足建筑地基的要求。

分区处理：根据重大工程项目上部建筑的使用功能、对地基基础的要求不同，针对建筑场地的工程地质特征，采用概念设计的方法，结合工地建筑材料、施工工期等实际情况，进行分区处理，从而达到较佳的技术经济效果。

少击多遍：传统强夯法通常不适宜软土地基处理，施工时易发生"掉锤"事故，即夯锤陷入吹填砂层下的巨厚淤泥层之中的工程事故；该技术实施强夯时，通过调整夯击能量和夯击次数，预防了事故发生，加速了软土地基的排水固结。

逐级加能：传统强夯法通常先加固深层、再加固中层和浅层；该技术实施强夯时，先加固浅层、再依次加固中层和深层，即采用逐级加能的方法，从而有效地保证了施工效果。

双向排水：传统强夯法通常为单向排水；该技术巧妙地利用广东科学中心的岩土层结构——淤泥质砂土层构成立体排水系统，通过双向排水有效地抑制超孔隙水压力的上升，并加速其消散。双向排水原理示意图如图 3.38 所示。

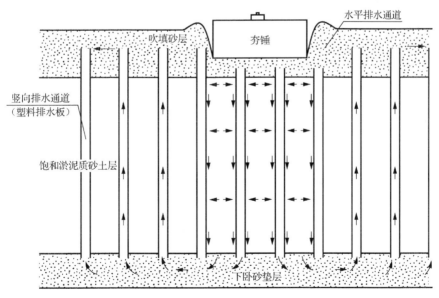

图 3.38　双向排水原理示意图

3.5 基于变形控制的强夯加固地基设计方法

3.5.1 简述

在进行地基处理设计时应当考虑的两点：①在长期荷载作用下，地基变形不一致造成上部结构的破坏或影响上部结构的正常使用；②在最不利荷载作用下，地基不出现失稳的现象。前者为变形控制设计的原则，后者为强度控制的原则。对于大多数的工程来讲，地基承载力往往是地基处理成果的副产品，关键是地基处理中地基的变形特性是否满足要求。在利用变形控制进行地基处理设计时，首先应计算分析地基变形是否满足建筑物的使用要求，在变形满足要求的前提下，再验算地基的强度是否满足上部建筑物的荷载要求[11]。

以强夯法为例，强夯设计的基本方法是以勘察资料为依据，结合场地所需要的承载力、变形量允许值，提出处理方案，根据设计方案进行典型区域试验并进行检测。若测得的承载力和变形符合要求，则可进行大面积强夯处理，若有差距，调整参数或选用新的方案。

多年的工程实践证明，强夯能级从 1 000～20 000kN·m 表层的承载力基本都满足要求，不同能级的差别主要表现在深层加固效果，也就是有效加固深度上，反映出来的就是变形效果是否满足设计要求。因此，变形控制是地基处理的主要产品，与能级、工艺关系较为密切，应按变形控制进行强夯法地基处理设计。

3.5.2 强夯能级对地基加固参数的影响

1. 不同能级强夯对浅层地基承载力的影响

强夯法是将重锤起吊到一定高度，而后自由下落，其动能在土体中转化成很大的冲击力和高应力，从而提高地基承载力。某试验场地主要由新近人工填土（粉砂）层、第四系海陆交互相沉积层构成。填料厚度一般为 0.5～1.3m，最厚处达 3.1m。首先，对场地分区进行试夯试验。试夯 1 区共夯四遍：第一遍、二遍点夯能量为 4 000kN·m，点夯间距 5m，第三遍、第四遍为 1 000kN·m 满夯，每夯点 2 击，锤印彼此搭接。试夯 2 区共夯五遍：第一遍、第二遍点夯能量为 6 000kN·m，点夯间距 6m，第三遍点夯能量为 3 000kN·m，点夯间距 6m，第四遍、第五遍分别采用 2 000kN·m、1 000kN·m 能级满夯，每夯点 2 击，锤印彼此搭接。然后，对试验区进行浅层平板荷载试验，荷载板面积为 2m²，所得荷载-沉降量（$p\text{-}s$）曲线如图 3.39 所示（Z1、Z2、Z3 位于试夯 1 区，Z4、Z5、Z6 位于试夯 2 区），夯前、夯后瑞利波波速曲线如图 3.40 所示（HQ 为夯前，HH 为夯后，1 点、2 点位于试夯 1 区，3 点、4 点位于试夯 2 区）。

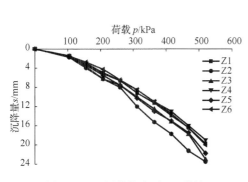

图 3.39　平板荷载夯后 *p-s* 曲线

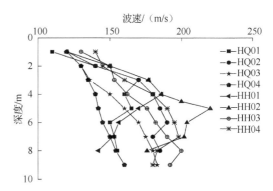

图 3.40　夯前、夯后瑞利波波速曲线

由图 3.39 可知，*p-s* 曲线未见明显比例界限，根据有关规范取沉降量为荷载板宽度所对应的压力为各试验点的地基承载力特征值，夯后各区平均承载力特征值为

试夯 1 区　　　　　　　　$\overline{f}_{ak} = 367\text{kPa}$

试夯 2 区　　　　　　　　$\overline{f}_{ak} = 383\text{kPa}$

由图 3.40 可知，根据波速减小的拐点，试夯 1 区有效加固深度约为 5m，试夯 2 区有效加固深度约为 7.7m。试夯 1 区与 2 区强夯能级相差 33%，有效加固深度相差 35%，但处理后浅层地基的承载力仅相差 4.2%。

某试验场地为开山碎石形成，最大填土厚度为 11～14m，对该场地分别进行夯击能 3 000kN·m、6 000kN·m 的试夯试验，试验区面积 20m×20m，夯后对试验区进行浅层平板荷载试验，荷载板尺寸为 1.5m，所得 *p-s* 曲线如图 3.41 所示。

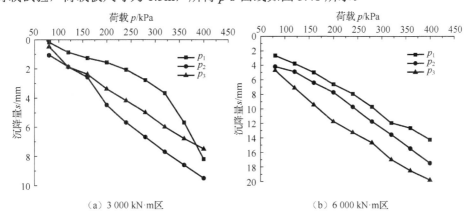

（a）3 000 kN·m 区　　　　　　　　　　（b）6 000 kN·m 区

图 3.41　夯后 *p-s* 曲线

由图 3.41 可知，大部分 *p-s* 曲线为直线（缓降型），将不同能级试验区平板荷载试验结果取平均值，得到夯后地基承载力特征值：

3 000kN·m 区　　　　　　　　$f_{ak} = 240\text{kPa}$

6 000kN·m 区　　　　　　　　$f_{ak} = 245\text{kPa}$

两个试验区强夯能级相差 50%，但夯后浅层地基承载力仅相差 2%，即强夯能级的高低对浅层地基承载力无直接影响，这是由于重锤冲击土体产生很大的冲击波。其中，压缩波（P波）有助于增加土粒间的正应力，提高压缩量，而土体的最大压缩量由最大干密度控制，较低能级强夯已可以使浅层土体达到最密实状态，压缩模量达最大值。此外，重锤冲击土体产生的高应力大范围扩散，不同能级、不同夯点处产生的应力在一定深度范围内相互叠加，使加固后浅层土体的均匀性较好，由此得出能级的差异反映在深层的加固效果，即有效加固深度范围内的变形效果，而不是浅层承载力的差异。因此，变形控制是地基处理的主要产品，而地基承载力是地基处理的附属产品。

此外，浅层平板荷载试验仅能反映2～3倍板宽深度范围内的承载力，不能反映深层的加固效果。对于深层荷载试验，上部土体相当于超载作用于承压板两侧，承压板下土体难以发生整体剪切破坏，不能得到准确的深层地基承载力特征值。因此，强夯设计不能仅以处理后所需达到的地基承载力为控制目标，而应以变形控制为目的进行强夯法地基处理设计。

2. 不同强夯能级对有效加固深度的影响

有效加固深度指从最初起夯面（夯前地面整平标高）算起，在不完全满足工程安全需要的地基上，经强夯法加固后，以某种方法测试的土的强度、变形等指标，以达到工程设计要求的深度。

强夯设计中需要进行多遍夯击，一般每遍的夯点、夯击能量各不同，其中第一遍的夯击能量最高，称为主夯。根据不同强夯能级与有效加固深度的关系曲线（图3.42）可知，强夯能级越高，夯锤对地面的冲击力越大，土体中产生的冲击应力扩散范围越大，有效加固深度就越大。

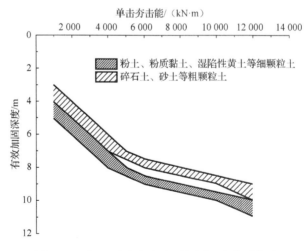

图3.42 不同强夯能级与有效加固深度关系曲线

有效加固深度范围内土体的密实度增加、强度提高、压缩性降低，是反映地基处理效果的重要参数，同时对夯击能量的确定、夯点布设、加固均匀性等参数起决定作用。有效加固深度不仅与强夯能级、土质有关，还与施工工艺、锤底面积、锤形等诸多因素有关，因此强夯设计时主要依据经验判断不同强夯能级的有效加固深度。

　　3. 强夯有效加固深度对变形的影响

　　有效加固范围内的土体强度提高、压缩性降低，组成强夯的加固区，由于不同夯点采用的强夯能级不同，有效加固深度就会不同，这些加固区相当于竖向刚度不同的加固体，导致强夯处理后沿深度方向的地基刚度分布不均匀、荷载作用后基础基底压力分布不均匀，造成两者变形不协调，增大了差异沉降。因此，设置夯点宜选择在柱基、转角等上部荷载较大的部位，使强夯处理后地基的刚度分布与基础基底压力分布相吻合，达到夯后地基的后期沉降变形从整体上与基础沉降协调一致，减小差异沉降，以及基础和上部结构内部不产生较大的次生内力，同时还可使夯后土体本身承载能力尽量得到发挥。

　　夯后地基加固区的存在使附加应力的高应力区向下伸展，附加应力影响深度增大。当有效加固深度外还存在较厚软弱土层时，软弱下卧层土体的沉降量占夯后地基总沉降量的比例很大，此时减小夯后地基变形最有效的方法是减小软弱下卧层土体的变形量，而减小软弱下卧层土体的变形量最有效的手段是增大有效加固深度、减小软卧下卧层的厚度。由于有效加固深度与强夯能级直接相关，最终实现由变形的控制进行强夯能级的选择及其他设计参数的确定。

3.5.3　基于变形控制的强夯加固地基设计方法

　　强夯能级与浅层地基承载力无直接关系，即较低的强夯能级可满足地基承载力的设计要求，但加固深度较小，对深厚填土地基容易造成过大工后沉降，故在强夯地基处理中仅按承载力设计难以满足变形要求。通过对强夯能级与浅层地基承载力、有效加固深度、变形等关系的分析，形成了按变形控制进行强夯加固地基设计原则：①变形控制原则，在长期荷载作用下，地基变形应保证上部结构的正常使用；②强度控制原则，在长期荷载或最不利荷载的作用下，地基承载力应满足上部建筑物使用要求；③稳定性控制原则，在最不利荷载作用下，地基不应失稳；④渗透性控制原则，改善地基的渗透性，使其满足建设场地使用要求。

　　工程实践表明，不同能级的强夯会对浅层地基承载力和有效加固深度产生影响，有效加固深度又会对变形产生影响，应综合考虑加固深度、施工工艺、上部结构刚度与夯点布置、竖向增强体与变形协调间的关系，以达到变形控制与满足承载力的要求。在按变形控制进行强夯地基处理设计时，应注意以下三点：①先预估强夯加固有效深度，计算加固区范围外的变形量，验算变形是否满足要求，根据变形确定最终的有效加固深度，再由有效加固深度与单击夯击能的关系，合理地选择强夯能级及其他参数；②场地经强夯后，形成的加固区沿深度可看作变刚度分布，为使处理后地基的刚度分布与基础基底压力分布相吻合，夯点的布置应尽量与上部结构的刚度分布一致，达到两者的变形协调，充分发挥夯后土体自身的承载潜力；③重视夯点的加固夯和满夯对浅层地基的加固效果，确保浅层地基承载力满足要求。

3.5.4 变形与地基承载力控制的辩证关系

对有竖向增强体的复合地基的变形控制可采用变刚度分布的设计思想，以有效减小压缩量。变刚度设计可采用两种措施：一种是桩长沿深度变化，即由部分长桩和部分短桩结合组成长短桩复合地基；另一种是采用刚度及长度均不相同的两种或以上形式的复合地基，如水泥粉煤灰碎石（cement fly-ash gravel，CFG）桩复合地基与砂桩复合地基的组合作用等。

地基承载力和变形是地基处理的两个方面，这两个方面是有密切联系的。对整个场地来说，浅层平板荷载试验测得的地基承载力犹如面上一个个点，虽然点的地基承载力满足要求，但每个点下的加固深度不尽相同，不同加固深度的点沿深度方向形成刚度不同的加固体，荷载作用后，会产生差异沉降[12]。

如何控制差异沉降就是变形控制的设计目标，如对深厚回填土地基进行强夯置换处理后，地基表层各点承载力满足要求，但夯后地基在置换墩附近形成加固体刚度大，荷载作用后导致在整个面上差异沉降大，而通过合理选择能级、布置夯点，就可实现变形控制的效果；某大型油罐项目，场地局部存在较厚的软弱土，平面分布上存在软、硬地层并存的情况，油罐位于半填半挖地基、土岩组合地基上，为减小工后差异沉降，采用"碎石垫层+强夯置换"方法处理，将油罐区域的基岩通过爆破开挖 1m，再回填碎石至设计标高，经强夯置换处理后地基在整个面上的刚度均匀，不但地基承载力满足要求，而且有效控制了差异变形。

因此，变形控制是地基处理的"主要产品"，是较难满足的"高级产品"，在地基处理工程中应重点关注。相比之下，地基承载力是地基处理的"附属产品"，是较易满足的"入门产品"。

3.6 性能化强夯地基处理设计理论

3.6.1 基于性能的地基基础设计

1. 简述

随着新材料、新技术的推广，土木工程建筑也在向高层、大跨等方面发展，结构基础变形控制也更加严格。桩基础作为一种承担上部结构荷载及控制变形的手段，具有承载力高、应力传递途径简捷、变形小等优点，因此其得到了广泛应用。但在桩基础设计的早期，由于其在设计时未能充分利用土对承台的抗力，没有充分考虑上部结构、基础与地基的相互作用，桩设计过长，从而导致资源浪费，并不利于城市地下交通的发展。

为使桩基设计更合理，应考虑上部结构、基础与地基的相互作用。参照《建筑地基基础设计规范》（GB 50007—2011），在同一整体大面积基础上建有多栋高层和低层建筑，应考虑上部结构、基础与地基的共同作用进行变形计算。同时，参照《建筑桩基技术规范》（JGJ 94—2008）在考虑上部结构、基础与地基的相互作用方面，提出以减小差异沉降和承台内力为目标的变刚度调平设计，并建议对于主裙楼连体建筑、框架-核心筒结构高层建筑、大体量筒仓、储罐等桩基按变刚度调平设计，进行上部结构-承台-桩-土共同工作分析。

但是，参照《建筑抗震设计规范（2016年版）》（GB 50011—2010），针对地基基础抗震设计，提出同一结构单元的基础不宜设置在性质截然不同的地基上，以及同一结构单元不宜部分采用天然地基部分采用桩基；当采用不同基础类型或基础埋深显著不同时，应根据地震时两部分地基基础的沉降差异，在基础、上部结构的相关部位采取相应措施。

因此，在抗震设防区，在考虑上部结构、基础与地基的相互作用的前提下，结构应设计得更安全，使建筑物地基的变形更协调、经济效益更好，建议采用基于性能的桩基设计。

2. 基于性能的桩基设计框架

基于性能的桩基设计的目的，应在不同性能目标的基础上，针对上部结构、基础与地基的相互作用及桩的耐久性问题，使桩基满足正常使用的承载能力、稳定性、变形及耐久性等技术要求，地震力等偶然荷载作用要求，以及使用功能、美观及经济效益等的要求。

与传统的桩设计过程相比，基于性能的桩基设计主要特点在于，在桩基设计之前，由业主、设计者或专家讨论，给出他们所期望的桩基的性能水准，根据性能水准来完成设计。同时，通过试桩的检测数据，反馈到桩基计算进行优化设计，也是基于性能的桩基设计与传统的桩设计的重要区别。

通过综合考虑传统的桩设计流程及基于性能的桩基设计思想，给出基于性能的桩基设计流程，如图3.43所示。

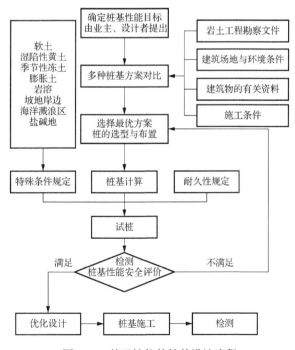

图 3.43　基于性能的桩基设计流程

桩基计算是桩基性能化设计的重要内容，图 3.44 为基于性能的桩基设计的计算流程。针对桩基计算、验算的内容，若计算不通过，要重新选择桩型或方案，这不仅造成工期的浪费，并且重新选择的方案也不一定是最佳的。基于性能的桩基设计的计算，当计算不满足时，可采用一定的措施来优化设计，例如采用地基处理的方法来消除桩的负摩阻力，或采用新材料、新技术等。

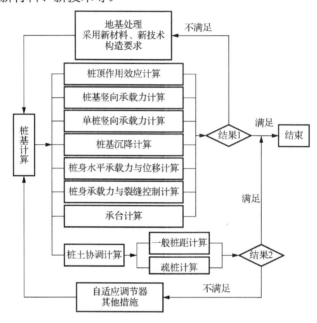

图 3.44 基于性能的桩基计算流程

桩土协调计算是反映上部结构、基础与地基相互作用的重要内容，它是复合桩基计算不可缺少的步骤。其计算将上部结构-基础-复合桩基作为一个整体，分析其沉降、桩土应力分布、桩土荷载分担比例、基础总沉降、差异沉降及沉降影响范围，通过考虑上部结构、基础和复合桩基三者接触部位的位移协调，对其进行分析和求解。计算既要满足承载力的要求，又要满足建筑物对沉降变形的要求。计算方法主要有按一般的桩距（桩间距<6 倍桩径）计算和按疏桩（桩间距≥6 倍桩径）计算，当计算不满足要求时，可采用自适应调节器或其他措施进行承载力及变形协调。

3. 桩基性能水准

考虑上部结构、基础与地基的相互作用，使桩基充分发挥桩、土的作用，进而达到变形协调及良好经济效益方面的性能要求，而基于建筑结构的抗震性能，不建议考虑上部结构、基础与地基的相互作用。针对上述两个不同的需求，考虑上部结构、基础与地基的相互作用性能，以及不同建筑物的重要性及对桩基的要求，特别是变形、稳定性、承载力、耐久性的要求，初步建立了桩基在多遇地震、设防地震、罕遇地震下的抗震性能水准，并建议将其划分为四类性能水准，其描述如表 3.10 所示。

表 3.10　桩基抗震性能水准描述

性能水准	多遇地震	设防地震	罕遇地震
第一水准	完好，承载力、变形远小于规定范围，功能不受影响	完好，承载力、变形在规定范围内，功能不受影响	基本完好，承载力、变形在规定范围内，功能不受影响
第二水准	完好，承载力、变形明显小于规定范围，功能不受影响	基本完好，承载力、变形在规定范围内，功能不受影响	轻一中等破坏，承载力、变形超出规定范围，没达到正常使用极限状态的限值，局部功能受影响
第三水准	完好，承载力、变形在规定范围内，功能不受影响	轻一中等破坏，承载力、变形超出规定范围，没达到正常使用极限状态的限值，局部功能受影响	中等破坏，承载力、变形超出规定范围，没达到承载力极限状态的限值，大部分功能受到较大影响
第四水准	完好，承载力、变形在规定范围内，功能不受影响	中等破坏，承载力、变形超出规定范围，没达到承载力极限状态的限值，大部分功能受到较大影响	不严重破坏，承载力、变形达到承载力极限状态的限值，功能丧失，但还能支承上部结构而未倒塌

4. 性能目标

桩基性能目标是指考虑上部结构、基础与地基在相互作用的前提下，建筑结构抗震性能所要求达到桩基性能水准的总和。性能目标的确定是根据建筑桩基的设计等级，桩基的功能要求、耐久性要求，建筑物的重要性、建筑物体型的复杂性，以及由于桩基问题可能造成建筑破坏或影响正常使用程度、经济效益等因素，由业主、设计者讨论并提出，或由专家讨论、修改得出。表 3.11 给出了桩基抗震性能目标。

表 3.11　桩基抗震的性能目标

状态	抗震设防水准性能目标			
	第一水准	第二水准	第三水准	第四水准
多遇地震	A、B	C	D、E	F
设防地震	A、B	C	D、E	F
罕遇地震	A	B	C、D	E、F

性能目标 A：桩基在多遇地震、设防地震、罕遇地震均满足第一水准性能要求，反映桩基的最高性能需求，在多遇地震、设防地震、罕遇地震作用下要求功能均不受影响的桩基，可以采用此性能目标。此性能目标适用于极其重要的建筑物。

性能目标 B：桩基在多遇地震及设防地震满足第一水准性能要求，在罕遇地震满足第二水准性能要求，反映了桩基较高性能需求。在多遇地震及设防地震作用下要求功能不受影响、在罕遇地震作用下要求大部分功能不受影响的桩基，可以采用此性能目标。

性能目标 C：桩基在多遇地震及设防地震满足第二水准性能要求，在罕遇地震满足第三水准性能要求，反映了桩基较高性能需求。在多遇地震及设防地震作用下要求功能不受影响、在罕遇地震作用下要求局部功能不受影响的桩基，可以采用此性能目标。

性能目标 D：桩基在多遇地震、设防地震、罕遇地震均满足第三水准性能要求，反映了桩基一般性能需求。在多遇地震及作用下要求功能不受影响、在设防地震作用下要求大部分功能不受影响、在罕遇地震作用下要求局部功能不受影响的桩基，可以采用此性能目标。

性能目标 E：桩基在多遇地震及设防地震满足第三水准性能要求，在罕遇地震满足第四水准性能要求，反映了桩基一般性能需求。在多遇地震作用下要求功能不受影响、在设防地震作用下要求大部分功能不受影响、在罕遇地震作用下功能丧失但还能支承上部结构而不倒的桩基，可以采用此性能目标。

性能目标 F：桩基在多遇地震、设防地震、罕遇地震均满足第四水准性能要求，反映了桩基最低性能需求。在多遇地震作用下要求功能不受影响、在设防地震作用下要求局部功能不受影响、在罕遇地震作用下功能丧失但还能支承上部结构而不倒的桩基，可以采用此性能目标。

综上所述，性能目标 A 反映了桩基设计最高性能需求，性能目标 B、C 反映了桩基设计较高性能需求，性能目标 D、E 反映了桩基设计一般性能需求，性能目标 F 反映了桩基设计最低性能需求。

3.6.2　基于性能的地基预处理技术

《建筑地基处理技术规范》（JGJ 79—2012）对地基处理技术均从设计、施工和质量检验等方面制定了标准，我国多个省、市还专门编制了有关地方性的地基处理技术规范。基于性能的地基预处理技术，既能控制地基处理成本、工期，又能保证场地在使用期内功能要求。

1. 基于性能的地基预处理技术流程

基于性能的地基预处理的目的，是在不同性能目标的基础上，使地基满足安全性、可靠性、低碳节能等的要求。

基于广东科学中心的地基预处理工程实例，提出基于性能的地基预处理流程，如图 3.45 所示。

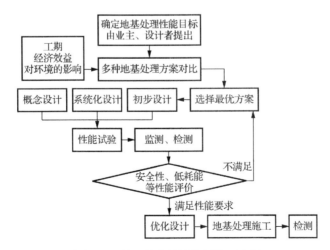

图 3.45　基于性能的地基预处理流程

2. 性能水准

结合以上提出的基于性能的地基预处理技术，根据上部建筑体型、结构特点、荷载性质、岩土工程条件、施工机械设备来源、工期要求及经济效益等要求，初步建立地基预处理后地基的承载力、稳定性、动力特性、工后沉降、固结度等改善程度的性能水准，并建议将其划分为四类性能水准，各性能水准描述如表 3.12 所示。

表 3.12　地基处理性能水准描述

性能水准	承载力	稳定性	动力特性	工后沉降	固结度
第一水准	能承受正常施工和使用期间可能出现的各种作用，在发生偶然事件时，地基仍具有良好承载能力	在发生偶然事件时，地基仍具有良好稳定性	在罕遇地震下，场地不产生液化或震陷	主固结沉降已基本完成，次固结沉降开始	95%以上
第二水准	能承受正常施工和使用期间可能出现的各种作用，在发生偶然事件时，地基承载能力受影响	在发生偶然事件时，虽有局部破坏而仍能在长时间内保持稳定性	在罕遇地震下，局部场地产生轻微液化或震陷；在设防地震下，场地不产生液化或震陷	绝大部分主固结沉降已完成，剩余主固结沉降将在一段时间内完成	90%以上
第三水准	能承受正常施工和使用期间可能出现的各种作用，在发生偶然事件时，地基因过量变形而丧失承载能力	在发生偶然事件时，地基不因偶然事件而丧失稳定性，虽有局部破坏而仍能在一段时间内不失稳	在罕遇地震下，大部分场地产生轻微液化或震陷；在设防地震下，局部场地产生轻微液化或震陷；在多遇地震下，场地不产生液化或震陷	大部分主固结沉降已完成，剩余主固结沉降将持续很长时间	85%以上
第四水准	能承受正常施工和使用期间确定出现的作用，在发生偶然事件时，地基因过量变形而丧失承载能力	在发生偶然事件时，地基丧失稳定性	在罕遇地震下，大部分场地产生轻微—中等液化或震陷；在设防地震下，局部场地产生轻微—中等液化或震陷；在多遇地震下，局部场地产生轻微液化或震陷	部分主固结沉降已完成，剩余主固结沉降将持续很长时间	80%以上

3. 性能目标

地基处理的性能目标是指在考虑实施中安全可靠、符合经济效益、节能环保的前提下，处理后其承载力、稳定性、动力特性、工后沉降及固结度性能所要求达到的性能水准的总和。性能目标的确定是根据建筑地基的重要性、场地岩土工程特点、工期要求及经济效益等因素，由业主、设计者讨论并提出，或由专家讨论、修改得出。表 3.13 给出了地基处理的性能目标。表 3.13 中性能目标 A 表示地基处理的最高性能需求，性能目标 B、C 表示地基处理的较高性能需求，性能目标 D、E 表示地基处理的一般性能需求，性能目标 F 表示地基处理的最低性能需求。

表 3.13　地基处理的性能目标

状态	性能目标			
	第一水准	第二水准	第三水准	第四水准
承载力	A、B	C	D、E	F
稳定性	A	B	C、D	E、F
动力特性	A	B	C、D	E、F
工后沉降	A、B	C	D、E	F
固结度	A、B	C	D、E	F

4. 基于性能的地基预处理效果

广东科学中心软土地基预处理工程采用基于性能的地基预处理技术，并按性能目标 A 进行地基加固。

针对性能目标 A，对动力排水固结法、真空预压固结法、干振碎石法及堆载预压法等四种施工工期、经济效益不同的地基处理方案进行了比较分析。结合场地岩土工程特点、工期及经济效益等要求，选择了最优处理方案——动静结合排水固结法进行处理。其中，动力排水固结区总面积约为 17 万 m^2，超载预压区总面积约为 21.7 万 m^2。

确定地基处理方案后，在 1 600m^2 的场地上进行了试验研究，并提出了"分区处理、动静结合、吹砂填淤、少击多遍、逐级加能、双向排水""吹砂填淤、填土挤淤、化淤为土、混土为料""整体规划，系统设计"的设计理念。

5. 常规监测及检测

施工过程中进行了孔隙水压力、测斜、分层沉降、边桩水平位移及地表沉降等现场监测；施工完成后进行了钻孔取样、室内常规土工试验、标准贯入试验、静力触探试验、静载荷试验以及瑞利波法检测等试验。试验证明，经基于性能的地基预处理后，软弱土层得到排水固结，各项物理力学性能指标和地基承载力均大幅度提高，深部砂层液化得到明显改善，工后沉降量小于 40mm。

6. 微结构定量研究试验

为检验上述性能化设计理论的正确性，针对饱和软土特点，首次利用液氮真空冷冻制样技术、喷金镀膜技术、扫描电子显微技术及计算机图像处理技术，制备 46 个原状土试样，对地基处理前后饱和软土微观结构进行了试验研究。

3.6.3　基于性能的强夯地基处理方法

1. 基于性能的强夯地基处理概念

本书提到的地基性能与场地的使用要求相关，使用要求又可以由地基处理效果（如承载力、工后沉降、固结度、稳定性、动力特性等指标）来表示。所以，基于性能的地基处理更能满足个人或社会对场地地基使用的要求，即场地地基是否安全可靠，是否满足个人或社会的使用需要，而不是提出工后沉降控制在什么程度。

由于基于性能的强夯地基处理在国内外均没有研究先例，本节结合国内的有关规范及行业标准，对基于性能的地基处理设计展开探讨，提出基于性能的地基处理的主要思想，即场地地基在其设计使用期间内，应有明确的性能水准，并使得场地地基在整个使用周期中总体费用达到最小。基于性能的地基处理设计有如下特点。

（1）所确定的性能目标既能满足业主的使用要求，又能保证经济效益的要求。

（2）强调个性设计，业主可按实际需要和投资能力来选择地基的性能目标，设计者可灵活选择处理方案和相应措施以满足业主提出的性能目标。

（3）基于性能的地基处理设计在满足规范的前提下，可以满足不同业主提出的不同设计要求，发挥研究者、设计者的创造性，同时也有利于新技术和新材料的应用。

（4）地基的性能是按处理目标进行设计，具有可预见性。

2.　基于性能的强夯地基处理框架

基于性能的地基处理的目的，是在不同性能目标的基础上，使地基满足安全性、可靠性、社会经济效益、绿色环保、低碳节能等要求。从理论发展的角度出发，一般发展规律是实践—理论—实践，实践是先于理论的，对于地基处理更是如此。针对基于性能的强夯地基处理设计的主要思想，提出基于性能的地基处理流程，如图 3.45 所示。

3.　强夯地基处理性能水准

结合以上提出的基于性能的地基处理流程，根据上部建筑体型、结构特点、荷载性质、岩土工程条件、施工机械设备来源、工期及经济效益等要求，初步建立地基处理后地基的承载力、稳定性、工后沉降等改善程度的性能水准，并建议将其划分为四类性能水准，各性能水准的描述如表 3.12 所示。

由于地质条件具有复杂性的特点，除了一般土类外，还有诸如软土、可液化土、湿陷性黄土、膨胀土、红黏土、盐渍土和多年冻土等。对于这些特殊土，其性能水准的描述应增加与该类土工程性质相关的一些特性，如对于软土地基，其处理后性能水准指标还可以用固结度表示，各性能水准的描述如表 3.14 所示。

表 3.14　软土地基强夯处理性能水准描述

性能水准	第一水准	第二水准	第三水准	第四水准
固结度	95%以上	90%以上	85%以上	80%以上

4.　强夯地基处理性能目标

图 3.46 反映了强夯地基处理的性能目标。

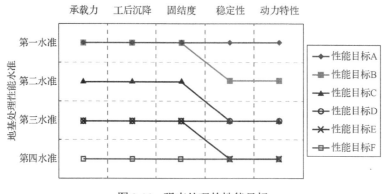

图 3.46　强夯处理的性能目标

性能目标 A：强夯处理后的承载力、稳定性、动力特性、工后沉降及固结度均满足第一水准性能要求。

性能目标 B：强夯处理后的承载力、工后沉降及固结度满足第一水准性能要求，稳定性及动力特性满足第二水准性能要求。

性能目标 C：强夯处理后的承载力、工后沉降及固结度满足第二水准性能要求，稳定性及动力特性满足第三水准性能要求。

性能目标 D：强夯处理后的承载力、稳定性、动力特性、工后沉降及固结度均满足第三水准性能要求。

性能目标 E：强夯处理后的承载力、工后沉降及固结度满足第三水准性能要求，稳定性及动力特性满足第四水准性能要求。

性能目标 F：强夯处理后的承载力、稳定性、动力特性、工后沉降及固结度均满足第四水准性能要求。

性能目标 A 反映强夯处理最高性能需求，性能目标 B、C 反映了强夯处理较高性能需求，性能目标 D、E 反映了强夯处理一般性能需求，性能目标 F 反映了强夯处理最低性能需求。

5. 基于性能的强夯地基处理设计方法

由上所述，地基处理存在多级性能目标，对不同的性能目标采用不同的设计计算方法，不仅能使得设计人员有效地进行计算分析，缩短计算周期，而且还能得到该性能目标的合理的数值分析结果。图 3.47 给出了基于性能的强夯地基处理设计计算分析框架。由图可见，基于性能的强夯地基处理设计计算分析分为方案评价、设计方法和模拟计算三个方面，设计者要根据不同的性能目标，选取合理、快捷的计算分析方法，尽可能减少计算工作量。

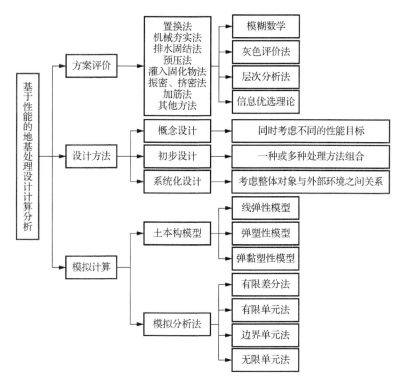

图 3.47　基于性能的强夯地基处理设计计算分析框架

6.　性能目标确定

如上所述，强夯地基处理性能目标反映地基处理性能需求，它与场地的使用要求、工期及工程造价相关。若性能目标取得太高，尽管可以使场地地基变得安全及符合场地的使用要求，但也会大大增加工程的初期投入，施工工期也可能被延长；若性能目标取得太低，尽管可以降低场地地基初期造价或缩短工期，但会增加未来的使用风险。所以，强夯地基处理性能目标的确定要结合场地的使用要求、预算投资的大小及施工工期，由业主、设计者或专家讨论提出，使地基处理的设计与施工经济合理、高效保质且满足使用要求。在此基础上，提出了确定性能目标的步骤。

1）确定强夯地基处理的最小投资、施工工期和性能目标的关系

同一性能目标，可以有不同的地基处理方案，而不同的地基处理方案的造价及施工工期也各不相同。但是，在不同的地基处理方案中，可以找到一个方案使地基处理的造价和施工工期的关系达到最佳，这样就可以建立地基处理的最小投资、施工工期和性能目标的函数关系，供业主选择。

2）确定各性能水准的关系

在强夯地基处理的投资和施工工期一定的条件下，合理地确定场地地基承载力、工后沉降、固结度、稳定性及动力特性的关系，虽然它们是相辅相成的，但设计时也要分清主次，根据场地地基的使用要求，确定设计时以哪一项或哪几项为控制标准，并采取合理的处理措施，使各项水准处于一个适当的比例，从而使地基在设计基准期内，达到

最佳的使用状态。

3）确定强夯地基处理性能目标

在前面分析的基础上，依照有关规范的要求，工程项目的投资、与性能目标的关系及业主的使用要求，因地制宜，确定地基处理性能施工工期目标，从而使地基处理设计更加科学化和合理化，场地地基处理与社会总体发展相适应。因此，合理的性能目标应采用"投资-效益"准则来确定地基处理的最小投资、施工工期和性能目标之间的函数关系。

7. 性能水准的量化

对以上划分的四个性能水准，除固结度外，其他性能指标均没有具体明确的量化，因此在设计计算时，根据性能目标，应按有关规范的要求及该地区的工程经验进行参数初选，并通过设计计算框架中的方案评价方法进行评价，采用数值模拟等手段进行分析、验算。

8. 岩土参数的确定

岩土参数是地基处理设计、施工及验收的基础，为使试验、统计出来的岩土参数能比较准确地反映地基的实际情况，接近参数真值所在的区间，提出了岩土参数确定框架，如图 3.48 所示。在岩土参数确定框架的基础上，每个阶段合理确定岩土参数的措施如下。

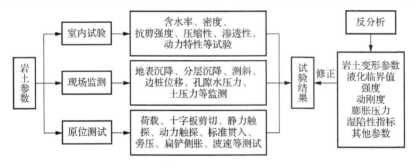

图 3.48　岩土参数确定框架

1）勘察阶段

根据不同的性能目标，适当调整勘察点的数量，若业主对场地要求严格，所选取的性能目标较高，在勘察阶段应加密勘察点，使得岩土参数按地质单位、区段、层位统计出来的平均值、标准差和变异系数等指标能更好地反映出地层的真实状态。对于重大工程项目，岩土工程参数还应通过比较准确的试验得出，如三轴试验、动三轴试验。

2）试验阶段

在确定强夯地基处理方案后，根据性能目标和水准的要求，在有代表性的场地进行性能试验，并在试验阶段进行必要的现场监测和检测，对试验效果进行评价。根据试验结果对设计参数进行优化，如达不到设计要求，应查明原因并修改设计参数或调整地基处理方案。

3）施工阶段

在强夯地基处理施工阶段，对于性能目标较高的工程，应适当增加监测项目、加密监测点、加强监测频率，使监测结果真实地反映现场情况，并能根据监测数据调整施工程序或改变施工参数，及时发现设计或施工问题，以便采取补强或其他应急措施。

4）工后检测阶段

为保证场地强夯地基处理后达到性能目标的要求，必须对地基进行必要的原位测试和取土室内试验。对于性能目标要求比较高的场地，须增加试验点数，准确地对处理后的地基进行评价。

9. 强夯地基性能的评价

在完成性能试验后，必须对强夯地基处理的社会性、经济性及安全可靠性等性能进行评价，以证实是否符合所选定的性能目标。

图 3.49 给出了强夯地基性能评价框架。其中，地基处理后的技术指标必须符合业主和社会所要求的地基的承载力、工后沉降、固结度、稳定性、动力特性的要求，并且结合初期投资大小、施工工期、对环境的影响等，对地基性能进行社会性和经济性评价，使之达到最佳社会效益和经济指标。

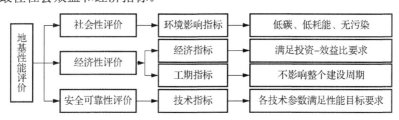

图 3.49　强夯地基性能评价框架

10. 基于性能的强夯地基处理理论研究发展

基于性能的强夯地基处理理论还处于起步研究阶段，为了实现使强夯处理在整个场地使用周期内费用达到最小，还有很多工作要做，如更合理的性能目标及性能水准的划分、设计方法的确定、不确定因素的考虑、土与结构相互作用的考虑等一系列问题还要具体深入地研究。将基于性能的强夯处理设计应用于实际工程，需要在定性研究的基础上使之达到定量的标准。其中，对合理量化地基性能水准指标参数的研究是今后研究的关键问题。

第4章　高能级强夯关键技术

4.1　高能级强夯技术的发展

4.1.1　简述

地基处理除应满足工程设计要求外，尚应做到因地制宜、就地取材、保护环境和节约资源等。那么在进行岩土改造的同时，如何保障岩土及相关工程可持续发展便成为今后重点关注的问题。

目前，国内大型基础设施（机场、码头、高等级公路等）建设的发展和沿海城市填海造陆工程及位于黄土区域内的西部大开发，都给强夯工程实施创造了条件。同时，随着我国大型基础建设的快速发展，山区杂填地基、开山块石回填地基、炸山填海、吹砂填海、围海造地等工程越来越多。

随着强夯理论和工艺的成熟，强夯的能级不断增加。高能级强夯有效加固深度大，可处理下伏深厚淤泥的山皮石回填地基、山区块石杂填地基、废弃采石场（含大孤石）、垃圾填埋场等其他方法很难处理甚至无法处理的地基，对于提高地基土强度和均匀性、消除湿陷性、改善其抵抗振（震）动液化的能力等具有明显的效果。

4.1.2　高能级强夯技术处理建筑垃圾

我国的土地污染形势严峻。近年来，随着城市化进程的加快，一些原来被工业企业占用甚至污染的土地需要进行再开发。

当前，我国生活垃圾产生量惊人，但由于资金等原因生活垃圾的无害化处理率却不到10%；换而言之，有90%的城市生活垃圾只能运往城郊长年露天堆放。全国已有200余座城市陷入垃圾的包围之中，"垃圾城"已成为威胁人们生活环境的一大公害。这些城市生活垃圾中含有各种病原体及各类有毒、有害物质，既污染土壤和水源，也占用土地资源、破坏环境卫生。其中，占很大比例的建筑垃圾，工业矿渣、炉渣等可以作为强夯的填料加以处理和利用。因此，高能级强夯技术处理垃圾等固体废弃物，蕴藏着巨大的可利用潜力，这也是化害为利、变废为宝、实现经济及环境效益双赢的手段之一。

4.1.3　高能级强夯加固地基机理研究的方向

强夯应用虽然广泛，但其作用仍限于地基的一般性处理和设计要求。对强夯的研究应注意以下几个方面。

1. 强夯地基处理方案的选用原则

地基与基础是紧密联系的，应一起考虑；地基与基础方案按天然地基 → 地基处理 →

桩基础的顺序选择。强夯法地基处理的选用：一是考虑土层条件是否合适，二是考虑周边环境是否允许振动和噪声。

2. 强夯与强夯置换夯后变形计算的研究

（1）夯后土层压缩模量的取值（考虑填料、能级、击数、应力历史、工程经验等）及修正系数的取值。

（2）强夯置换都是采用大粒径的填料，是一种粗放型的施工方法，岩土变形参数难以确定，多采用"置换墩+应力扩散"的计算方法。

（3）变形控制理论在强夯法地基处理设计中应用。

3. 强夯能级对加固效果的影响

（1）强夯能级的提高受多方面因素的影响，如承载力的提高、变形的控制、经济性的比较。

（2）强夯能级与浅层地基承载力、深层地基承载力、有效加固深度有关。

4. 强夯加固效果与地基土性质之间的关系

（1）强夯加固效果同地基土性质指标之间的关系。

（2）不同类型填土地基与强夯有效加固深度的关系。

（3）地基土含水量、塑性指数、液性指数与强夯加固后压缩性指标之间的关系。

（4）夯后进行平板荷载试验测定地基承载力、荷载板尺寸与土质的关系。

5. 单位夯击能、强夯单位击实功与强夯加固效果之间的关系

（1）单位夯击能。其意义为单位面积上所施加的总夯击能。单位夯击能与地基土的类别有关，在相同条件下，细颗粒土的单位夯击能要比粗颗粒土适当大些。单位夯击能过小，难以达到预期效果；单位夯击能过大，浪费能源，对饱和度较高的黏性土来说，强度反而会降低。

（2）强夯单位击实功。提高强夯能级或增加夯击数可大大提高单位击实功，还可以增加单位夯击能；而缩小夯距，又进一步增加单位夯击能。

4.2　高能级强夯处理地基技术

4.2.1　常用的强夯地基处理技术

1. 强夯参数

夯击参数包括夯击能、夯点布置、夯点间距、单点夯击数、前后两遍夯击间歇时间、夯击遍数、夯击范围等。正式施工时应根据试夯和设计所确定的最终强夯参数进行施工。夯击次数是个非常重要的参数，常以夯坑压缩量最大、夯坑周围隆起量最小为确定原则，每个夯击点的击数不少于最佳夯击数，也可采用试夯时最后 2 击沉降量及试夯后所确定的场地平均沉降量进行控制。

2. 强夯置换法

强夯置换法与强夯法在施工步骤上大致相同，但其比强夯法多了以下两步：一是强夯置换法在单坑夯完并测量高程后需要向坑内回填填料，二是强夯置换法在整个夯击结束后需要在地表铺设垫层。

强夯置换法施工时，墩体材料宜采用级配良好的块石、碎石、矿渣、建筑垃圾等粗颗粒材料，粒径大于 300mm 的颗粒含量不宜超过全重的 30%。满夯也宜用轻锤或低落锤多次夯击。

强夯置换必然导致地面抬升，应预先估计强夯置换后可能产生的平均地面变形，并以此确定夯前地面高程。

4.2.2 高能级强夯技术的综合应用

1. 强夯与强夯置换兼容施工技术的应用

该强夯处理方法施工关键是：在施工工艺上，按强夯置换工艺进行，质量控制标准应满足《建筑地基处理技术规范》（JGJ 79—2012）强夯置换的规定；同时，由于超高能级强夯的影响深度大，置换层以下的松散沉积层也得到了加固。

2. 高能级强夯联合疏桩劲网复合地基

对含软弱下卧层、深度较大的松散回填碎石填土地基，高能级强夯处理的主要对象为浅层碎石填土地基，而对其下淤泥质软土层性质并没有太大改善，在上部荷载作用下会产生较大的不均匀沉降变形。疏桩劲网复合地基方案可充分利用浅层强夯地基和疏桩基础的承载力，协调两者变形，减小地基的不均匀沉降变形。

3. 超高能级处理低含水量湿陷性黄土

工程上用干密度作为夯实的质量检验指标，对湿陷性黄土而言，干密度越大，湿陷性消除的效果越好。击实功能是影响击实效果的重要因素，击实功能越大，得到的干密度越大，而相应的最优含水量小。因此，最大干密度和最优含水量都不是常数，而是随击实功能而变化的。

4. 注水强夯法

西北干旱湿陷黄土区土体比较干燥，含水量很低，一般处于 3%～8%，未经扰动的土体干强度一般较高，在现行的能级下直接进行强夯的处理效果不佳，影响深度比较小，需要进行增湿处理。注水强夯法即对场地进行增湿施工，达到适宜的含水量再进行高能级强夯，消除黄土湿陷性的深度增大，其强度参数均有近 2 倍的提高。

5. 预成孔深层水下夯实法

预成孔深层水下夯实法主要适用于地下水位高、回填深度大且承载力要求高的地基处理工程。首先在地基土中预先成孔，直接穿透回填土层与下卧软土层；然后在孔内由下而上逐层回填并逐层夯击，对地基土产生挤密、冲击与振动夯实等多重效果。孔内采用粗颗粒材料形成良好的排水通道，软弱土层能够得到有效固结。孔内填料在夯击作用下形成散体桩，与加固后的桩间土共同分担上部结构荷载，形成散体桩复合地基，如图 4.1 所示。

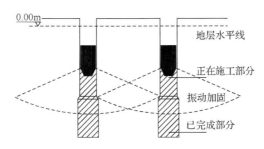

图 4.1　预成孔深层水下夯实法地基加固原理示意图

6. 预成孔填料置换强夯法

预成孔填料置换平锤强夯法首先在地基土中预先成孔，直接穿透软弱土层至下卧硬层顶面或进入下卧硬层；然后在孔内回填块石、碎石、粗砂等材料形成松散墩体，其与下卧硬层良好接触；最后根据深度大小对置换体施加不同能级强夯，形成密实墩体，铺设垫层，形成复合地基。该方法解决了强夯法与强夯置换法存在的技术问题，实现置换墩体与下卧硬层良好接触，有效加固处理饱和黏性土、淤泥、淤泥质土、软弱夹层等类型的地基，可提高地基稳定性、承载力、减少（不均匀）沉降变形等。

7. 强夯与其他地基处理技术的联合应用

在强夯处理地基的工程实践中，工程技术人员已经认识到有些场地单纯采用强夯效果不明显，将强夯与其他地基处理方法的联合应用是地基处理技术发展与创新的方向，并且有着很大的拓展空间，如碎石桩与强夯结合、强夯与冲击碾结合、石灰桩与强夯结合等。

4.3　强夯振动及侧向变形对环境影响的试验研究

强夯法是一种高效的地基处理方法，但美中不足的是施工时产生的振动和噪声，尤其是高能级强夯施工时产生的振动影响亟待研究。噪声扰民，振动可能在一定范围内对其他的建（构）筑物和建筑物内安装和使用的设备、仪表、仪器等产生不利影响，这也是强夯法进一步发展的瓶颈。强夯振动对建筑物影响的大小，不仅与强夯的工艺参数（如夯击能、夯点间距）有关，还与土体的组成及建筑物本身的结构有关。本节主要就强夯引起的土体振动及侧向变形展开讨论，分析强夯对周围建筑物的影响因素，总结一些有效的措施来消除和减弱强夯对周围建筑物的不利影响。

4.3.1 强夯对周围建筑物影响的机理

在巨大夯击能作用下，夯点中心一般都会迅速下沉（累积的沉降量甚至可达 1m 以上），夯坑周围的土体一般也会隆起，因此在夯击能的作用下土体将产生很大的变形，地基土体的变形必然会对周围建筑物产生不利影响。

夯锤对地面施加的冲击能量，以振动波的形式在地基弹性体半空间中传播，改变着土体的物理力学性质。振动波以体波和面波的方式从夯点向外传播，在地基中会产生一个波场。体波沿着一个半球波阵面径向地向外传播。纵波使土体受拉、压作用，从而使孔隙水压力增加，导致土骨架解体，而随后到达的横波使解体的土颗粒处于更加密实状态。面波携带的夯击能局限在地表层附近区域内传播，面波可使表层土体松动形成松弛区域。因此，面波对地基压密没有效果，但对建筑物产生的振动较大，为有害波。从上述的分析原理可以看出，由于冲击波的作用引起地基土的挤密和表层的松弛变形，从而造成了地基土变形，地基土的变形必然影响了周围已建建筑物基础的安全。

4.3.2 强夯引起的环境振动监测分析

根据沿海某碎石场地强夯施工过程中成功实施的地面振动加速度实时监测分析，得到了碎石土地基在强夯施工时的加速度衰减和传播特点，实现了动态化设计和信息化施工，保证了工程的顺利进行，所得结论可用于分析强夯地基处理的环境效应[13]。

1. 工程地质与施工工艺

某油库场地位于广东省沿海港口，其东、南两面临海，北为开阔地，场地占地面积约 47 690m^2。

拟建场地地貌单元属滨海滩涂，后经人工填海堆积。场地毗邻海岸线，场地地下水类型属上层滞水、潜水类型，与海水具有一定的水力联系，地下水埋深为 1.50～4.00m。该场地各土层的工程特性如表 4.1 所示。其中，碎石填土②层的厚度分布不均，厚度最小处 6m，最大处 21m，而强风化凝灰质砂岩⑦的埋深变化亦较大，在场区西北部埋深约 13m，南部则深达 26m。

表 4.1　各土层的工程特性

岩土名称	层底埋深 h/m	承载力特征值 f_{ak} /kPa	变形模量 E_0 /MPa
人工填土①	2～3.5		
碎石填土②	6～21		
淤泥质粉质黏土③		70	45
粉质黏土④	7～17	180	160
中粗砂⑤		220	22
残积粉质黏土⑥	7～22	220	18
强风化凝灰质砂岩⑦	13～26	700	60
中风化凝灰质砂岩⑧	未钻穿	1 500	

该场地地下水位较高，强夯施工还会产生较高的超孔隙水压力，引起土体的变形。这些都会影响邻近建筑（构）物的安全。由于场地内淤泥质土层之上为厚度不等的人工

碎石填土，极不均匀，须进行地基加固处理，地基处理采用强夯法。

地基强夯处理施工的基本参数如下：东部油罐区夯击 4 遍，夯击能为（8 000+
8 000+3 000+2 000）kN·m，西部化学品罐区夯击 4 遍，夯击能为（5 000+5 000+3 000+
1 500）kN·m，其余附属设施（含综合楼等）区域夯击 3 遍，夯击能为（3 000+3 000+1 500）
kN·m。

2. 环境概况

该场地西侧紧邻泽华油库，泽华围墙距本工程 5 000kN·m 和 3 000kN·m 能级强夯施
工区边界仅 6m 左右。

3. 现场监测

在施工过程中，为减轻强夯振动对泽华油库内建（构）筑物的影响，强夯施工前在
距泽华油库东围墙 5m 处，开挖一条宽约 2m、平均深度在 3m 左右的减振沟。减振沟北
段（约 36m）由于受浅埋基岩的影响，开挖深度为 1~6m，此段正对的泽华油库内建（构）
筑物是施工阶段的监测重点。根据施工对建（构）筑物的影响，沿泽华油库内围墙、正
对夯点的地面上布设测点[14]。

监测仪器采用加拿大生产的振动监测仪及标准三向振动传感器。标准三向振动传感
器可以同时监测每个点 3 个方向（横向、竖向、径向）的速度、加速度、位移。监测分
3 个阶段进行，前后持续近两个月时间，在现场对不同能级、近 10 条测线、超过 350
个夯点、1 000 多个振动事件进行监测。监测数据在 BlastWareSeries 软件中显示、处理，
典型振动速度衰减曲线如图 4.2 所示。

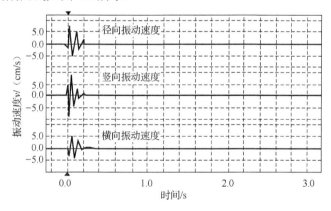

图 4.2　典型振动速度衰减曲线

1）强夯不同能级的振动测试结果

8 000kN·m 能级区距离泽华油库围墙最近处约为 60m，为此在兴盛油库施工场地距
离夯点 60m、80m 处地面上分别进行了振动监测。距夯点 60m 处地面上监测到的振动
（横向、径向、竖向）速度最大值小于 0.2cm/s，振动加速度最大值小于 0.02g；距离夯
点 80m 处监测三向振动速度均小于 0.1cm/s，加速度都小于 0.01g。因此，该能级强夯施

工对泽华油库没有不利影响。

5 000kN·m 能级施工区是在场地南侧，本区域靠近泽华油库的减振沟较深，一般沟深 3～3.5m。在泽华油库内对 5 000kN·m 能级区施工进行现场监测。从监测数据看出，最大振动速度是 2cm/s 以内，加速度在 0.3g 以内。

3 000kN·m 强夯施工区，夯点距泽华油库围墙最近为 28m 左右，测点在泽华油库内靠墙地面上、距夯点为 29m 左右。泽华油库汽车库后围墙以北正对的减振沟最浅，并且也是基岩出露最浅处，因此是强夯引起泽华油库内振动最大的地方。从监测数据看出，振动速度最大值为 0.787cm/s，振动加速度最大值为 0.119g，且振感较小。

对比以上强夯振动监测数据，深度在 3m 左右的减振沟对 5 000kN·m 和 3 000kN·m 能级施工的隔振效果都很明显，且相差不大。

2）场地的振动传播特性

强夯振动对建（构）筑物产生不利影响因素中，除了建（构）筑物本身的质量、性质等之外，场地振动传播特性也是重要的影响因素之一。为了获得本场地强夯振动的传播规律，为后续靠近泽华油库围墙及其他建（构）筑物的强夯施工提供指导，在 3 000kN·m 施工区，对与夯点相距 2～30m 不同点地面进行振动监测。图 4.3～图 4.5 分别为 3 000kN·m 能级强夯时平均振动加速度、速度、振动位移的衰减曲线。

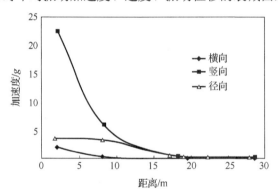

图 4.3　3 000kN·m 能级强夯时平均振动加速度衰减曲线

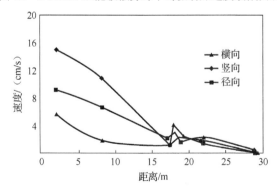

图 4.4　3 000kN·m 能级强夯时平均振动速度衰减曲线

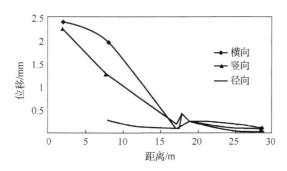

图 4.5　3 000kN·m 能级强夯时平均振动位移衰减曲线

从图 4.3 中看出，距夯点 17m 以内振动较大，三向振动（加速度、速度和位移）中竖向振动最大，其次是径向、横向振动分量。振动速度峰值为 1～16cm/s，振动加速度峰值为 1g～24g，振动位移主要为 0.1～2.5mm；距夯点 15～20m，是最大振动从竖向到径向过渡区域，振动加速度、速度、位移波动较大，甚至最大振动在竖向与径向之间交替出现。

近距离（特别是在 10m 以内）振动随距离增加衰减速度较快；远距离（特别是在 17m 以外）振动随距离增加衰减速度较慢。例如，距夯点 2m 处振动速度峰值平均为 15cm/s，振动加速度峰值平均为 23g，7m 处振动速度峰值平均为 10cm/s，振动加速度峰值平均为 5g；距夯点 17m 处振动速度峰值平均为 5.3cm/s，振动最大加速度平均为 1g 左右；距夯点 22m 处振动速度峰值平均为 1.9cm/s，振动加速度峰值平均为 0.32g。

通过现场监测，距夯点 19m 及以外，振感都不大，其最大振动速度平均都在 3.2cm/s 以内，振动加速度小于 0.45g。

3）减振沟深度对减振效果的影响

靠近泽华油库东围墙且与围墙平行的 3 列 3 000kN·m 强夯点施工是监测重点，振动监测点沿泽华油库内围墙边设置，测点与夯点正对，且随夯点移动。夯点距离泽华围墙为 12～24m，测点到夯点的距离为 12.5～25m，图 4.6～图 4.8 为 3 000kN·m 能级强夯时距夯点 13m 处不同点振动加速度、速度、位移的变化曲线。

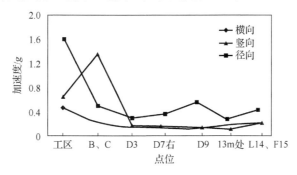

图 4.6　3 000kN·m 强夯 13m 处不同点振动加速度变化曲线

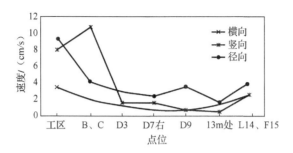

图 4.7　3 000kN·m 强夯 13m 处不同点振动速度变化曲线

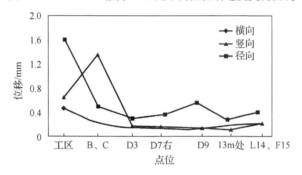

图 4.8　3 000kN·m 强夯 13m 处不同点振动位移变化曲线

距夯点间距同为 13m，减振沟较深，不同测点振动相差不大，如 D7、D9 等点位，减振沟深度都在 3.0m 左右，最大振动加速度、速度和位移为径向振动，最大加速度不超过 0.5g，最大速度为 3.7cm/s，平均位移小于 0.5mm；在基岩埋藏浅和减振沟不深处，振动加速度、速度和位移明显增大，如在 B、C 点，基岩较浅，减振沟仅有 0.6m，竖向加速度最大达到 7g，竖向速度达到 14cm/s，平均位移在 0.5mm 以上，为减振沟 3m 时竖向加速度的 14 倍，速度的 3.7 倍。

4）动态化设计及信息化施工

填平后的减振沟处强夯点距离泽华油库最近仅有 6m。考虑到减振沟处场地的使用功能，结合前两个阶段振动监测情况，向建设方建议减振沟处采用碾压施工工艺进行地基处理；若采用强夯工艺，建议采用低能级施工，以在泽华油库内引起的最大振动速度不超过 3cm/s，最大振动加速度不大于 0.4g 为宜，以保证泽华油库内建（构）筑物免于受到不利振动影响。

在减振沟填平处采用原设计能级 3 000kN·m 进行试夯，从连续 8 个夯点的监测数据看出，平均 3 击振动速度就达到 3cm/s 以上。根据减振沟处试夯监测结果，就减振沟处施工进行调整，并做如下规定。

（1）采用 1 500kN·m 能级对减振沟处地基进行点夯。

（2）以最大振动速度 3cm/s（最大振动加速度平均值小于 0.4g）作为停锤标准。

（3）每个夯点不少于 2 击。

（4）对减振沟处施工采用现场监测、现场反馈、现场调整锤击数，对所有夯点进行全程监测。

在减振沟处进行满夯施工中，采用及时反馈信息、现场调整能级的监测方法，从

1 500kN·m 能级调整到 1 200kN·m。根据监测结果，最终将强夯能级调整到 1 000kN·m 完成减振沟处满夯施工。

减振沟处采用现场振动监测，及时反馈、调整施工工艺，既满足场地施工需要，又避免对泽华油库内建（构）筑物产生不利的振动影响。

4. 结论

通过对不同强夯能级夯点、不同距离的振动监测，得出以下结论。

（1）三向振动速度越大，则相应的加速度及振动位移也越大；并且随着测点与夯点距离的增大，振动明显减小。在相同距离处监测时，同一个夯点振动加速度、速度和位移随锤击数的增加而增大，幅值增量逐渐减小。

（2）减振沟的减振、隔振作用明显。当与夯点距离相同时，有减振沟时测得的振动远小于无减振沟时的振动，对碎石土地基，减振沟的深度宜超过 3m。

（3）对碎石土地基，与夯点距离在 13m 以内时，三向振动中竖向振动最大；超过 17m 时，三向振动中径向振动最大；13～17m 为最大振动从竖向向径向的过渡区。

（4）通过振动监测数据分析，对于本施工场地来说，距离夯点 19m 及以外或者最大振动速度小于 3cm/s（最大振动加速度小于 0.4g）时，基本上不会对泽华油库内建（构）筑物产生不利影响。

（5）根据振动监测结果，对强夯施工提出因地制宜的停锤标准，使施工振动处于受控状态，确保动态化设计和信息化施工。

4.3.3　柱锤强夯置换振动及侧向变形环境影响试验研究

由于在强夯施工过程中，夯锤冲击地基土，会产生噪声和振动，并对周围土体产生压缩、挤压作用，使得夯锤周围土体在一定程度上都会发生侧向变形，这种侧向变形会对周边相邻建筑物产生作用力。为了研究柱锤强夯施工不同能量对周围土体的影响，可通过在不同距离进行地面振动监测和埋设测斜管，监测土体深层水平位移情况，来了解不同能级的柱锤夯击下振动和土体侧向变形实际影响范围，为设计确定后续施工工艺提供依据。

1. 工程地质条件

试验区位于青岛海西湾，原为海域，经人工回填开山石方，底层主要有碎石填土、海湾相软弱淤泥质土、残坡积土和基岩。基岩以花岗岩为主，少量闪长玢岩、安山玢岩、煌斑岩呈脉状分布。

2. 试验区设计施工参数

试验分三个不同能级试验区，即 8 000kN·m、6 000kN·m 和 4 000kN·m 能级试验区。8 000kN·m 能级试验区面积为 12m×12m，6 000kN·m 和 4 000kN·m 能级试验区面积为 10m×10m。强夯置换所使用柱锤为 35t，直径 1.2m，高约 4.5m，采用两遍成夯工艺，两遍点夯能级相同，第一遍夯点施工完成后进行第二遍夯点施工，一遍夯点共 9 个，二遍夯点共 4 个[15]。

3. 强夯置换对周围土体变形影响监测

为研究强夯置换柱锤对周边土体的变形影响，分别在 8 000kN·m、6 000kN·m、4 000kN·m 不同能级下进行测斜监测。8 000kN·m、6 000kN·m 试验区在试夯点边界外 6m、9m、12m、18m、25m 共五处分别监测其土体深层位移，4 000kN·m 试验区在试夯点边界外 7m、8.5m、10m、15m 共四处分别监测其土体深层位移。测斜管埋设深度至基岩层顶为止，测斜管长 18m。施工前监测 2～3 次，以平均值作为监测点的初值，施工期间主要按夯击遍次的间隔进行监测，当施工时间较长时可在每天施工间歇时进行监测。在施工结束时监测一次，结束后再监测一次，直至整个土体稳定时监测结束。

图 4.9 为三个试验区的测斜监测曲线，从图中可以看出，在相同能级条件下，距夯点距离越近，侧向挤出位移（远离夯点）越大，而随着距离的增大，侧向水平位移也越来越小。在距离大致相近的情况下，能级越低，侧向挤出位移越大，随着能级的增加，地基土深处水平位移减小，浅层地基土出现向夯点靠拢变为负值的现象。造成向夯点靠拢变为负值现象的原因是：当能级较低时，柱锤夯击地基土产生的夯坑较浅，夯锤对地基土反复冲击，由于四周覆盖地基土厚度产生自重压力较小，侧向挤出变形较大；随着能级的提高，柱锤夯击地基土产生的夯坑较深，夯锤对地基土产生冲切力，由于四周覆盖地基土厚度产生自重压力较大，侧向挤出变形就变得较小，浅层地基土会朝夯坑变形而产生位移。

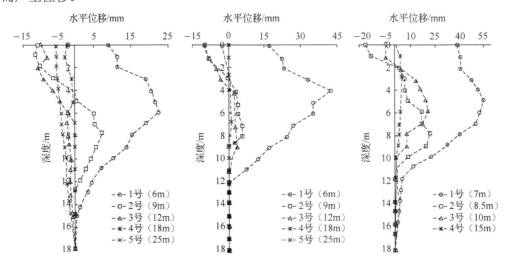

图 4.9 8 000kN·m、6 000kN·m、4 000kN·m 测斜监测曲线

图 4.10 为不同能级在距夯点距离相近的情况下地基土的侧向监测对比曲线，从图中可以看出，在距夯点距离大致相同的条件下，能级越高，侧向变形越小；能级越低，侧向变形越大。根据监测位移曲线可得，在距夯点 12m 以外，4 000～8 000kN·m 能级的强夯置换所产生侧向变形影响范围基本在 10mm 以内（包含正负）。在距离夯点附近，多为深层土体的侧向位移，尤其 3～8m 侧向变形最为显著，由此可确定在试验能级范围内，侧向变形不会造成建筑物破坏的安全距离为 20m。

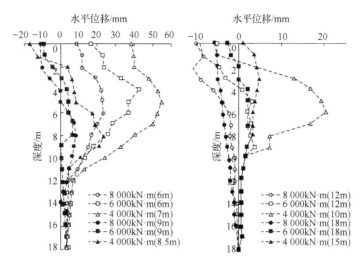

图 4.10　不同能级测斜监测对比曲线

4. 结果与分析

通过 4 000～8 000kN·m 能级的柱锤强夯置换试验的地面振动及周围土体测斜监测可得如下结论。

（1）根据振动速度和加速度判定，4 000～8 000kN·m 能级柱锤强夯置换的振动安全距离为 20～30m。

（2）根据柱锤周围土体变形检测结果判定，4 000～8 000kN·m 能级柱锤强夯置换的振动安全距离为 20m。

（3）随着柱锤强夯置换能级的增大，柱锤四周土体的侧向变形在减小，但对地面振动的影响范围增大。

（4）在距振源距离大致相同的情况下，强夯置换能级越大，对周围土体侧向变形影响越小。当能级增大到一定时，远离振源的地面会出现向振源方向变形的现象。

4.3.4　减少强夯振动影响的措施

1. 保证有效的振动安全距离

根据建筑物及设备对振动的要求，依据夯击能、夯击数、地基土等情况，确定安全距离是避免强夯对建筑物影响的必不可少的措施。

2. 设置隔振沟减少强夯对周围建筑物的影响

隔振沟主要起到消波、滤波的作用。隔振沟将大部分振动波的水平分量产生的能量降到了最低限度，同时也使竖向的能量有了很大的衰减。隔振沟有两种，即主动隔振和被动隔振。主动隔振是采用靠近减振或围绕振源的沟，以减少振源向外辐射的能量；被动隔振是靠近减振的对象挖一条沟。

3. 改变强夯工艺减少对建筑物的影响

在靠近建筑物的附近降低夯击能、减少夯击数也可起到减少对建筑物安全的影响。

4. 改变施工顺序减少对建筑物的影响

改变施工顺序可采用先夯击建筑物附近的地基，然后再夯击建筑物远处的地基的方法。由于刚开始时土体松散，土体的阻尼比较大，吸收的夯击能较多，向外传播的振动波的波速和振动加速度较小，对建筑物的安全影响也就较小。

4.3.5 强夯振动噪声对周围环境的影响

强夯是将势能转化为动能的过程，能量以振动波形式向土层深处和地表面传播，这一过程中强夯产生的噪声过大会影响人们的工作和休息。不同施工阶段作业噪声限值如表 4.2 所示。

表 4.2 不同施工阶段作业噪声限值

施工阶段	主要噪声源	噪声限值等效声级/dB（A）	
		昼间	夜间
土石方	推土机、挖掘机、装载机等	75	55
打桩	各种打桩机等	85	禁止施工
结构	混凝土搅拌机、振捣棒、电锯等	70	55
装修	吊车、升降机等	65	55

强夯引起的噪声，声音发闷，频率较低，在距夯点 10m 以外，其噪声影响不是很大。强夯施工产生的噪声不应大于表 4.2 的规定，施工场地周围有居民居住时，晚上不得进行强夯施工。

4.4 城市场地形成与拓展创新

4.4.1 低丘缓坡综合治理

1. 工程概况

在城市建设用地日益紧张、耕地保护形势越发严峻的同时，甘肃省某地却有较多的荒山荒沟和低丘缓坡沟壑等未利用地（图 4.11）未得到合理开发利用。试点区总面积为 999.77hm^2，试点区主要为黄土丘陵梁峁，地形起伏较大，天然植被覆盖率低。

图 4.11 甘肃省某地低丘缓坡沟壑等未利用地

试点区土地规划前、后规划情况如图 4.12 所示，试点区建设项目目标（部分数据）如表 4.3 所示。

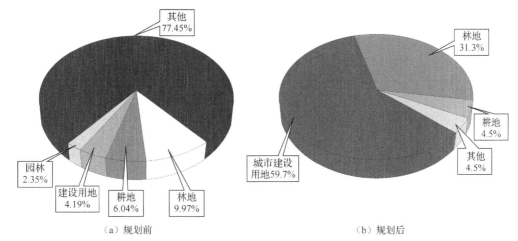

（a）规划前　　　　　　　　　　　　　　　（b）规划后

图 4.12　试点区土地规划情况

表 4.3　试点区建设项目目标（部分数据）

项目	试点一	试点二	试点三	试点四
规划面积/hm²	484.67	236.58	100.01	78.52
原地势高度/m	1 560~1 852.5	1 581~1 737	1 550~1 850	1 520~2 067
最大挖方高度/m	110.61	84.2	45	107
最大填方高度/m	117.57	71.6	30	43
挖方量/m³	9 596	1 670.97	3 535.77	439.8
填方量/m³	8 246	1 512.8	696.50	439.8
挖方区面积/m²	241.99	62.3	53.44	
填方区面积/m²	243.01	57.6	46.48	

2. 工程实施方案设计

试点项目的核心任务是平山造地满足城市建设用地需求，土地开发阶段主要建设内容为土地平整工程、边坡工程和防洪工程三大类。由于项目区范围广、工程量大，土方挖、填调配尤为重要，各项目片区均按照台阶式、多个标高、不同梯次错落有致的格局进行平整，区域填挖方区土方的调配方向和数量最优解确定。由于项目区内地形较为复杂，沟壑纵横、川梁相间，项目实施过程中不可避免地要进行深挖高填，产生了较多且陡的边坡工程，因此针对高陡边坡应采取相应工程措施予以加固或治理。另外，各试点项目根据自身的工程特点考虑了相应的防洪措施。

1）青白石项目

青白石项目开发面积为 485hm²，工程设计主要包括以下内容。

（1）场地平整和地势优化。设计方案遵循利用现状地形，争取挖填方总量最小，土方尽量平衡的原则，并考虑到地形改造要尽量保持原有的山势，利用地形的造景作用使项目具有一定的区域特性,确定项目区场地平整采用台地式方案。在满足场地对外交通衔接顺畅的基础上,减小台地总坡度,可更加突出台地景观特色,因此,将场地依地势设计为东高西低两个台地进行处理,项目场地平整工程具体指标如表 4.4 所示,场地平整效果图如图 4.13 所示。

表 4.4 项目场地平整工程具体指标

部位	项目			
	设计坡度	设计标高	挖填最大值	土石方量
东侧地区	场地平均纵向坡度 3.0%;横向坡度 2.1%;总坡度 3.66%	最低点位于场地西南标高 1 650m,最南点位于场地东北标高 1 759m,平均标高 1 711m	挖方最大值:103m 位于场地东侧 填方最大值:94m 位于场地北侧	挖方总量为 8 948 万 m³,填方总量为 8 879 万 m³
西侧台地		最低点位于场地西南标高 1 627m,最高点位于场地北侧标高 1 739m,平均标高 1 686m	挖方最大值:106m 位于场地北侧 填方最大值:116m 位于场地西南侧	

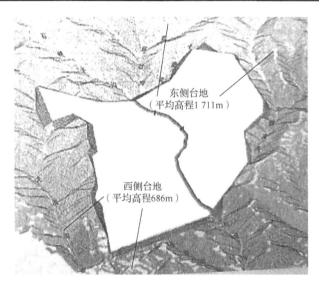

图 4.13 青白石项目区原始地形图及土地平整效果图

(2)填筑体处理。对于填方高度小于 30m 的区域,压实系数不低于 0.93;对于填方高度大于 30m 的区域,压实系数不低于 0.88;场地不均匀沉降量不超过填方高度的 3%。

对于填方高度小于 30m 的低填方区,为保证压实系数不小于 0.93,采用强夯处理。强夯处理参数如表 4.5 所示。

表 4.5 强夯处理参数

单位夯击能/(kN·m)	夯点布置	夯点间距	夯击变数	每层夯击处理厚度/m
2 000	正方形	取夯锤直径的 3 倍,且不小于 6m	先点夯 2 遍,再以低能级满夯 1 遍	4

注:对于挖填交接面,在强夯前先开完成台阶,每阶高 4m,阶面宽 4m。

（3）边坡工程。场地平整后，开发范围靠沟谷一侧和山体一侧形成高边坡，靠山一侧为高挖方边坡，靠沟一侧为高填方边坡。由于坡体相对高差较大，开挖和回填形成的边坡临空条件好，加之坡体土主要为黄土，结构松散，土体间的固结性差，在降雨、地震等不利工况条件下，发生崩塌、滑坡等地质灾害的可能性大，平整工程中加强高边坡防护措施，边坡较高时应分级并留宽 2.0～3.5m 的平台，每级平台及边坡坡脚应设置截排水沟，坡面防冲刷处理。对于填方边坡，填土压实系数应达到 0.95，每级坡高不应超过 8.0m，除截排水处理外，应做好坡面防冲刷处理。项目区施工产生的边坡类型主要有填方边坡、挖方边坡及平整台地间衔接的边坡三种类型。挖、填方边坡设计参数建议值如表 4.6 和表 4.7 所示。

表 4.6　挖方边坡设计参数建议值

坡高	坡级设计		坡比	防护措施
$H \leqslant 10m$	一坡到顶		1：0.75	坡脚设排水沟
$10 < H \leqslant 20m$	8～10m 处设 2.0～3.0m 宽平台	1 级	1：0.75	坡脚设排水沟，片石护坡
		2 级	1：0.75	
$20 < H \leqslant 30m$	8～10m 处设 2.0～3.5m 宽平台	1 级	1：0.75	坡脚设排水沟，片石护坡
		2 级	1：0.75	
		3 级	1：1	
$30 < H \leqslant 40m$	8～10m 处设 2.0～3.5m 平台	1 级	1：0.75	坡脚设排水沟，片石护坡
		2 级	1：0.75	片石护坡
		3 级	1：1	
		4 级	1：1	

表 4.7　填方边坡设计参数建议值

坡高	坡级设计		坡比
$H \leqslant 8m$	一坡到顶		1：1.25
$8 < H \leqslant 16m$	8m 处设置 2～3m 宽平台	1 级	1：1.25
		2 级	1：1.5
$16 < H \leqslant 24m$	8m 处设置 2.5～3.5m 宽平台	1 级	1：1.5
		2 级	1：1.75
		3 级	1：2

2）碧桂园项目

该项目区规划总面积 236.55hm²，一期占地面积 120hm²，呈不规则形状，东西宽 0.4～1.2km，南北长 1.1～1.8km；整体地形较为复杂，呈东西两条南北向沟壑、中间一条南北向山岭的地貌特征。

（1）场地平整工程。该项目区内以由梁和峁组成的黄土丘陵为主，区内坡地情况如图 4.14 所示。

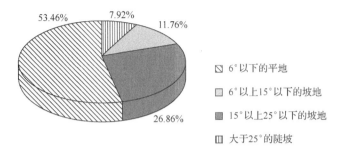

图 4.14 区内坡地情况

场地平整方案在综合考虑项目区实际地形、挖填方总量、景观效益的基础上，确定台地平整方案为四阶台地方案，台地梯级高差控制在 15m 以内；根据项目区功能布局及用地需求情况，进一步划分为高差 5m 的台地，场地平整挖方量 1 637.31 万 m³，填方量 1 459.57 万 m³，总土方量 3 096.88 万 m³，挖填比 1.12，项目区挖填方总面积 119hm²，挖填高度面积统计如图 4.15 所示。

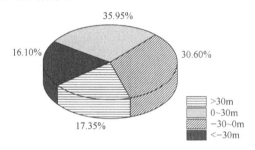

图 4.15 区内挖填高度面积统计

（2）边坡工程。台地平整方案需充分考虑台地与台地之间的过渡，以及项目区与周边区域的衔接等问题。对于台地的高差处理方式，可以选取挡土墙、护坡、护坡加挡土墙或者自然放坡四种形式。其中，高差小于 5m 的台地主要采用挡土墙的方式，大于 5m 则宜于采用护坡、护坡加挡土墙及自然放坡的混合处理形式。综合考虑挖填总土方量、台地高差及景观效益等因素，经设计单位反复计算、分析后，确定台地平整方案为四阶台地方案，具体设计参数如表 4.8 和表 4.9 所示。

表 4.8 挖方边坡设计参数

土类	坡高（H）	边坡做法	坡比（H:L）
黄土	H≤10m	一坡到顶	(1:0.75) ～ (1:1)
	10m<H≤20m	H 每升高 6～8m 设置平台，平台宽 3～3.5m	(1:0.75) ～ (1:1)
	H>20m	H 每升高 6～8m 设置平台，平台宽 3～3.5m	1:1
砂岩	H≤10m	一坡到顶	1:0.5
	10m<H≤20m	H 每升高 6～8m 设置平台，平台宽 3～3.5m	(1:0.5) ～ (1:0.75)
	H>20m	H 每升高 6～8m 设置平台，平台宽 3～3.5m	(1:0.75) ～ (1:1)

表 4.9　填方边坡设计参数

土类	压实系数	坡高（H）	边坡做法	坡比（$H:L$）
土夹砂、石	0.9	$H \leqslant 10\text{m}$	一坡到顶	（1：1.25）～（1：1.5）
	0.9	$H > 10\text{m}$	H 每升高 6～8m 退台处理，退台宽 0.5～1.0m	（1：1.25）～（1：1.5）
粉土、粉质黏土	0.9	$H \leqslant 10\text{m}$	一坡到顶	（1：1.25）～（1：1.75）
	0.9	$H > 10\text{m}$	H 每升高 6～8m 退台处理，退台宽 0.5～1.0m	（1：1.25）～（1：1.75）

3）创新城项目

创新城试点项目区由地势较高的黄土梁峁和地势低洼的沟谷两种地貌单元构成，总开发规模为 100hm²。在原始地形条件下，作为城市建设用地，场地的工程建设适宜性较差。项目区通过有序、有控制的挖山填沟等工程活动将场地改造为稳定性好、适宜进行工程建设的场地。

（1）平整工程。采用平坡式方案，平整后平均为 3%左右，项目区挖方量 3 535.77 万 m³，填方量 696.50 万 m³，多余挖方量全部用于远方项目区填方。挖方最大高度 45m，填方最大高度 30m。

区内控填高度面积统计如图 4.16 所示。

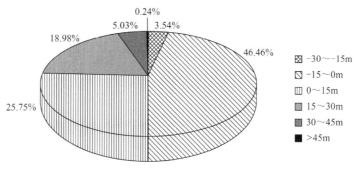

图例
-30～-15m
-15～0m
0～15m
15～30m
30～45m
>45m

图 4.16　区内挖填高度面积统计

（2）防洪工程。项目区在填挖施工过程中，须保证其地表水及洪水的排泄，为保证施工质量和施工进度，在土石方施工过程应组织有效的临时排水系统，在土石方施工前，按要求回填原地面的沟壑、冲蚀坑等可能积水的地方，结合现场地势情况，设置临时排水明渠。

项目区松散固体物质大量堆积且来源丰富，同时残存沟道沟底狭窄，汇水面积大且集中，水动力强。因此，需设计修筑拦挡坝作为防洪工程治理措施。在四个残存泥石流沟沟口分别设置一道拦挡坝，设计坝高 15～20m，顶宽 8～10m。其中，1 号坝和 2 号坝为石渣坝，3 号坝和 4 号坝为土渣坝。拦挡坝平面位置如图 4.17 所示。

① 基础及坝肩结合槽设计：清除沟道、坡面与坝体而接触的松散表层，夯实碾压基础，确保坝肩、坝基结合良好。

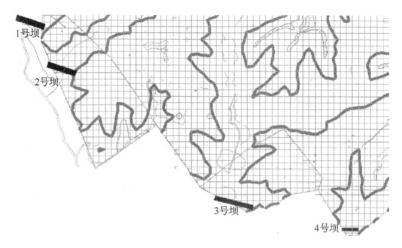

图 4.17　拦挡坝平面位置图

② 断面设计：迎水面、背水面坡率均为 1 : 0.45。为了减小静水压力，坝体上埋设螺纹管充当泄水孔，呈品字布设，规格为 $\phi0.3$，间距为 3m×3m，不设涵洞。1 号～4 号拦挡坝断面如图 4.18 和图 4.19 所示。

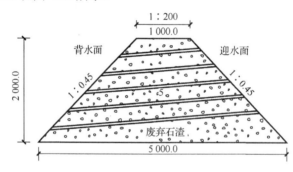

图 4.18　1 号、2 号拦挡坝断面图（单位：mm）

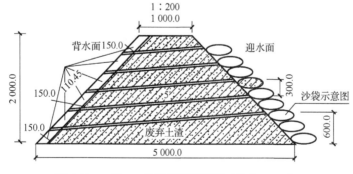

图 4.19　3 号、4 号拦挡坝断面图（单位：mm）

③ 坝高设计：本次为雨季临时性工程，结合实际地形情况，因残存沟道短小，为充分保证库容，设计坝高 20m。

④ 溢流口设计：根据以上参数及各坝址处沟床宽度确定溢流口断面。溢流口宽度大于稳定沟槽宽度并小于同频率洪水的水面宽度，溢流口采用梯形断面，边坡设计 1：0.5，安全超高 h_2 取 0.5m，过流深 h_1 加 h_2 即为溢流口设计高度 1.5m。

3. 项目实施情况

该项目试点二规划效果图如图 4.20 所示，目前四个试点项目均已完成土地一级开发，试点二和试点三项目已完成一期项目二级开发，项目的实施带动示范效益显著，有效保护了该地区的耕地，对荒山荒沟治理、自然生态环境改善、地质灾害隐患综合整治意义重大。

图 4.20　试点二建设规划效果图

4.4.2　湿陷性黄土高填方区场地形成

1. 工程地质概况

延安气资源综合利用项目位于陕西省富县县城以南 12km 处的富城镇洛阳村，项目建设用地坐落在河流两岸，场地具有地形地质条件复杂、建设规模大、超高填土且具有湿陷性黄土地基、填料水稳性差等特点和难点，是本项目重点处理区域。拟建场地平面图如图 4.21 所示[16]。

该场地附近区域地层主要由第四系全新统松散堆积物（主要为河道两侧的黄土和砂类及碎石类土），披盖于丘陵与黄土残塬上的黄土、红黏土和基岩组成，场地处于构造运动相对稳定的地块，建设场地附近地区没有大型活动断裂通过，区内地震水平较低，抗震设防烈度为 6 度。

场地地下水属潜水类型，地下水位总体呈北高南低的趋势，地下水主要接受洛河河水从北侧补给，向南侧渗透排泄。地下水位主要受洛河水位的影响，年变化幅度在 2m 左右。

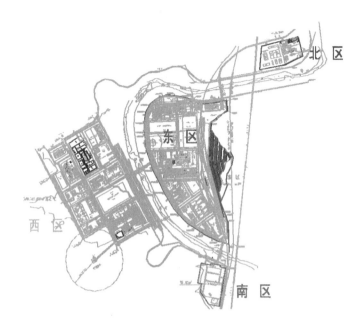

图 4.21　拟建场地平面图

2．场地西区场平设计关键技术

本项目西区存在的岩土工程关键技术问题如表 4.10 所示。

表 4.10　场地西区存在的岩土工程关键技术问题

工程地质综合条件	土方规模大、场地平整范围宽，地形地貌条件复杂，覆盖土层岩土结构和工程性质独特，涉及填方区滑坡体、湿陷性黄土、不均匀地层分布、地下水出露、高含水量黄土等工程地质问题
地下水环境综合治理	工程建成后，地形地貌改变将引起地下水补给、径流、排泄条件的改变，引起地下水运动的显著改变，地下水的有效导排和治理决定了湿陷性黄土地基条件下高填方地基的长期变形和稳定问题
高填方填筑地基处理	选择合理的处理方法和工艺参数，对湿陷性黄土地基进行加固处理，以满足稳定和变形要求
高填方地基变形	高填方地基填方高、荷载大，原地基和填筑体自身的沉降均较大，加上湿陷性地基条件，填筑体湿化变形等不利因素，沉降控制难度极大

1）原场地地基处理

根据原状湿陷性黄土层的分布区域及分布厚度，采用不同能级和工艺的强夯法处理黄土地基的湿陷性，满足原状土地基承载力和变形、湿陷性等要求，强夯处理能级为 4 000～12 000kN·m。原填方区滑坡体分布区域，均进行了进一步地基处理，一般区域采用高能级强夯法，高含水量分布区采用强夯置换法处理。

2）高填方填筑体处理

西区设计标高为 951.5～955.0m，自然场地标高最低为 883.4m（冲沟出口处），原始地貌为典型的"V"形沟谷地形，综合考虑安全性、经济适用性、设备调度能力和工期，采取分层回填+分层强夯的方案进行处理。

回填区域土方回填和强夯分 8 层进行，施工参数如表 4.11 所示。强夯分层回填示意图如图 4.22 所示。

表 4.11　回填区域强夯分层施工参数

回填层数	回填厚度/m	强夯能级/（kN·m）
第 1 层	冲沟回填碎石渗层	8 000
第 2 层	12.0	12 000
第 3 层	12.0	12 000
第 4 层	12.0	12 000
第 5 层	8.0	8 000
第 6 层	8.0	8 000
第 7 层	4.5～6.5	4 000
第 8 层	4.5～6.5	4 000

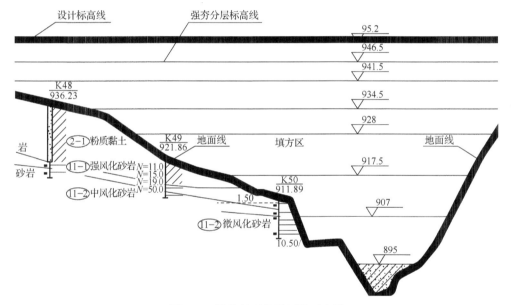

图 4.22　地基处理分层回填示意图

3）挖填交接面、施工搭接面处理

（1）挖填交接面处理。填方区与挖方区交接面是高填方区经常出现问题的薄弱环节，为了保证填方区与挖方区能均匀过渡，在填挖方交接处，应布置过渡台阶。

在挖填交界处基岩面以下，按 H 为 1m 高，宽度 L 随实际坡比而变化，沿着山体表面开挖台阶，对于直壁地形，在实际施工过程中可以适当调整高宽比，但台阶宽度不宜小于1m。并回填 2m 厚砂碎石，形成土岩过渡层，同时与底部排水盲沟连接，排出基岩裂隙水。

（2）施工段间的搭接施工。西区由于填筑区域范围大、工段多、工作面分散而又集中，各工作面起始填筑标高不一，存在工作面搭接问题。工作面搭接处理不好，势必带来人为的软弱面或薄弱面等问题，给高填方稳定性带来不利影响。为此，要求各工作面间要注意协调两个相邻工作面高差要求一般不超过 4m，以避免出现"错台"现象。

各标段间、各分区间均存在搭接面。各工作面间填筑时，先填筑的工作面按 1∶2 放坡施工。后填筑的工作面，在填筑本层工作面时，对预留的边坡开挖台阶，台阶高 2m，宽 4m，分层补齐。对工作面搭接部位，按相同间距加设两排夯点进行补强。

（3）沟口高填方边坡地基处理技术要求。冲沟沟口高填方边坡回填及强夯处理方案与其余地方相同，根据挡墙设计单位要求强夯边界线，位于场区边界线向厂区内 24m 和 34m 处。

冲沟沟口加筋土挡墙后方高填方边坡距离强夯边界线 30m 范围内为强夯能级降低区。其中原 12 000kN·m 的分层填土厚度为 12m，在此区域为分层厚度 3m，分四层回填施工，采用 2 000kN·m 降低能级处理。土方回填时进行部分超填，土方回填边界线上边界距离厂区边界 31m，1∶1 放坡至 895m 标高碎石渗沟表层。强夯施工边界线上边界距离厂区边界 34m，1∶1 放坡至 895m 标高碎石渗沟表层。强夯与挡墙交替搭接施工，确保高边坡和挡墙的稳定。

4）地下排渗系统设置

冲沟底部采用盲沟形式进行处理。盲沟施工前，首先进行基底清理工作，清除表层软弱覆盖层至基岩面，沿冲沟底部铺设 2m 厚的卵砾石，粒径要求 5～40cm，中等风化岩石。盲沟保持自然地形排水坡度，纵坡坡度不小于 2%。盲沟顶部铺设≥300g/m² 的渗水土工布。

冲沟沟口处由于洛河水位的影响，其 50 年一遇洪水水位为 891.54m，100 年一遇洪水水位为 893.04m。为保证冲沟回填土不受水位的影响，895m 标高以下均采用级配良好的砂碎石回填，西区冲沟横剖面处理示意图如图 4.23 所示。

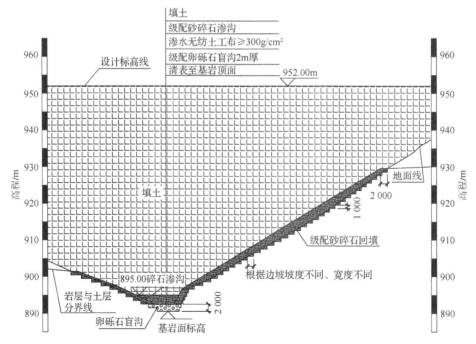

图 4.23　西区冲沟横剖面处理示意图

3. 项目实施情况

目前项目已建成投产 10 余年，场地沉降量 2～4cm，施工效果良好。图 4.24 为项目区填土施工全景。

图 4.24　项目区填土施工全景

4.4.3　云南绿春县绿东新区削峰填谷建新城

1. 工程概况

绿春县绿东新区削峰填谷项目位于云南省绿春县，主要地貌类型为中山峡谷地貌，除深切的"V"形峡谷、悬崖绝壁、瀑布、活动性冲沟外，最主要的是沿分水岭的主要河流两坡广泛发育的古夷平面和台地；其中坡度大于 25°的山地占总面积的 75%，全县境内无一处大于 1km² 的平坝，正所谓"地无三尺平"，是典型的山区县。

2000 年以来，绿春县城市用地需求如图 4.25 所示，随着社会经济的发展，城市建设发展迅速，用地规模不断增加，使得原本建筑活动区域狭窄的这一发展限制因素逐步凸现出来，在老县城范围内局部拆建、改扩建或者向斜坡中下段的陡坡地段扩展，以见缝插针方式来进行基础建设，不但不能满足基础建设发展和需求，还会诱发很多地质灾害，具有很大的安全隐患；以小范围削坡填沟建设可解决个别突出问题，但治标不治本，导致重复投资。因此，本书作者在科学规划论证基础上提出了将城东把不粗梁子和俄批梁子进行"削峰填谷"，作为绿春县城镇发展的建设用地的新思路。

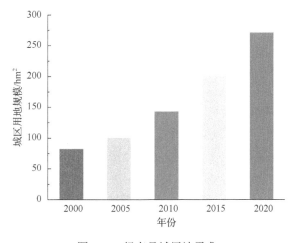

图 4.25　绿春县城用地需求

　　该工程区位于绿春县城绿东新区把不粗梁子至俄批梁子之间,现场地貌图如图4.26所示,松东河上游地段,属构造侵蚀低中山沟谷地形,地势东高西低,呈一相对封闭的开口向西、西南的圈椅状地形。区内分布俄批梁子、把不粗梁子,山梁子之间发育松东河上游3条(G1、G2、G3)树枝状支沟,于把不粗梁子北侧东仰体育馆下方汇入成松东河上游主河道。工程区受构造影响地形差异抬升强烈,形成对照鲜明的沟谷与梁子相间地形。工程区山梁子及山包标高1 740~1 850m,沟谷河床标高1 520~1 650m,切割深150~300m,地形起伏较大。山梁子及其两侧斜坡自然坡度25°~40°,谷坡坡度35°~60°,局部直立,多为直线性陡坡,构造影响破碎带谷坡更为宽缓,局部河道宽缓带有河漫滩及阶地分布。

图4.26　现场地貌图

2. 工程关键技术实施

　　该工程挖方区面积42.10hm^2,挖方总量(实方)17 565 425m^3,填方区(T1~T6)面积61.50hm^2,填方总量(实方)18 671 585m^3。

　　1)高填方工程原地面土基和软弱下卧层处理

　　(1)原地面处理。填方区目前除表层分布有厚度约0.50m的耕土、植被和浮土外,局部地段(洼地、沟塘底部等)的软弱土、松散的零星分布的人工填土层、生活垃圾都应全部清除,其下为冲洪积相的卵、漂石层,下伏为稳定的风化砂泥质板岩,地表水体和地下水受季节影响大,目前水量不丰富。清除工作完成后,在地基处理之前需要对原场地进行如下处理。

　　① 填方区原地面坡度在(1:3)~(1:2)时,应开挖台阶,台阶高度50cm,台阶宽度根据地面坡度确定,台阶顶面向内倾斜,以免造成影响高填方稳定性的薄弱接触面。

　　② 填方区原地面坡度大于1:2时,应超挖成1:2的坡度并按上述原则开挖台阶,所有台阶顶面应挖小排水明沟,以排出由于坡向内倾造成的台阶顶面积水。

　　(2)破碎带处理。表层清理完毕后,破碎带地基采用固结灌浆处理。固结灌浆孔的孔距、排距采用3~4m、正方形布置形式。固结灌浆应按分序加密的原则进行,固结灌浆孔孔径不宜小于75mm。灌浆浆液应由稀至浓逐级变换,固结灌浆浆液水灰比采用2、

1、0.8、0.6 四个比级。水泥采用 42.5 级普通硅酸盐水泥，浆液中掺入质量为水泥质量 3%的水玻璃，水玻璃模数为 3.0。

2）填挖交界面的处理

不同工作面或标段之间搭接，正常碾压时碾压搭接，搭接范围不小于 5m，高差大于一个碾压层厚但最大不超过 4m 时采用加强碾压（压实系数为 0.94）进行处理。

填方区与挖方区交接面是高填方区经常出现问题的薄弱环节。为了保证填方区与挖方区能均匀过渡，在填挖方交接处，应结合台阶开挖，沿竖向每填筑 4m 厚，在台阶交接面附近采用加强碾压的方法进行处理，其示意图如图 4.27 所示。

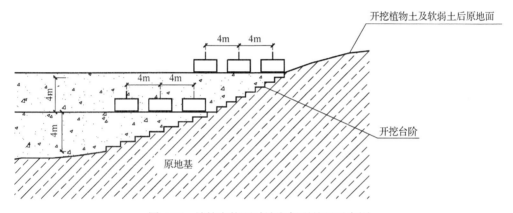

图 4.27　填挖交接面过渡段加强处理示意图

3）高边坡支护加固

工程填方区、挖方区形成的边坡防护主要采用锚索框格梁、抗滑挡墙、坡面排水、坡面绿化、土工格栅和拦挡坝形式。

（1）B1 边坡。B1 边坡填筑前，开挖至⑥-2 层强风化板岩层顶，边坡下原地基换填完成后，再进行原排水盲沟的修筑。B1 边坡挖填方边界面范围内应铺设厚度不小于 50cm 的碎石，碎石压实系数不小于 0.96。

B1 边坡采用土工格栅加筋处理剖面示意图，如图 4.28 所示。

（2）B2 边坡。B2 边坡采用锚索+锚杆框格梁进行防护，边坡加固剖面图如图 4.29 所示，边坡排水孔上仰角度 5°，排水管长度 35m，边坡应遵循从上往下，每开挖一级加固一级，再向下开挖。

（3）B3 边坡。B3 边坡采用锚索+锚杆框格梁进行防护，边坡加固剖面图如图 4.30 所示，边坡排水孔上仰角度 5°，排水管长度 30m，边坡应遵循从上往下，每开挖一级加固一级，再向下开挖。

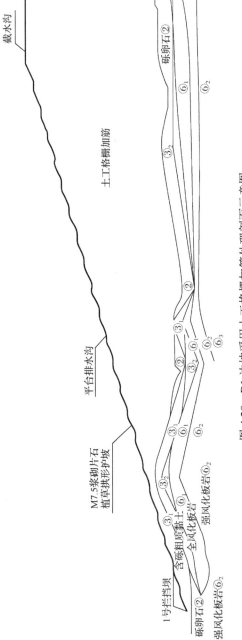

图 4.28　B1 边坡采用土工格栅加筋处理剖面示意图

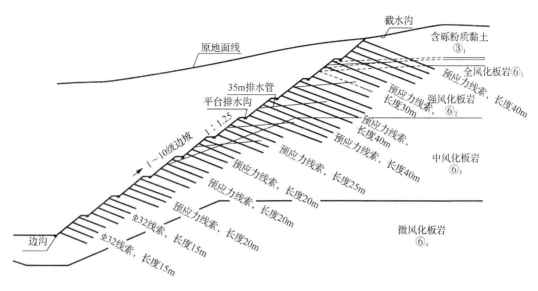

图 4.29 B2 边坡加固剖面图

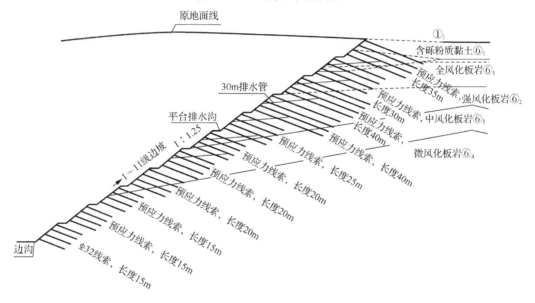

图 4.30 B3 边坡加固剖面图

（4）B4 边坡。B4 边坡采用土工格栅加筋处理，边坡加固剖面图如图 4.31 所示，基底固结灌浆处理。

（5）B5 边坡。B5 边坡采用 M7.5 浆砌片石植草拱形护坡处理，边坡加固剖面图如图 4.32 所示，边坡排水孔上仰角度 5°，排水管长度 15m。

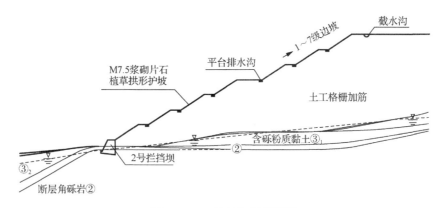

图 4.31　B4 边坡加固剖面图

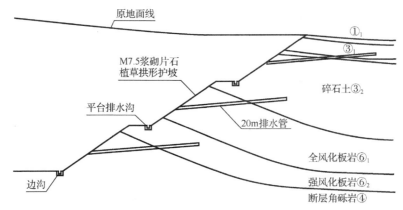

图 4.32　B5 边坡加固剖面图

3. 项目实施进展

该项目场区规划效果图如图 4.33 所示，目前该项目场地建设已全面完成，正在进行大规模的市政、道路、公用设施和地面建筑物的建设。该项目结束了绿春县境内无一处大于 $1km^2$ 平坝的历史，不仅主动预防、有效遏制了绿春县城地质灾害隐患的发生，而且形成了 $1.56km^2$ 的城市建设用地，具有良好的社会、经济效益。

图 4.33　云南省绿春县东部新城规划效果图

4.4.4　削峁建塬拓空间

1. 工程概况

在西北黄土丘陵地区由于地形条件限制，其城市空间极小，因此实施削峁建塬、填沟造地等是解决新型城镇化建设中发展空间拓展的重要措施。

延安某新区一期综合开发工程初步规划面积 10.5km²，南北向长度约 5.5km，东西向宽度约 2.0km，场区内地形起伏大，地面高程 955～1263m，高差 308m，场区地处黄土丘陵地区，地形条件、工程地质条件和水文地质条件复杂，由于原始地貌不同，场地回填厚度不等，最厚约 40m，填料为黄土梁峁挖方料，场区填筑体回填示意图如图 4.34 所示。

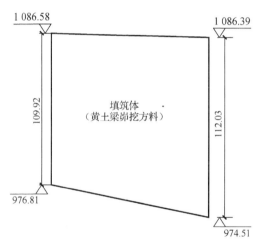

图 4.34　场区填筑体回填示意图（单位：mm）

2. 项目关键技术

1）填筑体压实工艺

对于黄土填料的高填方填筑体，其施工方法的选择应根据密实度要求、土料类型、含水量、场地条件等因素综合考虑。压实方法以振动碾压和冲击碾压为主，开始阶段宽敞工作面没有形成前，采用振动压实的方法进行压实；宽敞工作面形成后，大范围作业采用冲击碾压和大型压路机振动碾压进行压实。当土料含水量偏低时，采用冲击碾压，如图 4.35 所示。

对基岩出露的狭窄冲沟区域，当盲沟顶面与基岩顶面高差大于 6m 时，在基岩面标高以下范围内，每填筑 6m 采用 3 000kN·m 能级进行强夯补强处理，填筑碾压的压实度控制要求为 93%。

2）填方区湿陷性黄土地基处理工艺

填方区湿陷性黄土地基处理的目的不仅是针对黄土的湿陷性，相对高填方填筑地基而言，深厚的结构性大孔隙黄土层是湿敏性的相对软弱层，土方填筑施工后，地基土内

图 4.35　施工现场冲击碾压

部的含水量和孔隙中的湿度都将显著增加，其变化将是一个缓慢而又有可能发生突变的过程，突变发生的可能性可以通过采取有效的地表排水系统和地下排水盲沟系统将其控制到最低限度，但内部含水量和湿度的增加却难以把握和控制，这是一个有待研究的课题。采取强夯方法将一定深度内结构性大孔隙黄土予以夯实，增加其密实度，同时将其变成相对的隔水层，避免地下水沿原地面下渗。

根据场地功能分区和需处理的湿陷性黄土、表层松散粉土的分布厚度采取不同的强夯能级，其地基处理方法如表 4.12 所示。

表 4.12　填方区湿陷性黄土地基处理方法

地基处理分区	处理方法	湿陷性黄土层厚度/m	备注
重要建筑区	6 000kN·m 强夯	>6	规划未明确时按一般建筑区考虑
	3 000kN·m 强夯	3～6	
一般建筑区、交通区	6 000kN·m 强夯	>7	
	3 000kN·m 强夯	3～7	

3）预成孔深层夯实加固技术

预成孔深层夯实法是在强夯法与散体挤密桩地基处理工艺相结合的基础上发展的一种全新的地基加固技术，其以特有的优势弥补了强夯法与散体桩的不足，其处理深度大、使用条件广的特点，实现了对超深层湿陷性地基土的处理。预成孔深层夯实法工艺流程如图 4.36 所示。

该项目对预成孔深层夯实法地基处理工艺进行研究，通过处理湿陷性黄土地基的试验，获得该工艺的基本施工参数，为制定预成孔深层夯实法地基处理施工工艺提供依据，也为类似工程的夯实工艺设计参数提供实例参考（表 4.13）。

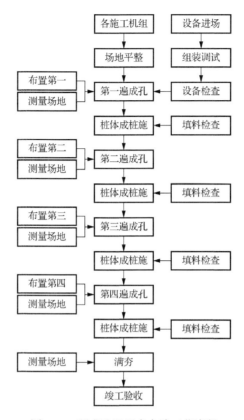

图 4.36　预成孔深层夯实法工艺流程

表 4.13　预成孔深层夯实工艺设计参数

有效桩长/m	桩顶标高/m	桩直径/mm	桩间距/mm	布置形式	成孔方式	桩体材料
20	自然地面	1 800	3 000	等边三角形	取土成孔	灰土

4）高填方压实场地超高能级强夯地基处理工艺

试验区场地选在回填 C 区，填料为黄土梁峁挖方区料。为满足 30m×30m 试验区以及强夯设备施工安全的要求，需将试验区外围填至 50m×50m。由于原始地貌不同，试验区回填厚度自西向东从 15～22m 逐渐递增。回填方式：底部 3～10m 采用分层碾压回填，中间 11～18m 采用分层强夯回填，顶部 15～22m 再采用分层碾压回填。平台回填分层填筑至超高能级强夯试验场地标高要求，填筑体压实度应满足相关要求。试验施工工程量清单如表 4.14 所示。

表 4.14　试验施工工程量清单

工程内容	夯击遍数	夯点数量/个	面积/m²
20 000kN·m 超高能级地基处理试验	第一遍 20 000kN·m 能级	9	900
	第二遍 20 000kN·m 能级	4	
	第三遍 15 000kN·m 能级	12	
	第四遍 3 000kN·m 能级	25	
	第五遍 2 000kN·m 能级	满夯	

2016 年 5 月 18 日，20 000kN·m 超高能级强夯地基处理试验正式施工，至 2016 年 5 月 25 日 900m² 试验区全部施工完成，试夯工期共计 8d。试夯施工进度如表 4.15 所示。

表 4.15　试夯施工进度

工程内容	夯击遍数	夯点数量/个	施工时间
20 000kN·m 超高能级地基处理试验	第一遍 20 000kN·m 能级	9	5.18~5.20
	第二遍 20 000kN·m 能级	4	5.21
	第三遍 15 000kN·m 能级	12	5.22~5.24
	第四遍 3 000kN·m 能级	25	5.24~5.25
	第五遍 2 000kN·m 能级	满夯	5.25

从试验性施工及夯后检测结果来看，20 000kN·m 超高能级强夯地基处理后，场地强夯后平均沉降 75cm，土体压实度及承载力均能满足设计要求。

但超高能级强夯施工过程中，夯锤下落后部分夯点可能发生偏锤现象，为使其夯击能量均匀向下传递，需对偏锤夯坑进行填料纠偏或用挖掘机将坑底挖平，以保证施工质量。

图 4.37 为经 20 000kN·m 能级强夯处理（夯后）、不经强夯处理（夯前）试验区场地沉降随时间的变化曲线，经高能级强夯处理分层碾压后的高填方场地，大幅减少了场地的工后沉降，缩短填筑体压缩达到稳定时间，缩短填土地基交地使用时间。

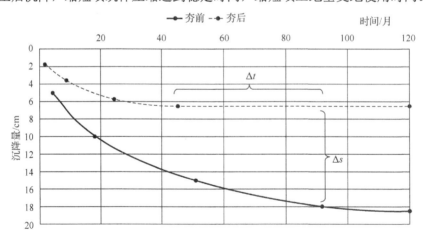

图 4.37　强夯处理（夯后）、不经强夯处理（夯前）试验区场地沉降随时间的变化曲线

4.4.5　小结

（1）西部山区城市空间拓展利用未开发的沟壑、山地，削平后用于建设用地，缓解了用地紧张的难题，具有良好的社会和经济效益。

（2）西部山区城市扩建中经常以见缝插针的方式在山坡上进行基础建设，容易诱发地质灾害，采用大范围削峰填谷的方式扩展建设用地，有效遏制了地质灾害的发生。

（3）在西部山区城市空间拓展过程中，场地整平往往需要深挖高填，对填筑体的压实方案应根据密实度要求、土料类型、含水量、场地条件等因素综合考虑，一般有振动碾压、冲击碾压、分层夯实三种方法。

（4）分层夯实一次处理填筑体厚度较大（4～12m），压实效果较好，而且对填筑体粒径、含水率要求低，工期较短，其中低能级强夯与分层碾压费用相当，高能级强夯费用略高 10%。振动碾压施工设备轻便灵活、施工简单，处理后的场地压实度较高，但对填料粒径、含水率要求高（$w_{op} \pm 2\%$），分层填筑厚度较薄，分层数量多，工期长。冲击碾压施工设备轻便灵活、施工简单，处理后场地性好，但对填料粒径、含水率要求高（$w_{op} \pm 2\%$），压实质量受含水率变化影响较大，容易产生局部不均匀沉降，工期短。

（5）西部山区城市空间拓展方案要因地制宜，遵循利用现状地形，争取挖填方总量最小，土方尽量平衡的原则，地形改造尽量保持原有的山势，要依据地形的造景突出区域景观特性。

4.5 对高能级强夯技术的发展展望

近年来，国内强夯技术发展迅速，应用范围更为广泛，其关键技术主要集中在高能级的强夯技术研究和饱和软土复合地基的强夯技术研究方面。

1. 高能级强夯技术

为了加固深厚地基，特别是山区非均匀块石回填地基和抛石填海地基，必须施加高能级进行强夯处理，这样对高能级的加固机理和强夯机具提出了新的技术要求。

我国于 1992 年率先在三门峡火力发电厂采用 8 000kN·m 强夯技术，用于消除黄土湿陷性。其后 8 000kN·m 强夯技术在我国普遍采用，目前 18 000kN·m 已成功通过试验和多个工程应用，并成为国内已经实施的最高能级强夯，其有效加固深度为 17～20m。

一般以 3 000kN·m 强夯为限，当强夯能量小于 3 000kN·m 时，施工机具相对简单，国内常用的杭重 W200A 型 50t 履带吊不必辅以龙门桁架，施工便捷、定位快、工效高、移动迅速；当强夯能量大于 3 000kN·m 时，50t 吊车必须辅以龙门架才能够保证安全施工，因而机具移动、定位相对较慢，工效相对降低。

当强夯能量要求大于 10 000kN·m 时，目前施工单位常用的 50t 履带吊难以承受，因此施工机具的制约是过高能量强夯技术发展的关键。目前国内也在加强这方面的研究。如已对高能级专用强夯机进行研制与开发，其实物照片如图 4.38 所示，这三种型号的高能级专用强夯机已经研制出来并得到了广泛应用和逐步完善。

　　　　CGE1800A型机　　　　　　CGE1800B型机　　　　　　CGE1800C型机

图 4.38　高能级专用强夯机照片

2. 饱和软土复合地基强夯技术

　　饱和软土复合地基强夯技术既可改进原有直接采用桩基、挤密碎石桩、深层搅拌桩等造价过高的问题，同时又可缩短材料购置、制作、打入周期等，其主要方法有以下几种。

　　（1）挤密碎石桩加强夯。挤密碎石桩上部加固效果不如强夯，对于饱和软土，结合挤密碎石桩加上强夯，加固效果会非常显著。挤密碎石桩既可起到侧挤密作用，又可起到竖向排水作用。另外，挤密碎石桩加强夯比单纯挤密碎石桩布桩稀疏，工艺可简化，其总费用与单纯挤密碎石桩方案相比基本持平或略高一点。经该工艺加固后可满足一般建筑、工业厂房、设备基础的承载力和变形要求。中国建筑科学研究院地基所已将挤密碎石桩加强夯成功应用于青海湖周边的盐渍土地基处理。

　　（2）砂桩加强夯。砂桩在饱和软土中只起竖向排水作用，因此其总体加密效果比挤密碎石桩加强夯效果要差些，一般可作为大面积厂区地基预处理方案。对于设备则需通过验算，必要时还应辅以桩基设计。即使是采用部分桩基也比在饱和软土中直接采用桩基要经济得多，因为此时地基性状经处理后明显改善，桩侧阻力大大提高，消除了湿陷性，且由于液化对桩基承载力的影响，再考虑桩-土共同作用，总体效果更好。

　　（3）真空/堆载预压加强夯。目前沿海地区采用真空/堆载预压方法处理软基的较多。该方法相对直接采用桩基等方法造价低，但是周期很长（一般需要近一年甚至更长），且加固效果仅能达到 $80\sim100$ kPa。根据预压 s-t 曲线分析发现，一般情况下堆载预压沉降量在最初的 3 个月发生最多，占 $30\%\sim50\%$。如果工期要求特别紧迫，此前可在软基中设置袋装砂井，在地表铺设一定厚度的碎石土，既有利于形成横向排水通道，又便于施工机具移动，然后采用小能量强夯加固硬壳层，消除软基的其余部分沉降。经上述综合方法处理后，地基承载力可达到 $80\sim130$ kPa，一般可作为大面积厂区的一般建筑、厂房、道路、简单设备地基。其特点是比真空/堆载预压工期大大缩短，加固效果更高，费用增加不多，可通过真空预压的插板间距和堆载预压的袋装砂井间距调整来综合考虑成本。由于小能量强夯本身的价格很低，两种方法综合使用的造价并未提高多少，而工期却可大大缩短。

（4）强夯碎石墩。在沿海地区软基处理中，部分工程（如深圳机场工程）采用了强夯碎石墩工艺。强夯碎石墩工艺是将普通强夯的夯锤平底面改造成尖锥形底面，直径缩小，将其吊起后砸入地基内，形成锥状夯坑，将夯锤拔出后向夯坑内填注碎石形成碎石墩，然后再次夯击，并将碎石墩的碎石夯击挤入软土中，起到置换和加固效果。

由此可以看出，辅以一定工艺后进行强夯处理是有效、经济的加固处理沿海（包括沿江、湖）地区饱和软土地基的重要研究课题，将会成为目前我国在该领域的重点内容，其应用前景广阔。

在传统强夯工艺的基础上，强夯施工开始走向多元化。多元化即对复杂场地进行地基加固时，单一处理方法很难达到设计要求或由于经济等条件受限，那么针对不同的地基土，可利用综合其他加固机理和强夯机理各自的优势共同加固地基的一种复合处理形式。各种方法均有其适用范围和优缺点，强夯法通过与多种地基处理方法联合进行复杂场地的处理，具有明显的经济效益和可靠的技术质量效果。

第5章 动力排水固结法处理关键技术

5.1 动力排水固结设计新技术

5.1.1 动力排水固结法的计算理论

动力排水固结法在设计前，应进行详细的勘察和土工试验，取得下述设计资料。

（1）土层条件。通过适量的钻孔绘制出土层剖面图；采取足够数目的试样以确定土的种类和厚度、土的成层程度、透水层的位置和地下水位深度。

（2）固结试验。固结压力与孔隙比的关系曲线、固结系数。

（3）软黏土层的抗剪强度及延深度的变化。

（4）砂井及砂垫层所用砂料的粒度分布、含泥量等。

排水固结法在设计过程中需进行地基土的固结度、抗剪强度增长和沉降量的计算。

1. 地基土的固结度计算

1）瞬间加荷条件下固结度计算

瞬间加荷条件下地基固结度计算如图 5.1 和图 5.2 所示，砂井未打穿受压土层的情况如图 5.3 所示。不同条件下平均固结度计算公式如表 5.1 所示。

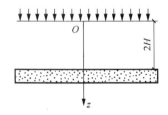 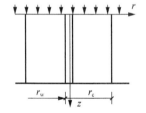 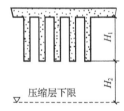

图 5.1 竖向排水固结度计算　　图 5.2 砂井排水固结度计算　　图 5.3 砂井未打穿受压土层的情况

表 5.1 不同条件下平均固结度计算公式

序号	条件	平均固结度计算公式	α	β	备注
1	普通表达式	$\overline{U} = 1 - \alpha e^{-\beta t}$			
2	竖向排水固结（$\overline{U}_z > 30\%$）	$\overline{U}_z = 1 - \dfrac{8}{\pi^2} e^{\frac{\pi^2 c_v}{4H^2}t}$	$\dfrac{8}{\pi^2}$	$\dfrac{\pi^2 c_v}{4H^2}$	太沙基解
3	内径向排水固结	$\overline{U}_r = 1 - e^{\frac{8c_h}{F_n d_e^2}t}$	1	$\dfrac{8c_h}{F_n d_e^2}$	巴伦（Barron）解 $F_n = \dfrac{n^2}{n^2-1}\ln(n) - \dfrac{3n^2-1}{4n^2}$ n 为井径比，$n = \dfrac{d_e}{d_w}$

续表

序号	条件	平均固结度计算公式	α	β	备注
4	竖向和内径向排水固结（砂井地基平均固结度）	$\overline{U}_{rz}=1-\dfrac{8}{\pi^2}\mathrm{e}^{-\left(\frac{\pi^2 c_v}{4H^2}+\frac{8c_h}{F_n d_e^2}\right)t}$	$\dfrac{8}{\pi^2}$	$\dfrac{8c_h}{F_n d_e^2}+\dfrac{\pi^2 c_v}{4H^2}$	
5	砂井未打穿受压土层的平均固结度	$\overline{U}=\overline{QU}_{rz}+(1-Q)\overline{U}_z$ $\approx 1-\dfrac{8Q}{\pi^2}\mathrm{e}^{-\frac{8c_h}{F_n d_e^2}t}$	$\dfrac{8Q}{\pi^2}$	$\dfrac{8c_h}{F_n d_e^2}$	$Q=\dfrac{H_1}{H_1+H_2}$
6	内径向排水固结（$\overline{U}_r>60\%$）	$\overline{U}_r=1-0.692\mathrm{e}^{-\frac{5.78c_h}{R^2}t}$	0.692	$\dfrac{5.78c_h}{R^2}$	R 为圆柱体半径

注：c_v 为竖向固结系数，$c_v=\dfrac{k_v(1+e)}{\alpha\gamma_\omega}$；$c_h$ 为径向固结系数（或称为水平向固结系数），$c_h=\dfrac{k_h(1+e)}{\alpha\gamma_\omega}$，$e$ 为孔隙比；d_e 为单个砂井有效影响范围的直径；d_w 为砂井直径；$\alpha=\dfrac{8}{\pi^2}$，$\beta=\dfrac{\pi^2 c_v}{4H^2}+\dfrac{\pi^2 c_v}{4H^2}$。

2）逐渐加荷条件下地基固结度的计算

以上固结度计算公式都是假设荷载是一次瞬间施加的。在实际工程中，为保证施工过程中地基的稳定性，其荷载多为分级逐渐施加的。在一级或多级等速加载条件下，当固结时间为 t 时，对应总荷载的地基平均固结度可按下式计算：

$$\overline{U}_t=\sum_{i=1}^{n}\frac{q_i}{\sum\Delta p}\left[(T_i-T_{i-1})-\frac{\alpha}{\beta}\mathrm{e}^{-\beta t}\left(\mathrm{e}^{\beta T_i}-\mathrm{e}^{\beta T_{i-1}}\right)\right]\qquad(5.1)$$

式中：$\overline{U}_t$ ——t 时刻多级荷载等速加荷修正后的平均固结度（%）；

$\sum\Delta p$ ——各级荷载的累计值（kPa）；

q_i ——第 i 级平均荷载（kPa）；

T_{i-1}、T_i ——第 i 级荷载加载的起始和终止时间（从零点起算），当计算第 i 级荷载等速加荷过程中时间 t 的固结度时，则 T_i 改用 t；

α、β ——参数，如表 5.1 所示。

3）砂井固结度的影响因素

（1）初始孔隙水压力。砂井固结度计算公式都是假设初始孔隙水应力等于地面荷载强度，且在整个砂井地基中应力分布是相同的。这些假设只有当荷载面的宽度足够大时才与实际情况比较符合。一般认为，当荷载面的宽度等于砂井长度时，以上假设的误差可忽略不计。

（2）涂抹与井阻作用。当排水竖井采用挤土方式施工时，应考虑涂抹对土体固结的影响。当竖井的纵向通水量与天然土层水平向渗透系数的比值较小，且长度又较长时，尚应考虑井阻影响。

对于一级或多级等速加荷条件下，考虑涂抹和井阻影响时，竖井穿透受压土层地基的平均固结度可按表 5.1 计算。

2. 抗剪强度增长计算

在预压荷载作用下，随着排水固结的进程，地基土的抗剪强度逐渐增长；另外，剪应力随着荷载的增加而加大，而且剪应力在某种条件下，还能导致强度的衰减。为保证地基在预压荷载下的稳定性，需研究由预压荷载引起的地基抗剪强度的增长规律。

计算预压荷载下饱和黏性土地基中某点的抗剪强度时，应考虑土体原来的固结状态。对正常固结饱和黏性土地基，某点某一时间的抗剪强度可按下式计算：

$$\tau_{ft} = \tau_{f0} + \Delta\sigma_z U_t \tan\varphi_{cu} \tag{5.2}$$

式中：τ_{ft}——t 时刻该点土的抗剪强度（kPa）；

τ_{f0}——地基土的天然抗剪强度（kPa）；

$\Delta\sigma_z$——预压荷载引起的该点的附加竖向应力（kPa）；

U_t——该点土的固结度；

φ_{cu}——三轴固结不排水压缩试验求得的土的内摩擦角（°）。

3. 沉降量计算

对于以稳定为控制的工程，如堤、坝等，通过沉降计算可预估施工期间由于基底沉降而增加的土方量；还可以估计工程竣工后尚未完成的沉降量，作为堤坝预留沉降缝高度及路堤加宽的依据。对于需控制沉降量的建筑物，沉降量计算的目的在于估计所需预压时间和各时期沉降量的发展情况，以调整排水系统和预压系统时间的关系，提出施工阶段的设计。

地基土的总沉降量一般包括瞬时沉降量、固结沉降量和次固结沉降量三部分。瞬时沉降量是在荷载施加后立即产生的沉降量，由剪切变形引起，这部分变形不可忽略；固结沉降量是指地基排水固结所引起的沉降量，占总沉降量的主要部分；次固结沉降量是由于超静孔隙水压力消散后，土骨架在持续荷载作用下发生的蠕变引起的沉降量。次固结的大小与土的性质有关，一般泥炭土、有机质土或高塑性黏性土的次固结沉降较大，其他土所占比例则不大。

在实际工程中，常采用经验算法，即考虑地基剪切变形和其他因素的综合影响，以固结沉降量为基准，用经验系数予以修正，得到最终沉降量。预压荷载下地基的最终沉降量可按下式计算：

$$s_f = \xi\sum_{i=1}^{n}\frac{e_{0i} - e_{1i}}{1 + e_{0i}} \tag{5.3}$$

式中：s_f——最终竖向变形量（m）；

e_{0i}——第 i 层中点土自重应力所对应的孔隙比；

e_{1i}——第 i 层中点土自重应力与附加应力之和所对应的孔隙比；

h_i——第 i 层土层厚度（m）；

ξ——经验系数，对于正常固结饱和黏性土地基可取 $\xi=1.1\sim1.4$，荷载较大、地基土较软弱时取较大值,否则取较小值。

变形计算时,可取附加应力与土自重应力的比值为 0.1 的深度作为受压层的计算深度。在预压期间应及时整理竖向变形与时间、孔隙水压力时间等关系曲线,并推算地基的最终竖向变形和不同时间的固结度,以分析地基处理效果,并为确定卸载时间提供依据。

工程上往往利用实测变形与时间关系曲线按下式推算最终竖向变形量 s_f 和参数值 β 为

$$s_f = \frac{s_3(s_2 - s_1) - s_2(s_3 - s_2)}{(s_2 - s_1) - (s_3 - s_2)} \tag{5.4}$$

$$\beta = \frac{1}{t_2 - t_1} \ln \frac{(s_2 - s_1)}{(s_3 - s_2)} \tag{5.5}$$

式中:s_1、s_2、s_3——加荷停止后时间 t_1、t_2、t_3 相应的竖向变形量,并要求取 $t_2 - t_1 = t_3 - t_2$。

停荷后预压时间延续越长,推算的结果越可靠。由 β 值即可计算出受压土层的平均固结系数,可计算出任意时间的固结度。

4. 稳定性分析

在软黏土上堆载预压,如加载过快,往往会引起地基的失稳,因而对预压工程,在加荷过程中,应对每级荷载下地基的稳定性进行验算,以保证工程的安全、经济、合理。

通过稳定分析,可以解决以下问题。

(1) 地基在其天然抗剪强度条件下的最大堆载。

(2) 预压过程中各级荷载下地基的稳定性。

(3) 最大许可预压荷载。

(4) 理想的堆载计划。

在软黏土地基上筑堤、坝,或进行堆载预压,其破坏往往是由于地基的稳定性不足引起的。当软土层较厚时,滑裂面近似为一圆筒面,而且切入地面以下一定深度。对于砂井地基或含有较多薄粉砂夹层的黏土地基,由于具有良好的排水条件,在进行稳定分析时应考虑地基在填土等荷载作用下会产生固结而使土的强度提高。

地基稳定性分析的方法很多,常采用的是圆弧滑动法。

5.1.2　动力排水固结法设计

动力排水固结法集强夯法和排水固结法等的优点,在设计时主要考虑:①排水体的设计;②分级堆载的高度;③强夯参数的选取。

排水体分为水平排水体和垂直排水体。水平排水体通常由砂垫层、排水盲沟等组成。砂垫层一般要求用透水性好的中粗砂,含泥量应小于 3%～5%,砂垫层厚度应≥50cm。盲沟间距一般为 20～30m,在纵、横盲沟交汇处设置集水井,用水泵降水,必须保证加固期间加固区域内地下水位不上升,并使地下水位在砂垫层底面以下。垂直排水体可用袋装砂井，更好的办法是：插入塑料排水板，后者便于机械化快速施工，短时间内能完成大面积软基处理任务，加上静力可减小对淤泥的扰动，可增强排水效果。塑料排水板适应地基变形能力较强，当在其上施加动载时，不会发生折断或破裂而丧失透水性能的事故。

国外学者于 1925 年建立单向固结理论，目前被广泛采用，其适用条件为大面积均布荷载，地基中的孔隙水主要沿竖向渗流。

单向固结理论的基本假设如下。

（1）土体是均质的，完全饱和的。

（2）土的渗透性与压缩性均为常量。

（3）土粒与水均为不可压缩介质。

（4）外荷重一次瞬时加到土体上，在固结过程中保持不变。

（5）土体的应力与应变之间存在直线关系。

（6）在外力作用下，土体中只引起上下方向的渗流与压缩。

（7）土体渗流服从达西定律。

（8）土体变形完全是由孔隙水排出和超静水压力消散所引起的。

5.1.3　广东科学中心软土地基预处理工程

1. 工程概况

1）软土工程特点

根据广州地质勘察基础工程公司有关的钻探资料，其场区地层主要由人工填土层（Q^{ml}）、第四系冲积土层（Q^{al}）、残积土层（Q^{el}）及白垩系沉积岩层（K）组成，现自上而下分别进行描述。

①$_2$ 人工填土层（Q^{ml}）：该层主要为冲填土，冲填土主要由中、细砂冲填而成，结构松散。

② 第四系冲积土层（Q^{al}）：该层主要由淤泥、粉质黏土及砂组成，地层多呈交错、互层状分布。根据岩土特征将其分为以下 8 个亚层：

②$_1$ 淤泥：灰黑色、深灰色、灰色、灰黄色等，饱和，流塑，含有机质，局部含砂，夹砂及粉质黏土层。

②$_2$ 粉质黏土：灰黄色、浅灰白色、灰白色、灰色、黄色等，软塑—可塑，局部含较多砂，呈硬塑状，夹薄层砂及粉土。

②$_3$ 粉土：黄灰色、浅灰白色、灰白色、灰色、灰黄色等，稍密—中密，局部含较多砂，呈硬塑状，夹砂及粉质黏土。

②$_4$ 粉砂：浅灰白色、灰黑色、灰黄色、浅黄色、黄褐色等，饱和，松散—稍密，局部中密，级配差，颗粒呈次棱角状，局部含较多黏粒，夹粉土层。

②$_5$ 细砂：灰白色、浅灰白色、灰黑色、灰黄色、浅黄色、黄褐色等，饱和，松散—

稍密，局部中密，级配为一般—差，颗粒呈次棱角状，局部含较多黏粒，夹粉土层。

②$_6$ 中砂：灰白色、灰黄色、浅黄色、黄褐色等，饱和，松散—稍密，局部中密，级配一般，颗粒呈次棱角状，局部含较多黏粒，夹粉土层。

②$_7$ 粗砂：灰白色、黄色、浅黄色、灰黄色、黄褐色等，饱和，松散—稍密，局部中密，级配好，颗粒呈次棱角状。

②$_8$ 砾砂：黄色，饱和，稍密—中密，级配较好，颗粒呈次棱角状。

③ 残积土层（Q^{el}）：该层主要为泥质粉砂岩风化残积而成的粉质黏土，以红褐、褐红色为主，局部夹灰黄色、灰色，可塑—硬塑，局部坚硬，局部含较多砂，夹粉土。

④ 白垩系沉积岩层（K）：该层岩性主要为泥质粉砂岩，根据其风化程度可分为以下 4 个风化岩层：

④$_1$ 全风化岩：红褐色、褐红色为主，局部灰黄色、灰色等，岩石风化剧烈，岩芯多呈坚硬土柱状。

④$_2$ 强风化岩：褐红色、红褐色为主，局部灰黄色、灰色，岩石风化强烈，岩芯为土状、半岩半土状、碎块状、柱状。

④$_3$ 中风化岩：红褐色、褐红色，局部灰色，部分物质已风化，裂隙发育—较发育，局部不发育，岩石部分完整，部分破碎，岩芯呈柱状、块状。

④$_4$ 微风化岩：红褐色为主，泥质胶结，裂隙不发育，岩石完整，岩芯呈柱状，部分区域有溶蚀小穴分布。

有代表性的工程地质柱状图如图 5.4 所示。

2）水文地质概况

该场地地下水主要为第四系孔隙微承压水及深部基岩裂隙水。浅部土层中，素填土、淤泥、粉质黏土、粉土均为相对隔水层或弱透水层，砂层为透水层及主要储水层，粉砂渗透系数为 2～3m/d（经验值），中粗砂渗透系数为 8～12m/d（经验值）；基岩中局部裂隙发育，存在一定量的裂隙水。场地地下水的补给、径流、排泄与大气降水及地面水有关。静止水位埋深为 0.00～2.00m，部分区域地面有积水。

2. 工程地基存在问题的分析

根据场地工程地质状况及主体结构的特点，地基处理方案主要应起到如下作用。

1）减小软土的固结变形

该场地按设计标高要求，建设场地普遍所需填土厚度达 1.5～2.0m，最大填土厚度为 3.5m，再考虑停车场、广场及室外展区的荷载，预计作用在软土地基场地的外加荷载将超过 100kPa，将引起较大的地面沉降，预估软土固结沉降量达 400～1 000mm，而整个工程的工期要求较紧，所以如何加快地基的排水固结、提高场地的承载力是迫切需要解决的主要问题。

2）加固主体场馆的地基，提高抵抗水平荷载的能力

广东科学中心主体场馆将承受较大的风荷载和地震荷载，从而使得下部桩基承受较大水平荷载。由于桩承台和相当长的一部分桩处在软土和松砂之中，侧向约束小，其结

构设计类似高承台桩。

工程编号	200406024							
工程名称	广东科学中心工程地质详细勘察				钻孔编号	ZK9		
孔口高程	7.45m	坐标	x=19 858.07m	开工日期	2004年6月7日	稳定水位深度	1.20m	
孔口直径	127.00mm		y=47 618.25m	竣工日期	2004年6月8日	测量水位日期		

地层编号	地层符号	层底高程/m	层底深度/m	分层厚度/m	柱状图 1:150	岩土名称及其特征	岩芯采取率/% 20 40 60 80	取样	标贯击数/击	附注
①₂	Qᵐˡ	5.45	2.00	2.00		素填土：红褐色，湿，松散，成分主要为黏性土				
②₅		3.35	4.10	2.10	x	细砂：浅灰色，饱和，松散			=4.0 / 3.35～3.65	
②₄		2.15	5.30	1.20	f	粉砂：灰色，饱和，松散，含腐殖质及淤泥			=3.0 / 5.35～5.65	
②₂		0.45	7.00	1.70		粉质黏土：灰黄色，软塑，黏性一般			=1.0 / 7.35～7.65	
②₁	Qᵃˡ	-3.95	11.40	4.40		淤泥：灰色，饱和，流塑，含少量腐殖质			=2.0 / 9.35～9.65	
②₅		-5.75	13.20	1.80	x	细砂：浅灰色，饱和，松散			=6.0 / 11.35～11.65	
②₂		-7.75	14.90	1.70		粉质黏土：浅灰白色，可塑，黏性一般			=14.0 / 12.85～13.15	
②₇		-8.75	16.20	1.30	c	粗砂：浅灰白色，饱和，稍密，级配良好，次棱角状			=12.0 / 15.35～15.65	
④₁	K	-11.05	18.50	2.30		全风化泥质粉砂岩：浅红褐色，风化剧烈，岩芯呈坚硬土柱状，夹强风化薄层			=50.0 / 16.70～17.00	

图 5.4 工程地质柱状图

为了提高桩基抵抗水平荷载的能力，有必要对主体场馆区的地基进行加固，提高松砂的密实度和软土的强度，增大对桩基的侧向约束，以满足桩基水平承载力和承台侧向约束的要求。

3）消除地基液化

根据广州地质勘察基础工程公司提供的有关工程地质详细勘察报告，该场地砂土有轻微—严重液化趋势，属中等液化等级，且场地易产生震陷，应采用有效措施消除或减轻地基砂土液化，降低淤泥震陷的可能性，提高场地的抗震性能，以保证场地的稳定性。

4）有利于基坑开挖支护

经处理后的场地，应能满足主体场馆在基坑开挖时的土工参数要求，较大幅度提高淤泥质土的抗剪强度，避免目前场地中存在的淤泥质土流变性和触变性均较大的缺陷。

3. 动力排水固结法设计

动力（强夯）排水固结法处理总面积约为 17 万 m²。根据场地的使用功能、对地基后期沉降的要求不同，可分为两大区域进行分区处理。第一区域为室外道路、停车场部分即动力排水固结 1 区；第二区域为主体结构部分，其中第二区域又根据主体结构地坪的标高分为动力排水固结 2 区，动力排水固结 3 区，动力排水固结 4 区等分区进行处理。现分区域描述如下。

1）动力排水固结 1 区

（1）强夯施工前应先施工塑料排水板或袋装砂井，形成竖向排水通道，与地表冲填砂层一起构成有效的排水系统。

（2）将动力排水固结 1 区按 30m 间隔分成若干个小的施工段，并在每一施工段之间设置排水沟，排水沟内每 30m 间隔设置集水井；每个小施工段内设置两个孔隙水压力观测点，检测超静孔隙水压力的消散情况以指导施工。

（3）强夯施工时采用"少击多遍、逐级加能、双向排水"的方式点夯三遍，满夯一遍。

第一遍点夯夯击能为 800kN·m，夯点间距 5.0m，6 击总夯沉量不大于 1 300mm。

第二遍点夯夯击能为 1 050kN·m，夯点间距 5.0m，6 击总夯沉量不大于 1 300mm。

第三遍点夯夯击能为 1 300kN·m，夯点间距 5.0m，6 击总夯沉量不大于 1 300mm。

最后满夯一遍，夯击能为 800kN·m，锤印搭接 1/3。

2）动力排水固结 2 区

（1）动力排水固结 2 区设计内地坪标高为-4.100m，相当于绝对标高 7.000m，为使强夯后地面直接作为地坪底支模面（图 5.5），建议动力排水固结 2 区填砂至标高 7.600m后再进行强夯施工。

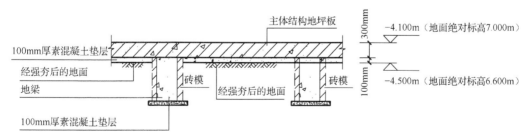

图 5.5　动力排水固结 2 区强夯后地面示意图

（2）在强夯施工前应先施工塑料排水板或袋装砂井，形成竖向排水通道，与地表冲填砂层一起构成有效的排水系统。

（3）将动力排水固结 2 区按 20～30m 间隔分成若干个小的施工段，并在每一施工段之间设置排水沟，排水沟内每 30m 间隔设置集水井；每个小施工段内设置两个孔隙水压力观测点，检测超静孔隙水压力的消散情况以指导施工。

（4）强夯施工时采用"少击多遍、逐级加能、双向排水"的方式点夯三遍，满夯两遍。

第一遍点夯夯击能为 800kN·m，夯点间距 5.0m，8 击总夯沉量不大于 1 600mm。

第二遍点夯夯击能为 1 050kN·m，夯点间距 5.0m，8 击总夯沉量不大于 1 600mm。

第三遍点夯夯击能为 1 300kN·m，夯点间距 5.0m，8 击总夯沉量不大于 1 600mm。

最后满夯两遍，夯击能为 800kN·m，锤印搭接 1/3。

3）动力排水固结 3 区

（1）动力排水固结 3 区设计内地坪标高为-3.300m，相当于绝对标高 7.800m，为使强夯后地面直接作为地坪底支模面（图 5.6），建议动力排水固结 3 区填砂至标高 8.400m 后再进行强夯施工。

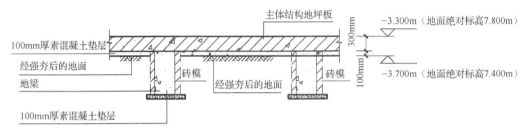

图 5.6　动力排水固结 3 区强夯后地面示意图

（2）在强夯施工前应先施工塑料排水板或袋装砂井，形成竖向排水通道，与地表冲填砂层一起构成有效的排水系统。

（3）将动力排水固结 3 区按 20～30m 间隔分成若干个小的施工段，并在每一施工段之间设置排水沟，排水沟内每 30m 间隔设置集水井；每个小施工段内设置两个孔隙水压力观测点，检测超静孔隙水压力的消散情况以指导施工。

（4）强夯施工时采用"少击多遍、逐级加能、双向排水"的方式点夯三遍，满夯两遍。

第一遍点夯夯击能为 800kN·m，夯点间距 5.0m，8 击总夯沉量不大于 1 600mm。

第二遍点夯夯击能为 1 050kN·m，夯点间距 5.0m，8 击总夯沉量不大于 1 600mm。

第三遍点夯夯击能为 1 300kN·m，夯点间距 5.0m，8 击总夯沉量不大于 1 600mm。

最后满夯二遍，夯击能为 800kN·m，锤印搭接 1/3。

4）动力排水固结 4 区

（1）动力排水固结 4 区设计内地坪标高为-5.000m，相当于绝对标高 6.100m，为使强夯后地面直接作为地坪底支模面（图 5.7），建议动力排水固结 4 区填砂至标高 7.200m 后再进行强夯施工。

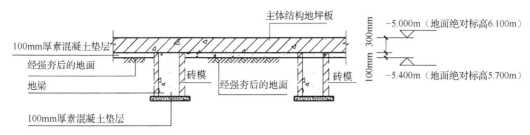

图 5.7　动力排水固结 4 区强夯后地面示意图

（2）在强夯施工前应先施工塑料排水板或袋装砂井，形成竖向排水通道，与地表冲填砂层一起构成有效的排水系统。

（3）将动力排水固结 4 区按 30m 间隔分成若干个小的施工段，并在每一施工段之间设置排水沟，排水沟内每 30m 间隔设置集水井；每个小施工段内设置两个孔隙水压力观测点，检测超静孔隙水压力的消散情况以指导施工。

（4）强夯施工时采用"少击多遍、逐级加能、双向排水"的方式点夯四遍，满夯两遍。

第一遍点夯夯击能为 800kN·m，夯点间距 5.0m，6 击总夯沉量不大于 1 300mm。

第二遍点夯夯击能为 800kN·m，夯点间距 5.0m，6 击总夯沉量不大于 1 300mm。

第三遍点夯夯击能为 1 050kN·m，夯点间距 5.0m，6 击总夯沉量不大于 1 300mm。

第四遍点夯夯击能为 1 300kN·m，夯点间距 5.0m，6 击总夯沉量不大于 1 300mm。

最后满夯二遍，夯击能为 800kN·m，锤印搭接 1/3。

4. 动力排水固结法施工工艺及检测研究

该工程选取了具有代表性的拟建停车场内面积为 1 600m² 的场地作为动力（强夯）排水固结法的施工试验区。经研究，将 1 600 m² 施工试验区分成五个试夯区，分别采用不同的动力排水固结法施工工艺，通过现场监测（孔隙水压力监测、分层沉降监测、测斜监测、土压力监测及地面沉降监测等）和夯后试验（土工试验、静载试验、静力触探、十字板剪切试验及标准贯入试验等），检验处理前后效果以对比各种工艺的处理效果，选出优化后的施工工艺参数。夯区平面布置图如图 5.8 所示。

该工程试验区的施工和检测工作分别由广东省基础工程公司和广州大学结构工程研究所承担。动力排水固结法试夯施工于 2004 年 6 月 26 日开始至 7 月 17 日结束。检测工作于 2004 年 7 月 29 日开始至 8 月 17 日结束。

1）试验区施工工艺探讨

（1）强夯前先行施工塑料排水板，排水板长度为 12m，采用 B 型塑料排水板，按等边三角形布置，间距为 1.0m×1.0m。

（2）为了及时将施工过程中产生的地表水及高压孔隙水抽走，应在各试夯区周边设置排水沟，排水沟深度低于起夯面不小于 1.5m，每隔 20m 设集水井进行抽水。从试夯区的施工过程及检测来看，这一措施对试夯成功尤为重要。排水措施做得较好的 4 试夯区、5 试夯区，经强夯后的土工参数及承载力均有较明显的提高。

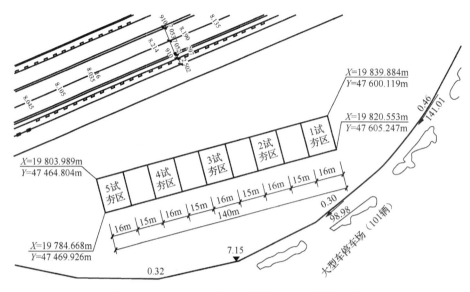

图 5.8　动力排水固结法处理试验工程区平面布置图

（3）强夯机械选用起吊能力为 50t 的履带式起重机，吊钩为自动复位式脱钩器。夯锤重 13~15t，锤体为圆形，设垂直透气孔。由于本场地表层土较软弱，为避免出现"丢锤"事故，施工时采用"吹砂填淤、动静结合、分区处理，少击多遍、逐级加能、双向排水"的方式进行夯击，先点夯三遍，最后满夯一遍，并按以下步骤进行。

① 清理并平整施工场地。

② 标出第一遍夯点位置，并测量场地高程。

③ 起重机就位，使夯锤对准夯点位置。

④ 测量夯前锤顶高程。

⑤ 将夯锤起吊到预定高度，待夯锤脱钩自由下落后，放下吊钩，测量锤顶高程，若发现因坑底倾斜而造成锤歪斜时，应及时将坑底整平。

⑥ 重复步骤⑤，按设计规定的夯击次数及控制标准，完成一个夯点的夯击。

⑦ 重复步骤③~⑥，完成第一遍全部夯点的夯击。

⑧ 用推土机将夯坑填平，并测量场地高程。

⑨ 在规定的间隔时间后，按上述步骤逐次完成全部夯击遍数，最后用低能量能满夯（锤印搭接 1/3），将场地表层松土夯实，并测量夯后场地高程。

（4）强夯夯点按 5.0m×5.0m 方形布置（各夯区夯点平面布置图如图 5.9~图 5.11 所示），隔点夯击。点夯三遍，单点夯击击数 6 击，夯击能依次加大，夯击能分别为 800kN·m、1 000kN·m、1 200kN·m，每遍夯击的收锤标准以 6 击总沉降量不大于 1 300mm 为准；最后满夯一遍，低能量，夯击能为 800kN·m，挨点梅花形夯打锤印搭接 1/3，挨点以夯锤直径为准，不得以扩孔边为准，夯后原地整平。

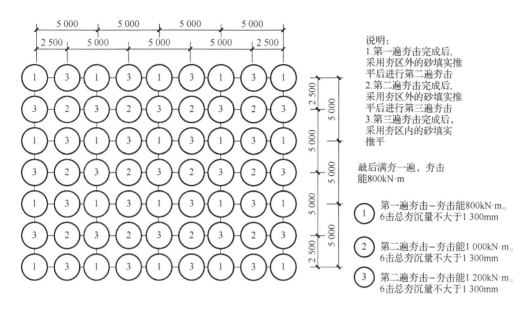

图 5.9　动力排水固结法处理试验工程第 1、2 试夯区夯击平面布置图（单位：mm）

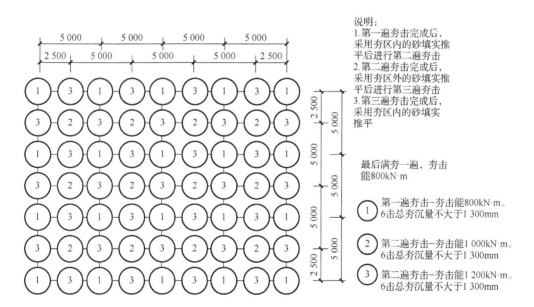

图 5.10　动力排水固结法处理工程试验第 3、4 试夯区夯击平面布置图（单位：mm）

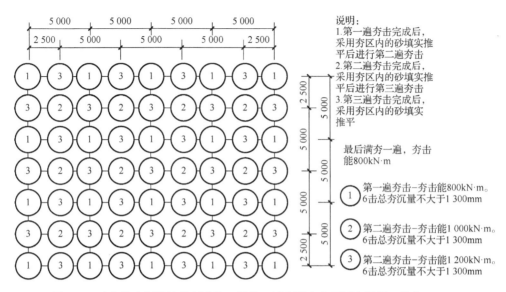

图 5.11　动力排水固结法处理试验工程第 5 试夯区夯击平面布置图（单位：mm）

现分区阐述如下。

第 1、2 试夯区：

① 点夯三遍、每遍 6 击，夯击能分别为 800kN·m、1 000kN·m、1 200kN·m。

② 第一遍夯击完成后，采用夯区外砂土填实推平后进行第二遍夯击。

③ 第二遍夯击完成后，采用夯区外砂土填实推平后进行第三遍夯击。

④ 第三遍夯击完成后，采用夯区内砂土填实推平。

⑤ 最后满夯一遍夯击能为 800kN·m。

第 3、4 试夯区：

① 点夯三遍、每遍 6 击，夯击能分别为 800kN·m、1 000kN·m、1 200kN·m。

② 第一遍夯击完成后，采用夯区内砂土填实推平后进行第二遍夯击。

③ 第二遍夯击完成后，采用夯区外砂土填实推平后进行第三遍夯击。

④ 第三遍夯击完成后，采用夯区内砂土填实推平。

⑤ 最后满夯一遍夯击能为 800kN·m。

第 5 试夯区：

① 点夯三遍、每遍 6 击，夯击能分别为 800kN·m、1 000kN·m、1 200kN·m。

② 第一遍夯击完成后，采用夯区内砂土填实推平后进行第二遍夯击。

③ 第二遍夯击完成后，采用夯区内砂土填实推平后进行第三遍夯击。

④ 第三遍夯击完成后，采用夯区内砂土填实推平。

⑤ 最后满夯一遍夯击能为 800kN·m。

2）试验区施工过程中遇到的问题

在初步确定试夯区施工方案时，因考虑表层土为 1.5m 厚的冲填砂层，透水性较好，故未在周边设置排水沟及集水井进行抽水。在进行一试区试夯，夯至 3 击、4 击时，夯坑内出现大量水且消散缓慢。由于大量水分的存在，降低了单击夯击能量，减弱了夯击能量的传递，影响了施工质量。经分析是因为本次动力排水固结法试夯施工时正处于雨季，地表水较多，加上本场地靠近珠江，地下水补给丰富，且在表土层冲填砂施工时所带来的高水量造成的。

经分析研究后，采取了以下措施：在各夯区周边设置排水沟，排水沟深度应低于起夯面 1.5m，并每隔 20m 设置集水井，安装抽水机进行强制排水。从施工过程及效果检测来看，这一措施对试夯成功尤为重要。本次试夯排水措施做得较好的试夯四区、五区，经强夯后的土工参数及承载力均有较明显的提高。

3）现场监测

为了对动力排水固结法处理饱和软土地基的效果进行试验、监测，评价其适宜性，对各种施工工艺处理前后结果进行对比，以提出优化的施工工艺参数，进而为场地地基处理设计、施工提供依据，指导并保证后续大面积施工的顺利进行，进行了现场监测如孔隙水压力监测、土压力监测、分层沉降监测、测斜监测、隆起监测以及夯沉量监测等项目。

4）夯后试验

动力排水固结法施工试验后进行了钻孔取土样，以及室内常规土工试验、静载试验、静力触探及十字板剪切试验、标准贯入试验等，平面布置图如图 5.12 所示。

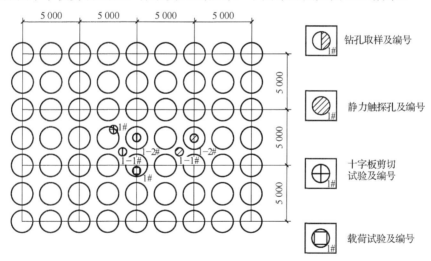

图 5.12　动力排水固结法处理试验工程区平面布置图（单位：mm）

（1）室内常规土工试验。钻孔取土样，进行室内常规土工试验，分析夯后土的物理力学性能，与夯前土的物理力学性能进行比较，检验动力排水固结法的处理效果。从本次 5 个试夯区的检验结果来看，5 个试夯区强夯后土的物理力学性能指标均得到改善，起夯面以下 8m 内高压缩性淤泥及新近冲填砂的大部分沉降量均得到减少。

（2）静载试验。可按原状土进行荷载板试验，荷载板面积可取 0.25m^2、0.5m^2 或 1.0m^2，以此确定强夯后的地基承载力的提高幅度。本次试夯区采用 1.0m^2 荷载板面积进行静荷载试验，通过对试夯区内、外及各试夯区间承载力标准值进行比较，可看出 5 个试夯区内的承载力均比区外有不同程度提高，其中第五试夯区的夯后承载力的提高尤其显著（提高了 221%）。

（3）静力触探及十字板剪切试验。此种方法简明可靠，速度较快。在夯后地基土上做试验，可选择在夯区内和夯间进行，既可看出夯前夯后的曲线弯曲情况，从而确定加固地基的有效区域，又可看出加固后地基承载力的提高效果。本次通过对 19 个孔位的原位测试，并对各观测点承载力标准值进行比较，可知夯区内软土层静探参数均高于夯区外近夯区软土层及远夯区软土层。

（4）标准贯入试验。标准贯入试验可结合钻孔取土样进行土工分析，以确定强夯的影响范围、地基承载力的提高幅度以及地基液化的改善情况。本试夯区根据 13 个孔位的原位测试，通过对各孔位标贯击数的分析对比，最后得出 5 个试夯区夯后各土层的标贯击数均有所提高，深部砂层的液化也得到了明显改善，第 5 试夯区甚至已消除液化。

5）结论

根据对以上各项目监测及夯后结果的分析，最后可得出结论：在该场地采用这种"吹砂填淤、动静结合、分区处理，少击多遍、逐级加能、双向排水"的施工工艺进行施工，可获得预期效果，切实可行。

5.2　吹砂填淤动力排水固结施工新技术

对于饱和软黏土、淤泥质土或淤泥土层，由于其含水量高、黏粒含量多、粗粒含量少、渗透性差，强夯后地基强度大幅度下降，长时间不能恢复，直接强夯几乎无效。导致这种结果是由于在强夯过程中和强夯以后，饱和软黏土中超孔隙水压力不能消散，地下水不能排出，强夯所施加的能量根本不能改变土体结构，全部或部分被超孔隙水压力所吸收。因此，为了提高强夯加固效果，加速地下水的排出和土中超孔隙水压力的消散，发展了动力排水固结法。其依据工程地质条件与施工技术要求进行水平排水通道与竖向排水系统的设计，然后按设计要求填土到预定标高，再进行动力夯击，利用动力荷载及填土静荷促使软土加速排水固结，排出的孔隙水经排水通道排出。由于动载的多次反复作用及排水条件的较好改善，再加上软土之上的水平排水体及上覆的土层又能使动载作用产生的附加压力保持一定的时间，从而促使软土地基中的孔隙水快速消散且不断地排出土体，地基强度不断得到提高，其加固效果远远优于单纯强夯法。近年来，还有学者提出了"先轻后重，逐级加能，少击多遍，逐层加固"的设计原则[17]。

广东科学中心地基处理工程首次采用吹砂填淤、动静结合动力排水固结新技术施工。为了确保施工达到预期的效果，结合施工现场条件和设计要求，经过多个试验段的试验与检验，在施工程序、排水措施、施工参数、堆载等几个关键施工环节取得突破。

5.2.1　动力排水固结技术

动力排水固结技术无论是在加固机理方面还是施工技术方面都与原有的普通强夯法有很大的差别（表 5.2）。

表 5.2　动力排水固结法与普通强夯法加固机理和技术对比

内容	动力排水固结法	普通强夯法
机理	以不完全破坏土体结构强度为前提，根据土体强度提高情况，逐步增加能量的动力固结	大能量和能量积聚的动力固结
夯击方法	先轻后重，少击多遍	重锤多击
排水方法	设置竖向排水体与表面水层排水法，同时使土体中形成微裂缝排水	通常靠土体自身渗透性
能量控制	① 激发土体孔压，并使土体产生微裂缝，但又不完全破坏土体结构强度，不形成橡皮土； ② 先轻后重，少击多遍，从上至下，逐步增大加固深度与范围	靠控制夯击能大影响深度
附加设施	排水板，地表砂垫层	通常无
运用范围	各种土体，包括低透水性、结构性强的黏性土，埋藏较深的土（可超过 10m），深层加固	高透水性、无结构性土 埋藏不深（6～8m 以内）

针对加固机理和特点，结合前人的研究成果，可以认为动力排水固结法的施工工艺特点如下所述。

（1）采取适当排水措施以加速孔压消散。例如，广东科学中心强夯处理工程采取在原有场地上铺设 100～150cm 厚中粗砂垫层（有些工程采用 50～100cm），并甩纵、横交错盲沟与集水井相连而成良好的水平排水体，打设井点管穿过软黏土层作为竖直排水体，如此构成空间网状排水系统，使深厚的软黏土层内排水通道得到大幅度的增加。结果表明，该措施有助于孔压尽快消散。同时要求及时将集水井中的水抽排掉。

（2）强夯前铺设足够厚度垫层以减少浅层淤泥反复揉搓导致"橡皮土"弊端的出现概率。

（3）采取合适的强夯工艺以保证土体结构不产生严重破坏，同时又能增加加固深度。

当软黏土层不太厚（如 4～5.5m）且其上垫层较薄（＜2m）时，应采用由轻到重、少击多遍、逐渐加载的施工工艺，这样既能提高强夯功效，防止橡皮土出现，又能增加加固深度。如第一遍夯击以较小的夯能将浅层土率先排水固结，在表层形成"硬壳层"；有了该"硬壳层"就可以分级加大夯击能，使动能向深层传递，促进软黏土排水固结。单点击数亦应严格控制，因击数多会使土体破坏，孔压消散慢。尤其是前几遍，单点击数不宜过多。

对于软黏土层较厚（＞5m），且其上垫层也较厚（＞3m）时，应适当加大单击夯击能和增加单击击数，以使埋置较深且厚度较大的软黏土层得以有效加固，如单击夯击能可提高到 2 000kN·m，单击击数可增加到 6～7 击。

对于填土层及软黏土层厚薄不均时，应根据土体强夯效应（如坑周土体隆起、夯坑沉降量变化）及时调整单点夯击能大小和夯击击数，如第一击时坑周就已明显隆起就要降低夯击能；如后一击夯沉量大于前一击夯沉量，表明土体结构破坏，就应停止夯击。

为了确定每一击夯点最佳击数，还需建立合理的收锤标准，其原则是既要使土体充分压密，又要不破坏土体结构。结合工程经验，建议采用如下的收锤标准。

① 坑周不出现明显的隆起，坑周隆起量 $h_{max} \leqslant 5cm$，如第一击时就已明显隆起，则要降低夯击能。

② 后一击夯沉量应小于前一击夯沉量。

③ 夯坑深度 Δh 不能太大，据前述的工程实践，$\Delta h \leqslant 1.2\text{m}$。

还可用侧向位移量、孔隙水压力变化情况，以及坑周地面振动情况作为收锤标准，这些标准理论上正确合理，但在工程实际中难以操作。

综上所述，为了保证动力排水固结法加固软黏土地基取得满意加固效果，应该采用轻重适度的单击夯击能和"少击多遍"的强夯方式、合适的夯点间距及合理的收锤标准。

（4）严格控制前后两遍夯击的间隔时间。对软黏土地基，两遍夯击的间隔时间，一般取决于孔压消散情况，即可根据夯后孔隙水压力消散曲线确定相邻两遍夯击的间隔时间。有关现场试验研究结果表明，5～6 天后，全部孔隙水压力消散都超过 80%，所以可将相邻两遍夯击间隔时间定为 5～6 天。

5.2.2　施工程序

动力排水固结区总面积约为 17 万 m^2，在试验基础上，根据场地使用功能的不同，分为两大区域进行分区处理。第 1 区域为室外道路、停车场部分，即动力排水固结 1 区；第 2 区域为主体结构部分，根据主体结构地坪的标高分为动力排水固结区（2～4 区）分区进行处理，如图 5.13 所示。

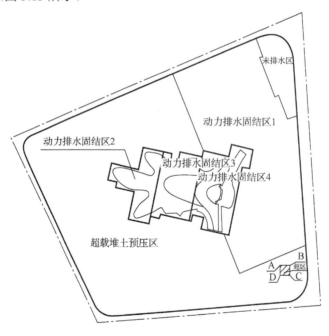

图 5.13　地基处理分区

施工程序为了保证强夯施工的顺利进行，且考虑到施工场地原地面软弱且多为水塘、洼地等因素，经在试验区多工艺多程序反复试验，确定动力排水固结法的施工程序为：吹砂→竖向排水带施工→施工分区排水沟施工→3、4 遍逐级加能强夯施工→1、2 遍低能满夯。

5.2.3　排水系统施工

强夯施工前先进行竖向排水带施工，主要包括塑料排水板及袋装砂井竖向排水带施工，以形成竖向排水通道，且与地表砂垫层共同构成有效的排水系统，使强夯施工过程中产生的超静孔隙水能迅速排走，加快超静孔隙水的消散速度，减少两遍夯击的时间间隔，加快施工速度，以达到节约工期的目的。

将动力排水固结区按 20～30m 间隔分成若干个施工段，并在每一施工段之间设置排水沟，排水沟内每 30m 间隔设置集水井；每个小施工段内设置两个孔隙水压力观测点，检测超静孔隙水压力的消散情况以指导施工。

1. 砂垫层施工

动力排水固结 1 区为室外道路、停车场部分，其水平排水通道利用原有吹填砂层形成；而动力排水固结区 2～4 区为建筑主体结构部分，根据建筑地坪标高的变化，分别施工砂垫层至标高 7.6m、8.4m 和 7.2m，以形成水平排水通道。

2. 塑料排水板施工

采用 B 型塑料排水板，其两面均有凹槽，具有良好的三维透水性，且外包的无纺布滤膜可以防止排水通道被堵塞，故可构成竖向排水带。塑料排水板按等边三角形布置，间距 1m，打入深度需穿透所有淤泥层，并进入底部砂层 1m。

3. 袋装砂井施工

当塑料排水板无法穿透所有淤泥层时，采用袋装砂井代替。袋装砂井布置成等边三角形，间距 1m。砂井的砂料选用中粗砂，其黏粒含量不大于 3%。

4. 排水措施

广东科学中心场地位于小谷围岛地势较低的西南侧，地下水位较高。吹砂后的砂垫层面即为地下水位面，故如何迅速排水则成为地基处理的关键。其具体做法是：在一个动力排水固结施工区内，合理安排排水分区（20～30m 划分一个分区），采用分区设置排水沟和集水井，用潜水泵抽水，可以加快降低砂垫层中的水位（降至软土面），使动力排水固结法产生的孔隙水压力得以迅速消散。与其他排水、降水措施相比，这种简单的排水措施既保证了加固效果，又节约了工程造价费用。

5.2.4　强夯施工

通过反复试验研究，确定的基本施工参数为：锤底采用圆形，直径 D 为 2.1m，底面积 A 为 $3.14m^2$，锤重分别为 13t 和 15t；夯点按 5.0m×5.0m 方形布置，隔点夯击，点夯 3～4 遍，单点夯击击数 6～8 击，夯击能依次加大，夯击能分别为 800kN·m、1 050kN·m、

1 300kN·m，每遍夯击的收锤标准以 6（8）击总夯沉量不大于 1 300mm（1 600mm）为准；最后满夯 1 遍，低能量，夯击能为 800kN·m，挨点梅花形夯打，锤印搭接 1/3；采用夯区内填土推平，就地取材，节约造价，利于施工。强夯机械选用起吊能力为 50t 的履带式起重机，吊钩为自动复位式脱钩器。夯锤锤底采用圆形，直径为 2.5m，锤重分别为 13t、15t。施工分为 4 个区域，其施工参数如下。

1）动力排水固结 1 区

强夯夯点间距 5.0m，点夯 3 遍，单点夯击 6 击，夯击能依次加大，夯击能分别为 800kN·m、1 050kN·m、1 300kN·m，每遍夯击的收锤标准以 6 击总夯沉量不大于 1 300mm 为准；最后满夯 1 遍，低能量，夯击能为 800kN·m，挨点梅花形夯打锤印搭接 1/3。

2）动力排水固结 2 区

设计内地坪标高为 7.0m，为使强夯后地面直接作为地坪底支模面，该区填砂至标高 7.6m 后再进行强夯施工。其强夯参数为：强夯夯点间距为 5.0m，点夯三遍，单点夯击 6 击，夯击能依次加大，夯击能分别为 800kN·m、1 050kN·m、1 300kN·m，每遍夯击的收锤标准以 8 击总夯沉量不大于 1 600mm 为准；最后满夯两遍，低能量，夯击能为 800kN·m，挨点梅花形夯打锤印搭接 1/3。

3）动力排水固结 3 区

设计内地坪标高为 7.8m，为使强夯后地面直接作为地坪底支模面，该区填砂至标高 8.400m 后再进行强夯施工。其强夯参数同动力排水固结 2 区。

4）动力排水固结 4 区

设计内地坪标高为 6.1m，为使强夯后地面直接作为地坪底支模面，该区填砂至标高 7.200m 后再进行强夯施工。其强夯参数为：强夯夯点间距为 5.0m，点夯四遍，单点夯击 8 击，夯击能依次加大，夯击能分别为 800kN·m、800kN·m、1 050kN·m、1 300kN·m，每遍夯击的收锤标准以 6 击总夯沉量不大于 1 300mm 为准；最后满夯两遍，低能量，夯击能为 800kN·m，挨点梅花形夯打锤印搭接 1/3。

堆载施工程序和吹填堆载方法经试验确定的堆载施工程序为：吹砂→竖向排水带施工→铺设无纺土工布和盲沟等水平排水带施工→堆土施工。在堆载过程中采用分层堆载和分层碾压方式，通过设置竖向排水带与水平排水带，可以加速饱和软土固结；通过设置无纺土工布，可以防止砂垫层中水渗透到堆载填土中，有效地保证了施工质量。

5.3　饱和软土微结构研究

5.3.1　土体微结构分析技术

1. 简况

随着土力学研究的发展，人们逐渐意识到土体的力学特性具有非常复杂的非线性特征，用传统的、基于线性分析基础之上的技术方法建立起来的宏观力学研究模型，由于缺乏对土体结构特征及其演化规律的描述，遇到了越来越大的困难。因此，有关学者指出，土体结构性本构模型的建立将成为核心问题。

饱和软土微结构分析技术是土体制样技术、图像观测技术和图像处理技术的总称，是开展土体的微观形态学特征、几何学特征和能量学特征的研究，建立饱和软土微观结构力学和微观结构模型的基础。在过去的几十年中，微结构观测技术获得了飞速发展，扫描电子显微镜技术已经成为微观结构形态研究最主要的手段。借助这一技术，纳米级钢材、纳米级陶瓷等材料开始应用于建筑物的主体结构，为建筑技术的发展奠定了基础。含有水分的样品在电子束的轰击下会出现局部加热，水汽向外逸出，容易冲破表面的导电层，造成观察部位软土颗粒移动，破坏扫描电镜的镜室内的真空度；同时，由于土体导电性能差，如果不能彻底去除试样中的水分，在电子束的轰击作用下，容易出现局部放电现象，这时候电镜屏幕上会出现一片空白，无法成像；在具有较高真空度的电镜室内，且在电子束能量的集中加热作用下，土中水极易蒸发升华、污染目镜和镜室，缩短扫描电镜的寿命，因此，对于饱和软土这种含水量高、孔隙发育的软土，必须彻底去除土样中的水分，才能将其试样放入扫描电镜镜室内进行抽真空观测。

迄今为止，国内外常用的土体制样技术主要有风干法、烘干法、置换法、临界点干燥法和常规冷冻升华法，这些制样方法对相应的土体制样发挥着不可替代的作用，但是均无法避免饱和软土的冷胀性和干缩性所造成的不良影响，难以制造出原状土试样，由此成为饱和软土微结构研究深入开展的瓶颈。

液氮真空冷冻制样技术对土体原状结构的影响最小，是开展饱和软土微观结构力学性能研究的有效工具之一。但由于制样设备较复杂，尚不具备工厂化生产的条件，虽然目前许多饱和软土微结构研究的文献中有提及这种制样方法，却均没有具体说明怎样进行操作和实现。本节在大量制样的基础上，对饱和软土液氮真空冷冻制样技术进行分析。

2. 液氮真空冷冻制样技术

1）影响饱和软土制样效果的原因

冻胀性是饱和软土的重要特性。引起饱和软土冻胀性的原因有两种：第一种是土中的水在变成冰时体积的增大（比初始体积增大 9%）；第二种是在冻结过程中土中的水分发生转移和重新分布，形成冰夹层，从而导致土体体积增大。研究表明，由前者引起的冻胀比土的总体积增大 1%；而后者引起的冻胀比土的总体积增大 10%～20%，甚至更大。

如图 5.14 所示，当饱和软土的温度降到 0℃ 以下时，土颗粒孔隙中的自由水首先冻结，土内出现小冰晶，冰晶与土粒之间由结合水膜隔开；由于土颗粒分子引力的作用，结合水膜只有在更低的温度时才能冻结。如果土的温度继续降低，最外层的结合水膜开始冻结，它们掺和到冰晶中去，冰晶体积变大；这时冰晶周围的结合水膜比别处薄，阳离子浓度较高，使得冻结区与未冻结区的结合水膜之间产生不平衡，即由水膜厚的地方向水膜薄的地方转移。倘若干燥处理时的负温降得较慢，弱结合水就能不断地向冻结区转移，从而在土中形成垂直于寒流方向的扁冰块，使土体隆起。

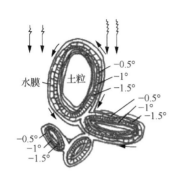

（a）负温度侵入土中，出现极小冰晶，
结合水开始转移

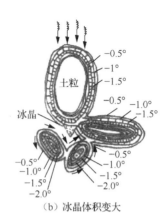

（b）冰晶体积变大

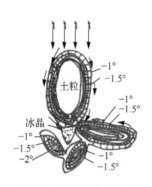

（c）外层起始冻结温度为−0.5℃
的结合水已转移至冰晶体上

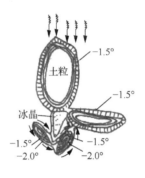

（d）起始冻结温度为−1.0℃的结合水
已转移，冰晶体已相当大

——→负温度传播方向；——→水分子迁移方向。

图 5.14　饱和软土内冰晶形成情况示意图

注：图中的负温度值表示某部分结合水开始冻结的温度。

图 5.15 为传统冷冻制样时试样中的扁冰块。

2）液氮真空冷冻制样技术的原理及特点

液氮真空冷冻制样技术是指利用液态氮将土样完全快速超低温冻结后，在一定的真空条件下，土样中的水分不经液相，直接由固相升华为水蒸气，从而达到超低温脱水目的的制样技术的总称，是一种基于常规冷冻真空升华法，而又有别于冷冻真空升华法制样技术的新技术。由于土体在升华脱水以前，先经快速超低温非结晶冻结形成稳定的固体骨架，水分升华以后，固体颗粒骨架基本保持不变，可以有效防止冻胀和干缩现象，较好地保持土体的结构性，因而是制备饱和软土试样的有效方法。

大量研究表明，在一定的压力和温度下，土中自由水的状态具有明显的规律性，如图 5.16 所示。图中，△点为三相点，即压力为 613.18Pa，温度为 0.007 5℃时，气、液、固三相共存。当压力低于 613.18Pa 而温度低于 0℃时，只存在气、固两相，此时固态水可以直接升华为水蒸气，从而达到干燥制样的目的。

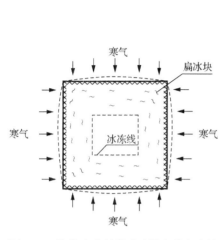

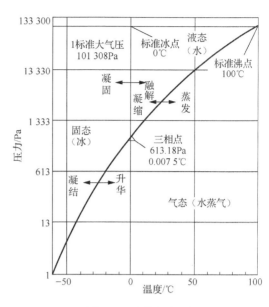

图 5.15　传统冷冻制样时试样中的扁冰块　　　　　　图 5.16　水的状态图

因此,与国内外常用风干法、烘干法、置换法和临界点干燥法相比,液氮真空冷冻制样法具有明显的特点。

(1)由于先冻结形成稳定的固体骨架,水分升华后,固体骨架基本保持不变,干燥制样后的土样基本保持原有形状。

(2)土体中的水分在预冻结后,以非晶体固态水的形态存在,原来溶于水的无机盐等溶解质,被均匀地分配在物料之中,升华后,溶于水中的溶解质原位析出,避免了在一般干燥法中的无机盐在表面析出而形成表面硬化的现象。

3)液氮真空冷冻制样的流程

液氮真空冷冻制样的流程可以分为以下三个阶段。

(1)原状土取样阶段。为了避免对土样的扰动,采用 $\phi 100$ 的不锈钢薄壁取土器,按照要求的深度进行钻探取样,然后用环刀取出样品。为了有利于样品的干燥,减少抽真空时间,在所取的土样中心部位用涂有凡士林的锋利刀片取 2mm×4mm×10mm 的正梯形截面的毛坯土条,以上窄、下宽的形式来表示方位。饱和软土具有较大的黏性,为了避免制样过程中由于土附着刀片而对样品产生扰动,制样前必须将刀片在液氮中先冷冻一下,然后用刀在土条中部的四面压下一个刀印,便于由此掰开,作为后续扫描电镜测试的断面。

(2)预冷冻阶段。预冷冻阶段是将土体中的水分快速冻结成冰,使干燥后的土体保持原始结构的一个过程。由于原状土试样和液氮之间存在非常大的温差,直接冷冻时会在样品表层产生大量的气泡和气体薄膜,将样品包裹住,阻碍土样进一步冷却,出现类似"夹心饼"现象和冻胀现象。

丙酮(或异戊烷)是易挥发的有机溶剂,其沸点比水的沸点低得多,所以为了更快排除水分,防止出现"夹心饼"现象和冻胀现象,对于含粉质较低且不易崩解的饱和软土，可先将土样放在装有丙酮（或异戊烷）的试管中，用丙酮（或异戊烷）溶液浸泡，置换土颗粒中的水分，再将试管放入液氮中间冷冻 3min，用液氮将饱和软土试样瞬时冷冻至-140℃以下，使土样中的液体来不及结晶而直接转变为非晶体固态水。

（3）升华干燥阶段。将经过预冷冻处理的样品放在样品架上，装入真空干燥器的样品室中，利用液态氮，使样品室温度维持在-60℃左右。样品室和玻璃真空管路系统连接后即可开通真空泵进行抽真空处理，将土样中的固态水直接升华为水蒸气。由于汽化过程吸收热量，此时还应通过搁板给予加热。在样品室与冷凝器之间的压力差影响下，水蒸气不断进入冷凝器，升华连续进行，直至干燥结束。将液氮真空冷冻干燥处理的试样用干燥的塑料袋密封后放入干燥器中，作为扫描电镜试验的样品。

4）液氮真空冷冻制样设备

为了彻底去掉饱和软土中的水分，有效防止小冰晶和冰夹层的出现，充分保持土的天然微结构，需要利用液氮真空冷冻制样技术，对样品进行抽真空制样。我国目前运行的液氮真空冷冻制样仪，如图 5.17 所示。它主要包括真空系统（旋片式真空泵）、冷冻系统、加热系统等。

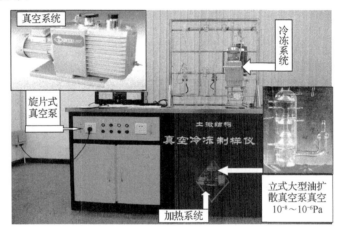

图 5.17　液氮真空冷冻制样仪

（1）真空系统。该液氮冷冻制样仪的玻璃真空系统示意图如图 5.18 所示。

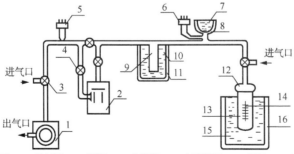

1. 机械泵；2. 扩散泵；3. 进气阀；4. 阀门；5. 热偶管；6. 电离规管；7. 液氮；8. 冷阱；9. 直型冷阱；
10. 液氮；11. 杜瓦瓶；12. 磨口接头；13. 样品室；14. 样品架；15. 液氮；16. 杜瓦瓶。

图 5.18　液氮冷冻制样仪玻璃真空系统示意图

机械泵又称前置泵和前级泵，采用的是旋片式真空系统。在启动电源后机械泵可以由 101 325Pa 抽至 10^{-1}Pa。在机械泵抽气口上连接一台真空扩散泵，依靠外压缩气体产生的分子流，即将较低密度的气体压缩为较高密度的气体，以达到前级真空机械泵能抽气的作用范围内。扩散泵和普通压气机不同，普通压气机只能将气体压强压缩为数十至数百大气压，而利用扩散泵可使气体压强由数亿分之一压缩为数百分之一大气压。按照扩散泵的性能，它不可能真正抽除气体，而必须与机械真空泵相配合才能起作用。

在前级机械泵运转使扩散泵真空达到 10^{-1}Pa 后，开冷却水，加热扩散泵硅油，当硅油沸腾正常工作后（9～10s 沸腾一次），形成蒸汽流沿着中央管筒上升，在各级顶塔上受到阻挡而从喷嘴处喷出。由于油分子温度升高而喷嘴截面在起始时陡然变小而使硅油蒸汽受到压缩，速度变快，气体分子在与硅油分子发生碰撞之后，开始朝着硅油分子运动的方向运动，大部分气体分子扩散、混合到硅油蒸汽气流中，被硅油蒸汽传输到扩散泵的下端。在外壁液态氮（或冷水套）的冷却作用下，硅油蒸汽重新凝结为液体流入泵油锅底部，而被硅油蒸汽传输的气体分子因为不会凝结而被前级机械泵抽走。这样反复工作，就能达到所需要的高真空度。通常情况下，采用三级、四级扩散泵，可以快速获得高真空度 $[(1×10^{-8})～(1×10^{-6})$ Pa$]$，为达到理想的干燥效果提供条件。

（2）液氮冷冻系统。液氮冷冻系统图如图 5.19 所示。将经过预冷冻阶段瞬时冷冻处理的毛坯样品放在冷冻系统的真空干燥器中，不断利用液态氮（或干冰）将真空干燥器内温度控制在-60℃左右，防止样品中的固态水液化而破坏土体的微结构。将真空干燥器与玻璃真空系统连接好后，开动真空泵，在真空低温条件下，以较高的抽气速率将饱和软土试样中所含的固态水通过直接升华为气态水而抽走，达到快速干燥的目的，确保饱和软土试样的微结构保持不变。

该仪器能同时处理 60 个以上的土样，在 12h 内可达到并保持 $1×10^{-4}$Pa 的真空度。该次试验共制备原状土试样 46 个。

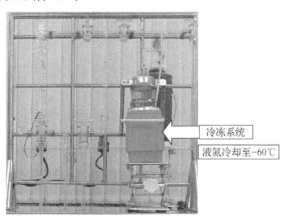

图 5.19　液氮冷冻系统图

3. 试样扫描电镜技术

1）扫描电镜样品的喷金处理

扫描电镜是获取软土微结构照片，提取微结构参数的重要手段。经过液氮真空冷冻干燥处理后的饱和软土试样结构松散，非常干燥，导电性差，如果直接放入扫描电镜室中进行微结构照片拍摄，在拍摄过程中电子束的轰击下，极易激起表面粉尘，引起放电现象，造成对扫描电镜的污染和破坏，因此必须采用相应的技术对液氮冷冻制样处理后的毛坯样品进行上镜前的预处理，保证样品能够在高真空度的电镜室内顺利进行观察和拍摄。

预处理时，由于用双面胶难以把结构松散的样品粘牢在样品托上，可以考虑采用环氧树脂把样品在样品托上粘牢。利用液氮真空冷冻制样技术将制备的样品掰开并使其保持自然状态，选择平整断面，用环氧树脂将其牢固粘贴在样品托上，并对其进行编号。为保证样品托不受污染，先在样品托上滴上经过稀释的环氧树脂，然后将样品均匀地吹撒在样品台上，待环氧树脂干后，再去除未粘牢的颗粒。随后将样品托放进真空溅射镀膜仪中，进行真空喷镀金膜处理，当真空度小于 13Pa 时开始镀膜。为避免镀膜时间不够，造成土颗粒的凸出面和土颗粒与样品托交接面处金膜形成厚薄差异，宜将镀膜时间控制在 5～10min，使得样品凹凸部分均被覆盖，金粉均匀附在样品表面，具有良好的导电性。含粉质较多的颗粒喷一次金膜在电子束的轰击下容易破裂，拍摄时会产生颗粒移动的情况，一般需喷 3～4 次金膜，使金膜厚度达到 20～30nm。

在样品送入扫描电镜进行观察前，应根据样品的具体情况在其周围涂上少量经过稀释的导电胶，防止样品充放电。

2）扫描电镜观察

选择好扫描电镜的工作参数是获得理想的图像结果的决定性因素，因此在饱和软土扫描电镜试验中，必须要注意以下原则。

（1）灯丝电流要饱和。为了提高灯丝发射电流的稳定性，灯丝宜工作在稍过饱和状态，这样既可获得高质量的扫描图像，又对灯丝的使用寿命影响较小。

（2）工作距离要大。由于样品的表面粗糙，起伏较大，应拉大工作距离，增加图像的景深。

（3）加速电压要高。为增加二次电子的产额，提高图像的信噪比，加速电压在 25～30kV 为宜。

（4）束斑尺寸要小。观察样品时，应根据样品产生信号的强弱将束斑尺寸调到相对最细的档次上，以提高图像的分辨率。

（5）采用手动跟踪聚焦。这是因为有的样品局部高度超出了景深范围，应用这种方法进行局部焦点补偿。在确定所需的调节量、调节速度和范围时，应在拍摄前反复先操作 1～2 遍。

将喷金处理后的样品放在扫描电镜真空室中，在高真空指示灯亮后 2min 左右打开隔离阀，分别拍摄了 3 000 倍和 300 倍放大倍数的数码照片共 95 幅，拍摄时选择自然掰断的断面（没有受到扰动），先在较高放大倍数下找到典型的结构单元体，再逐步降低放大倍数拍摄，以保证所得图像的清晰度。

4. 饱和软土微结构图像处理技术

1）图像预处理

由于图像在输入时因为光线强弱、电压及频率的波动及各种电磁信号等因素对摄像过程的干扰，拍摄的图像往往有一些干涉影像，需要对其进行一定的纠正，即进行图像预处理，以达到恢复图像本来面目之目的。本次选用的预处理方法主要有去噪声、直方图均衡化和直方图规定化等三种。

2）图像分析

图像分析就是对预处理后的图像按照结构要素基本构成的模式进行图像分解、筛选和标定的过程。其主要环节如下所述。

（1）图像三值化。从一幅理想的扫描电镜照片上一般只能划分出三大部分，即颗粒、孔隙及其过渡带。在黑白片上，颗粒多呈浅色调，孔隙则为暗色部分，而过渡带却介于两者之间，多为颗粒的外延部分或粒间结合物。因此，可以将图像划分成三大部分并以相应的灰度加以区分。这一过程即为图像的三值化过程。

（2）图像分割。结构参数的获得大多是通过对客体（颗粒或孔隙）边缘进行跟踪实现的。因此，其路径应当是唯一的，并且还应当是闭合的。但是，由于图像三值化过程是一个机械的灰度分析过程，对单个客体不具备智能化识别能力，难免出现客体或客体之间的单点连接状况。这时，沿客体的边缘追踪将"迷失方向"，因而需要事先消除这种单点连接情况，即所谓的"图像分割"。

（3）图像筛选。由于图像三值化分割后会留下许多孤点或小面积客体，在某些客体内部还可能存在一些"空洞"，这些特征不仅没有多大结构意义，而且还可能影响到结构参数检测的正常进行和速度。为此，需要去除无意义的"孤点"和客体内部的"空洞"，即所谓的"图像筛选"。

（4）边缘提取。勾绘出颗粒和孔隙的边缘轮廓，以便追踪这些边缘去提取有关的结构参数。

3）结构参数检测

通过对边缘提取后的微结构照片进行客体边缘追踪，并按照按一定的规则对有关结构要素的参数值进行提取的过程称为结构参数检测。通过结构参数检测，可以对微结构图像进行分析和检测，提取孔隙总面积、孔隙个数、平均孔隙周长、平均孔隙直径、平均孔隙面积、孔隙度、孔隙复杂度、孔隙分布分维和颗粒分布分维等微结构参数。

5.3.2　强夯处理前后饱和软土微结构形态变化规律

土的宏观工程性状在很大程度上受到微结构的系统状态或整体行为的控制，任何一种基于适度均匀化处理的连续介质模式都很难准确地表述其结构的复杂性。现有的各种本构模型（计算模型）基本都是针对饱和扰动土或砂土而发展起来的，未能真正地考虑实际的土体（原状土）的结构性，因而实际的工程计算结果难以模拟土体的实际状态，往往会出现较大计算误差（这种误差有时可能高达数十倍）。为了深入了解实际饱和软土的微结构特点及其对工程性质的影响，本节采用了上述饱和软土微结构分析技术，对动力排水固结预处理前后的饱和软土微结构进行了定性和定量研究。

1. 土体的微结构形态

1）土体微结构形态系统概念模型

土体微结构实质上是一种物质状态，是指土体颗粒及孔隙的排列、形状、接触关系的组合形式，其可以用某些有限的状态参数（结构要素）加以确定。在广泛查阅、对比有关文献的基础上，本节认为土体微结构形态系统概念模型可以用图 5.20 表示，即饱和软土的微结构状态是一系列结构形态要素（$x_1, x_2, \cdots, x_n$）的函数，可表示为

$$S \sim f(x_1, x_2, \cdots, x_n) \tag{5.6}$$

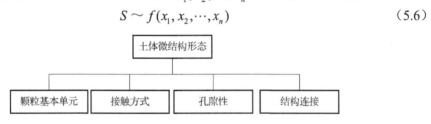

图 5.20　土体微结构形态系统概念模型

2）土体微结构特征

大量研究结果表明，土体微结构形态主要内容包括颗粒基本单元、接触方式、孔隙性、结构连接四个方面。

（1）基本单元。结构单元体系指具有一定轮廓界线的承力的固体单元。它既可能是单个的矿物颗粒（即所谓的"单粒"），也可能是多个矿物的聚集体（即所谓的"集粒"）。事实上，在自然界中，单粒结构单元体是不多见，更常见的是集粒结构单元体。因此，集粒特征实际上成为结构模型分类的主要依据之一。长期以来，有关研究人员提出了大量的有关集粒的表述术语和分类方案，常见的术语有集合体、集聚体、集束体、团聚体、团粒、叠聚体、叠片体、磁畴、凝块体等。

（2）接触方式。接触方式反映了结构单元体之间的空间位置关系。一般具有如下几种典型接触方式，如图 5.21 所示。

　　（a）面—面接触　　　　　（b）边—边接触　　　　　（c）边—面接触

图 5.21　单元颗粒的典型接触方式

面—面（F—F）接触，指基面对基面式相接触的情况。土颗粒由于面—面接触而通常会叠置成具有较强定向性的颗粒集合体，形成定向结构（oriented structure）。面—面接触形式只适用于描述矿物成分比较单一的黏土中的组合情况，其集合体形式才是构成其他复杂结构模式（如骨架结构）的基本单元，如图 5.21（a）所示。

边—边（E—E）接触，指土颗粒之间以断面对断面时的接触情形。这种接触主要是因断面之间电性不同而产生静电引力结合在一起的。它是构成絮凝结构的必要条件之一，如图 5.21（b）所示。

边—面（E—F）接触，是土颗粒基面与另一颗粒的棱边相接触的情况。这种接触通常也主要是由于断面之间电性不同面产生静电引力结合在一起的。边—面的结合是最弱的，如图 5.21（c）所示。

（3）孔隙性。土的孔隙性包括孔隙的大小、颁布、复杂度等方面。很显然，它们对土的工程地质及水文地质性质都具有重要影响。黏性土的孔隙性主要取决于固体颗粒的性质，如颗粒或集合体的大小、分布、形状、排列、结合程度等。

国内外对黏土孔隙的分类方案很多，但主要的分类原则是孔隙的大小或孔隙的存在部位两种。

① 单纯按孔隙大小的分类。由于研究目的不同，国内外对土孔隙的分类方案很多，人们选择孔隙大小界线标准也不尽一致。例如，国外科研人员是以 30μm 和 100μm 为界限将土孔隙划分为三大类，即微孔隙（< 0.02μm）、小孔隙（0.02~0.8μm）和大孔隙（> 0.8μm）；从工程运用的角度，也有研究人员建议以 0.1μm 为界限将土孔隙分为宏观孔隙和微孔隙两种。

② 按孔隙存在部位分类。由于对结构单元体的认识不一，各种分类方法在分类细节上仍有一定的差异。比较有影响的分类方案是将组成黏土的基本单位分成四级，即颗粒、粒群、单元和集合物，相应地将孔隙划分为粒间孔隙、群间孔隙、集合体内孔隙、集合体间孔隙和贯通集合体孔隙五类。孔隙类型示意图如图 5.22 所示。

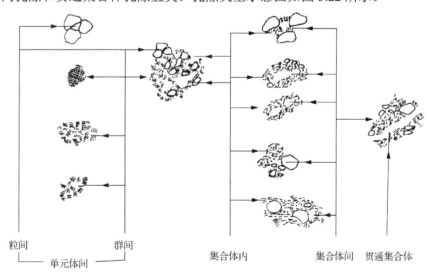

图 5.22　孔隙类型示意图

（4）结构连接。就土的结构连接分类而言，长期以来一直存在着两种截然不同的观点。一种观点主张以粒间结合部的物质成分为依据，主要的连接类型有无连接（或镶嵌接触）、冰连接、毛细水连接、结合水连接和胶接连接等五类。我国有关学者强调指出，物质成分内部各质点之间的连接和基本单元内部成分之间的连接，与基本单元之间的结构连接是不相同的，它们属于不同的结构层次，虽然有时是交叉和搭接的，不太容易严格区分，但是在一般情况下，决定天然土的结构强度和工程性质的，主要是基本单元之间的连接，因此应划分为四大类型，即接触连接、胶接连接、同相连接和链条连接（图 5.23）。

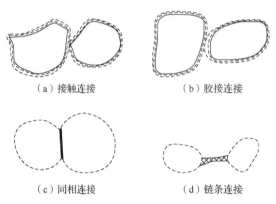

（a）接触连接　　　　　　　　（b）胶接连接

（c）同相连接　　　　　　　　（d）链条连接

图 5.23　常见连接类型

另一种观点被称为结构连接的"现代概念"，该观点认为只有粒间作用力性质才能反映结构连接的本质，因此主张以粒间距离和作用力的强弱为依据划分结构连接类型，并且认为黏性土中分散体系的接触类型主要有凝聚型、过渡型和同相型，如图 5.24 所示。其中，凝聚型还可根据其接触强度大小细分为远凝聚型和近凝聚型两个亚类。

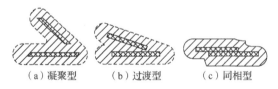

（a）凝聚型　　　　（b）过渡型　　　　（c）同相型

图 5.24　分散体系的接触类型

综观这两种分类观点，前者反映连接的形式，鉴别容易，直观方便；而后者可以揭示结构连接的本质，但需要复杂的仪器设备作为保障，具有明显的科研属性。因此，两者各有利弊，可以互相补充。

3）饱和软土微结构的分类

自太沙基于 1925 年首次提出土体微结构概念以来，伴随着冷冻制样技术、扫描电镜技术、图像处理技术的发展，国外有关学者通过对土结构的系统研究，提出了丰富的天然土体结构模型。我国自 20 世纪 70 年代以来，对土体天然结构模型的研究亦取得了令人瞩目的成就，比较有代表性的是土体微结构类型分类（表 5.3），这种分类方法已被广泛运用到各种工程土的研究中。

表 5.3　土体微结构类型分类

土类	结构要素			结构单元名称或结构类型	一般工程地质特性
	基本单元	排列	连接		
黏性土	粒状（碎屑、集粒）	镶嵌	接触	"粒状、镶嵌、接触"结构	密实的轻亚黏土
	粒状（碎屑、凝聚体）	开放镶嵌	胶接	"粒状、开放镶嵌、胶结"结构	亚黏土
	凝块（集粒、凝聚体、碎屑）	镶嵌	胶接	"凝块、镶嵌、胶结"结构	黏土
	絮状（微密絮凝体）	镶嵌	黏胶基质	"凝块、镶嵌、黏胶基质"结构	灵敏黏土
软土	粒状（碎屑、集粒、凝聚体）	开放	链接	"粒状、开放、链接"结构	淤泥质亚黏土
	絮状（开放、絮凝体）	开放	长链连接	"絮状、开放、长链连接"结构	淤泥质黏土

　　基于这种结构划分原则，在比较分析珠江三角洲代表性地区的海积软土天然状态下的上千幅结构照片后，通过归类、筛选，可将天然状态下的软土微结构划分为以下 5 种类型。

　　（1）蜂窝状结构。在连续沉积或堆积情况下，形成的一种多孔、貌似蜂窝的结构。颗粒接触关系以面—面为主，黏粒粒径为 $1\sim2\mu m$，黏粒含量高，大于 25%；结构疏松，孔隙率高，可达 60%～90%，天然含水量常超过液限。

　　（2）海绵状结构。黏粒形成的聚集体，以面—面、边—边的接触方式，形成细小而多孔的网状结构。孔隙较均匀地散布在集合体之间，黏粒含量高，大于 30%；结构疏松，强度低。

　　（3）骨架状结构。黏粒含量高，粉粒含量较低。以粉粒为骨架，构成松散而均匀的多骨架结构，黏粒不均匀地呈薄膜状覆于颗粒表面或在粉粒之间。

　　（4）絮状结构。在珠三角淤泥中发现的一种比较特殊的结构。此种结构的黏粒含量大，黏粒之间以面—面接触，黏土矿物以高岭石为主。黏粒层叠成长絮状集合体，具成层性，粉粒独立地散布在集合体周边；孔隙率大，可达 50%～60%。其间的裂隙分布于长絮状集合体间，不均匀。

　　（5）凝块状结构。黏粒组成的微集合体集成粒径大于 $30\mu m$ 的团块，粒径之间的接触以面—面为主，粉粒含量较少，散布于团块表面或在团块之间，起连接作用，常有贯通各团块之间的无定向裂隙发育，结构比蜂窝状稍密。

　　2. 动力排水固结预处理前后微结构类型

　　1）饱和软土动力排水固结预处理前后微结构类型特点

　　借助基于饱和软土液氮真空冷冻制样技术、扫描电镜技术和饱和软土微结构分析技术，获取了广东科学中心试验区动力排水固结处理前后的饱和软土微结构数字照片近百幅，典型微结构照片如图 5.25～图 5.27 所示。

　　通过对近百幅微结构照片进行分析研究后可以发现，广东科学中心试验区饱和软土微结构主要由叠片体状的凝块和絮凝体两种基本单元组成，大部分孔隙直径在 $0.2\mu m$ 左右。凝块主要包括充填于粉粒或砂粒孔隙之间的集聚体和围绕着细小的碎屑矿物经团粒化作用后形成的集粒。各类凝块内部排列紧密，相互之间呈镶嵌式排列。

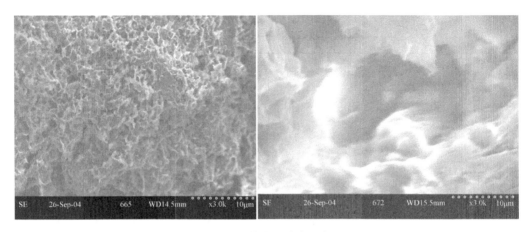

图 5.25　蜂窝状结构照片

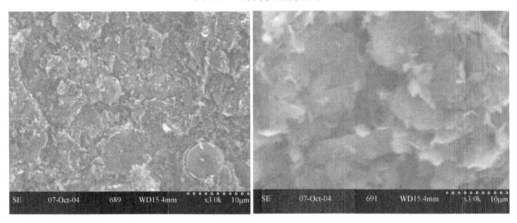

图 5.26　骨架状结构照片

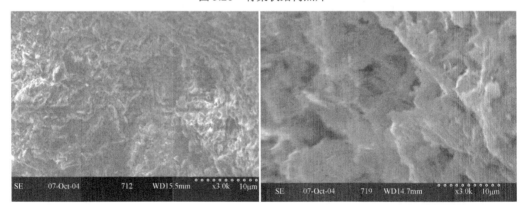

图 5.27　结合结构照片

　　结构单元之间以面—面接触和边—面接触为主，少量存在边—边接触，基本上不存在点—面接触方式。面—面接触方式在动力排水固结处理后的结构中发现较多。基本单元体之间通过"面—面"型结合水膜连接和"边—面"型接触连接，形成了空间三维片架结构模式，造成土体孔隙大小不一、孔洞形状复杂、孔隙连通性较差，宏观上体现为孔隙度高。

基于有关理论，可以发现本次研究的饱和软土微结构类型主要有蜂窝状结构、骨架状结构、絮状结构和凝块状结构。

2）动力排水固结处理前后土样微结构特征对比

通过对动力排水固结处理前后饱和软土地基的微结构特征进行详细比对，可以明显得出以下结论。

（1）经过动力排水固结预处理之后，强夯前和强夯后、夯区内与夯区外饱和软土的微结构有明显变化，其微结构如图 5.28～图 5.31 所示。经动力排水固结预处理后，微结构连接更为紧密，微结构基本单元由紊流状排列向定向排列转化，其中夯点变化明显强于夯间；球状或朵状的碎屑集聚体分布于大孔隙中或颗粒边缘处，呈镶嵌式排列，饱和软土变得更为密实。

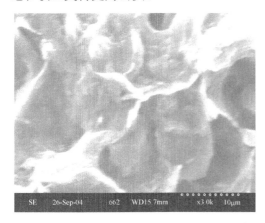

图 5.28　强夯前微结构

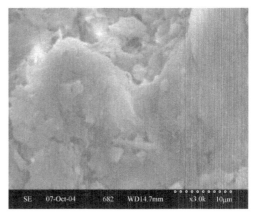

图 5.29　强夯后微结构

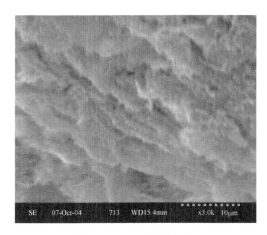

图 5.30　夯区内微结构

图 5.31　夯区外微结构

（2）经过动力排水固结 0 预处理之后，夯点、夯间和夯区外饱和软土的孔隙特性有明显变化。将经过动力排水固结预处理的饱和软土微结构按照夯点、夯间和夯区外进行分类，典型特点如图 5.32～图 5.34 所示。由上述可以发现，采用动力排水固结法对广东科学中心试验区饱和软土地基进行预处理后，土体的孔隙特征均发生了变化：从夯区外→

夯间→夯点,大孔隙数目明显减少,孔径趋向于变小,与此同时,微孔隙数目和大小变化幅度较小。

采样深度/m	4.3～4.5
照片编号	ZK1-2
孔隙率	0.492
孔隙总面积/μm^2	12 543
孔隙数目/个	419 841
孔隙平均面积/μm^2	0.028 98
孔隙平均直径/μm	0.195 03
孔隙平均周长/μm	0.515 912
孔隙的复杂度	20.509 1

图 5.32 夯点软土微结构图

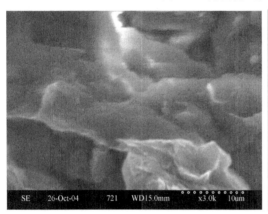

采样深度/m	4.3～4.5
照片编号	ZK1-1
孔隙率	0.502
孔隙总面积/μm^2	12 608
孔隙数目/个	419 545
孔隙平均面积/μm^2	0.030 052
孔隙平均直径/μm	0.195 609
孔隙平均周长/μm	0.517 429
孔隙的复杂度	20.449

图 5.33 夯间软土微结构图

采样深度/m	4.3～4.5
照片编号	ZK8
孔隙率	0.538
孔隙总面积/μm^2	125 90
孔隙数目/个	419 548
孔隙平均面积/μm^2	0.030 008
孔隙平均直径/μm	0.195 469
孔隙平均周长/μm	0.517 058
孔隙的复杂度	20.463 64

图 5.34 夯区外软土微结构图

（3）动力排水固结加固施工工艺对饱和软土微结构变化影响较大。将采用不同动力排水固结预处理工艺处理后的饱和软土在相同深度处的微结构照片进行分类研究，得出一组典型照片，如图 5.35～图 5.39 所示。对这些照片进行对比分析可知，在相同深度处，第 3 试夯区和第 4 试夯区段的软土微结构最紧密，第 5 试夯区段次之，第 1 试夯区和第 2 试夯区段最差。显然，夯击过程中平整夯坑工艺影响了微结构（即第一遍夯击完成后，采用夯区内砂土填实推平后，再进行第二遍夯击的加固效果要优于第一遍夯击完成后，用夯区外砂土填实推平后再进行第二遍夯击的加固效果）。

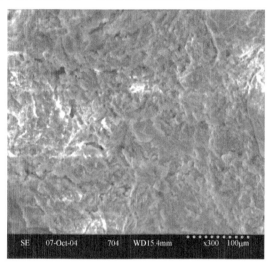

图 5.35　第 1 试夯区微结构图

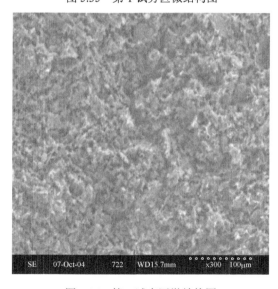

图 5.36　第 2 试夯区微结构图

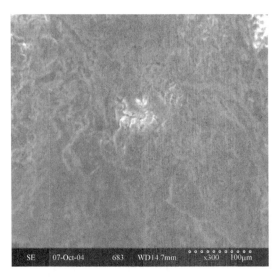

图 5.37 第 3 试夯区微结构图

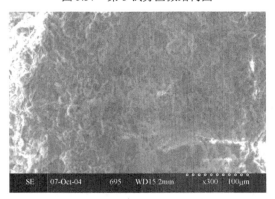

图 5.38 第 4 试夯区微结构图

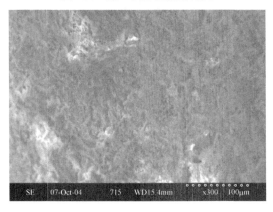

图 5.39 第 5 试夯区微结构图

3）动力排水固结处理饱和软土地基的微观机理

动力排水固结法处理饱和软土地基时，在严格控制的"少击多遍、逐级加能、双向排水"的强夯工艺作用下，各单元体表面的薄膜水受挤压减薄，由此产生的多余水变为自由水，同时，单元体发生相对位移，部分单元体重新定向排列，由紊乱状态进入稳定状态，孔隙度降低，使饱和软土中产生超孔隙水压力和附加应力；强夯产生的附加应力借助于塑料排水板等所形成的排水通道，迅速向排水通道的底部传递，从而使塑料排水板等排水通道所达到的深度范围内的软土都受到强夯作用的影响；同时，冲击产生的压缩波传到地表临空面时，反射则成为拉伸波再传入土中，土体越软，抗拉强度越低，则越容易产生拉伸微裂纹。在很高的孔隙压力梯度作用下，软土中的拉伸微裂纹贯通成为排水通道，与排水板构成横竖交叉的网状排水系统。软土中高压孔隙水经网状排水系统很快排到地表夯坑或砂垫层中，且随着土中孔隙压力消散，软土含水量和孔隙比明显降低，软土固结后变成较密实的可塑状土，强度大幅度增长，压缩性大大降低，宏观表现为土体承载力提高。

3. 孔隙特性的定量研究

1）孔隙参数定量化指标

通过对扫描电镜获得的图像进行图像分析处理，可以提取出孔隙总面积、孔隙数目等参数定量化指标。在此基础上，还可将以下参数进行定量化。

（1）孔隙平均直径（Φ_b）。平均孔隙直径指的是扫描电镜照片整个研究区域中所有孔隙直径的平均值，可用下式求得：

$$\Phi_b = \frac{\sqrt{4\overline{A_b}}}{\pi} \tag{5.7}$$

式中：$\overline{A_b}$——平均孔隙面积（μm^2）。

（2）孔隙度（n）。指的是孔隙的总面积与扫描电镜照片的整个研究区域总面积之比，即

$$n = \frac{A_b}{A_T} \tag{5.8}$$

式中：A_b——研究区域孔隙总面积（μm^2）；

　　　A_T——研究区域总面积（μm^2）。

（3）孔隙复杂度（D_c）。孔隙复杂度指的是孔隙周长与孔隙面积之间的关系的定量评价，其计算公式为

$$D_c = \frac{2\ln P_T}{\ln A_b} \tag{5.9}$$

式中：P_T——研究区域孔隙总周长（μm）。

孔隙复杂度值越大，说明孔隙的扭曲程度越高，孔隙就越复杂。如面积同为 100 μm^2 的圆形、正方形和三角形，其 D_c 值分别为 1.550、1.602 和 1.659。

2）孔隙参数定量指标特征

通过对所取 46 个土样的 46 幅（300 倍）放大倍数的扫描电镜照片进行分析处理，提取了孔隙总面积、孔隙数目、平均孔隙面积、平均孔隙直径、平均孔隙周长、孔隙复杂度和孔隙度等孔隙参数定量指标，其指标特征如下所述。

（1）孔隙度变化规律。将各种工艺处理前后饱和软土孔隙度随深度变化曲线绘制如图 5.40 所示，由图可知如下几点。

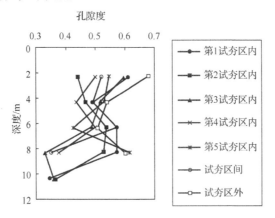

图 5.40 动力排水固结处理前后饱和软土孔隙度随深度变化曲线

① 与动力排水固结处理前相比，软土的孔隙度均有所减小。由于砂垫层和含砂量高的下卧层的良好排水条件的影响，浅层和深层减小的幅度相对较大，中间的淤泥层和淤泥质粉土层由于相应的排水条件要差一些，其孔隙度减小幅度要小一些。

② 不同工艺处理时，孔隙度减小的幅度不同。相对比之下，第 3、4 试夯区土层深度的处理效果要显著一些。

③ 试夯区间由于受到动力排水固结处理的影响，其孔隙度也有所减小，且上下接近砂层部分减小幅度较大。

（2）孔隙复杂度变化规律。各种动力排水固结处理前后软土孔隙复杂度随深度变化曲线如图 5.41 所示，由图可知如下几点。

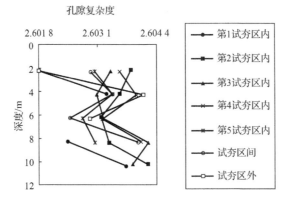

图 5.41 动力排水固结处理前后软土孔隙复杂度随深度变化曲线

① 天然饱和软土的孔隙复杂度控制在 2.601 8～2.604 4，相对而言，孔隙的扭曲程度较高，孔隙结构较复杂。

② 经过动力排水固结处理，浅层和深层的孔隙复杂度均有较大提高，可能是由动力排水固结处理导致砂土颗粒与淤泥或淤泥质粉土的絮凝体结合，使孔隙扭曲且变得复

杂。在中间较厚的淤泥层和淤泥质粉土层中，孔隙复杂度变化相对较小。

③ 随着深度的增加，饱和软土孔隙复杂度有增大的趋势，这说明由于成岩作用的影响，土层深度越大，孔隙扭曲程度越高，土体微结构越为紧密。

④ 由试夯区内→试夯区间→试夯区外，孔隙复杂度呈现增大趋势，这说明经过动力排水固结处理，孔隙被扭曲复杂化，土体变得密实。

（3）孔隙平均直径变化规律。孔隙平均直径随深度变化曲线如图 5.42 所示，由图可知如下几点。

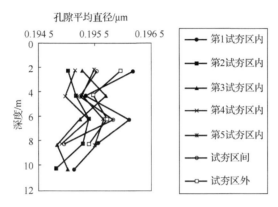

图 5.42　动力排水固结处理前后软土孔隙平均直径随深度变化曲线

① 饱和软土孔隙的平均直径控制在 0.194 5～0.196 5 μm。

② 动力排水固结工艺对孔隙平均直径的变化具有一定的影响，采用夯区内土推平填实工艺时，孔隙的平均直径减小的效果要明显一些。

③ 随着深度增加，饱和软土微结构孔隙平均直径有减小的趋势，土体越来越密实，强度越来越高。

（4）孔隙数目变化规律。动力排水固结处理前后软土孔隙数目随深度变化曲线如图 5.43 所示，由图可知如下几点。

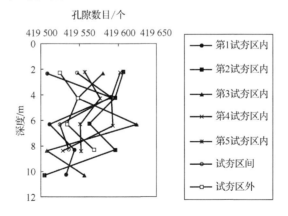

图 5.43　动力排水固结处理前后软土孔隙数目随深度变化曲线

① 经过动力排水固结处理后，孔隙数量有所增加，但增加幅度不大。孔隙总数目

控制在 419 500～419 625 个，变化率不大。

②　动力排水固结工艺对孔隙数目的变化具有一定的影响，采用夯区内土推平填实工艺时，孔隙的数目增加要明显一些。

③　动力排水固结法处理时，浅层孔隙数量增加要大一些，随着深度的增加，孔隙数量变化率减小。

④　随着深度增加，饱和软土微结构孔隙数量有减小的趋势。

（5）孔隙面积变化规律。孔隙总面积和平均孔隙面积随深度变化曲线如图 5.44 所示，由图可知如下几点。

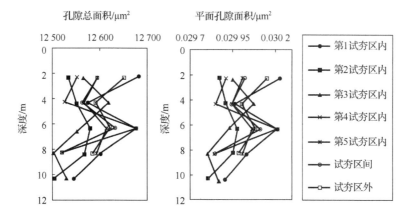

图 5.44　动力排水固结处理前后软土孔隙面积随深度变化曲线

①　在动力排水固结法处理下，孔隙总面积和孔隙的平均面积均呈现减小的趋势，孔隙的平均面积控制在 0.029 8～0.030 4μm²。

②　孔隙面积的变化受动力排水固结工艺的影响，当采用夯区内土推平填实工艺时，孔隙面积减小要明显一些。

③　动力排水固结法处理时，浅层孔隙面积减小率要大一些，随着深度的扩展，孔隙面积减小率变小。

④　随着深度的扩展，孔隙的总面积和平均面积均有减小的趋势，这说明随着深度的扩展，土体变得越来越密实。

（6）孔隙平均周长变化规律。孔隙平均周长随深度变化曲线，如图 5.45 所示，由图可知如下几点。

①　孔隙的平均周长控制在 0.515～0.52μm。

②　在动力排水固结法处理下，孔隙的平均周长呈现减小的趋势，其变化受动力排水固结工艺的影响，当采用夯区内土推平填实工艺时，孔隙的平均周长减小要明显一些。

③　采用动力排水固结法处理时，浅层孔隙平均周长变化要大一些，随着深度的增加，变化率减小。

④　随着深度的增加，孔隙的平均周长呈现减小的趋势，这说明随着深度的增加，孔隙变得越来越小了，土体越来越密实了。

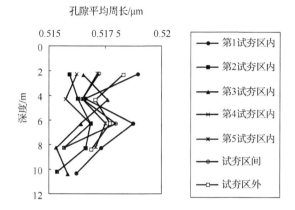

图 5.45　动力排水固结处理前后软土孔隙平均周长随深度变化曲线

4. 饱和软土微结构孔隙分布的分形结构

分形几何学（fractal geometry）的诞生和发展，对于揭示这类自然介质中广泛存在的无规则形体的内在规律——标度不变性，已显示出巨大的生命力。由于土体材料大都表现出分形分布，具有自相似性特征或尺度不变性，利用分形几何学理论，采用分维（fractal dimension）来描述土的粒度特征，可以很好地表述土颗粒特征、孔隙特征及结构特征的关系。

1）分形几何理论

分形几何学是由法国学者于 1975 年首先提出的，该理论的主要内容是研究一些具有自相似性（self-similar）的不规则曲线、具有自反演性（self-reverse）的不规则图形、具有自平方性（self-squaring）的分形变换以及具有自仿射（self-affine）的分形集等。其主体内容是自相似分形，又称线性分形。自相似性分形就是认为维数变化可以是连续的，不必是整数而可以是分数，处理的对象只有非规则性和自相似性（简单地说，就是局部是整体成比例缩小的性质，也称尺度不变性）。分维是分形几何学理论中最重要的概念，它为表征自然界普遍存在的不规则性、复杂性提供了科学方法。

2）分维的定义

分形几何学中的分维（fractal dimension）这一概念通常用豪斯多夫维数（Hausdorff dimension）来表示，其具体定义如下：设 E 是一个点集，I_1，I_2，I_3，$\cdots$，I_n，I_{n+1}，$\cdots$ 是一串合在一起能覆盖点集 E 的开区间，α 为大于零的实数，δ 为区间的最大长度，对于点集 E 的 Hausdorff 外测度 $H_{\delta}^{\alpha}(E)$ 有

$$H_{\delta}^{\alpha}(E) = \inf \left\{ \sum_{i=1}^{\infty} |I_i|^{\alpha} : \bigcup_{i=1}^{\infty} I_i \in E, |I_i| \leqslant \delta \right\} \tag{5.10}$$

如果存在 D_H，使得
当 $0 < \alpha < D_H$ 时，

$$H_{\delta}^{\alpha}(E) \to \infty$$

当 $D_H < \alpha < \infty$ 时，

$$H_{\delta}^{\alpha}(E) \to 0$$

则称这样的 D_H 为点集 E 的 Hausdorff 维数。

　　通常人们所谈到的分维是立足于自相似性的，因此，对于某一图形（或现象），按照某种尺度 ε 可分为 $N(\varepsilon)$ 个各自相似，且与整个图形相似的部分，这个图形的分维可表示为

$$D = -\lim_{\varepsilon \to 0} \frac{\ln N(\varepsilon)}{\ln \varepsilon} \qquad (5.11)$$

式中：ε——标度；

　　　　$N(\varepsilon)$——在该标度下所得到的量度值；

　　　　D——研究对象的分维。

　　式（5.11）提供了测定分维的方法；测出一系列的 ε 与相应的 $N(\varepsilon)$，在双对数坐标下，$\ln N(\varepsilon) \text{-} \ln \varepsilon$ 直线部分的斜率就是所研究对象的分维 D。

　　3）孔隙分布分维的算法

　　孔隙分布分维情况反映土体孔隙的平面分布状况，是孔隙形态和土体的密实度的集中表现。根据式（5.11），本节采用以下所述的 Sandbox 法来确定孔隙分布分维。

　　如图 5.46 所示，以边长为 ε 的正方形网格将图像进行正交分割，设所得的正交分割网格中含有孔隙（包括部分含有孔隙）的网格总数为 $N(\varepsilon)$，通过逐步减小网格边长 ε 来加密正交格网，获得对应的网格总数为 $N(\varepsilon)$。将这些数据对描绘于双对数坐标系中，即可直观确定 $\ln N(\varepsilon) \text{-} \ln \varepsilon$ 的对应关系。如果对应关系存在线性特征，则表明孔隙分布具有分形特征，对应的孔隙分布分维值为

$$D_{\mathrm{bd}} = -\lim_{\varepsilon \to 0} \frac{\ln N(\varepsilon)}{\ln \varepsilon} = -K \qquad (5.12)$$

式中：ε——网格单元边长；

　　　　$N(\varepsilon)$——网格单元边长为 ε 时划分网格中含有孔隙网格总数；

　　　　K——双对数坐标系中线性部分直线的斜率。

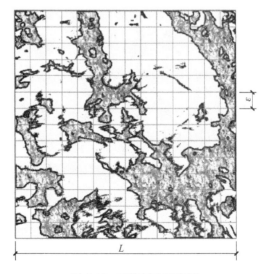

图 5.46　网格划分示意图

4）饱和软土孔隙分布分维值特征

广东科学中心饱和软土试样典型的 $\ln N(\varepsilon)$ - $\ln \varepsilon$ 分布三维散点图如图 5.47 所示。由图可知，饱和软土的 $\ln N(\varepsilon)$ - $\ln \varepsilon$ 曲线具有稳定且良好的线性段，这说明饱和软土孔隙具有明显的分形结构特征。

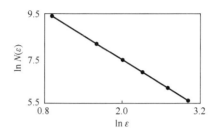

图 5.47　典型孔隙分布三维散点图

按照线性回归的方法，可以计算出动力排水固结处理前后饱和土体孔隙分布分维值，如表 5.4 所示；孔隙分布分维值随孔隙度变化规律，如图 5.48 所示。由表 5.4 和图 5.48 可知如下几点。

表 5.4　动力排水固结处理前后土体孔隙分布分维值

取样点	分布分维值				
	2.30～2.50m	4.30～4.50m	6.30～6.50m	8.30～8.50m	10.3～10.5m
ZK1-1		1.768 3		1.782 7	1.782 4
ZK1-2	1.869 2	1.828 2		1.897 1	1.689 5
ZK2-1		1.749 2		1.775 3	1.668 5
ZK2-2	1.714 7		1.797 4	1.756 8	
ZK3-1		1.758 0			
ZK3-2	1.799 7		1.783 6	1.702 6	1.627 9
ZK4-1	1.762 6	1.737 9	1.785 0	1.621 3	
ZK4-2	1.755 9	1.706 7	1.778 2	1.692 9	
ZK5-1	1.803 5	1.800 3	1.884 9		
ZK5-2	1.767 0	1.846 5	1.876 9	1.846 9	
ZK6	1.780 7	1.722 5	1.812 0	1.772 8	
ZK7	1.820 2	1.850 0	1.751 7		
ZK8	1.861 9	1.822 2	1.781 8	1.826 2	

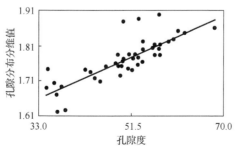

图 5.48　孔隙分布分维值随孔隙度变化规律图

（1）饱和软土孔隙分布分维值一般为 1.61～1.91，变动范围为 0.3 左右，其均值为 1.769 6。

（2）孔隙分布分维值与孔隙度具有较好的线性关系（$R^2 = 0.658\,1$），其线性关系可以表示为

$$D_{\mathrm{bd}} = 1.449 + 0.064n \tag{5.13}$$

式中：D_{bd}——孔隙分布分维值；

　　　n——孔隙度。

式（5.13）表明：随着孔隙度的减小，孔隙分布分维值呈减小趋势，因此，孔隙分布分维值是饱和软土密实程度的表现，土体越密实，孔隙分布分维值就越小。

（3）孔隙发育程度越低，密度越大，孔隙度越小，孔隙分布分维值就越小。

（4）动力排水固结处理工艺对孔隙分布分维值有一定的影响，采用夯区内土推平填实工艺对孔隙分布分维值的减小效果最为明显，即采用此法处理时土体将变得更为密实。

5. 饱和软土微结构颗粒分布的分形结构

1）颗粒分布分维值的算法

颗粒分布情况既反映了颗粒的形态，又可以说明土体的密实状态。本节采用类似孔隙分布分维值的计算法确定颗粒分布分维：以边长为 ε 的正方形网格将图像进行正交分割，设所得的正交分割网格中含有颗粒（包括部分含有颗粒）的网格总数为 $N(\varepsilon)$，通过逐步减小网格边长 ε 来加密正交格网，获得对应的网格总数为 $N(\varepsilon)$。将这些数据对描绘于双对数坐标系中，即可直观确定 $\ln N(\varepsilon)\text{-}\ln\varepsilon$ 的对应关系。如果对应关系存在线性特征，则表明颗粒分布具有分形特征，对应的颗粒分布分维值为

$$D_{\mathrm{pd}} = -\lim_{\varepsilon \to 0} \frac{\ln N(\varepsilon)}{\ln \varepsilon} = -K \tag{5.14}$$

式中：D_{pd}——颗粒分布分维值；

2）饱和软土颗粒分布分维值特征

根据图像处理结果，采用上述分维算法，绘制相应的 $\ln N(\varepsilon)\text{-}\ln\varepsilon$ 分布三维散点图，如图 5.49 所示。结果表明，动力排水固结法处理前后的饱和软土试样的 $\ln N(\varepsilon)\text{-}\ln\varepsilon$ 曲线具有稳定且良好的线性段，区间范围较大，具有明显的分形结构特征。

按照线性回归的方法，可以计算出动力排水固结处理前后饱和土体颗粒分布分维值。将颗粒分布分维值随孔隙度变化规律绘制成图，如图 5.50 所示。

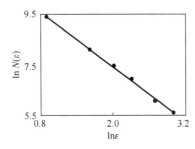

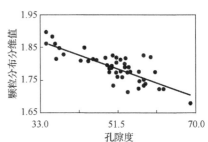

图 5.49　典型颗粒分布分维值散点图　　　图 5.50　颗粒分布分维值随孔隙度变化规律图

由图 5.50 可知以下几点。

（1）饱和软土颗粒分布分维值一般为 1.65～1.90，变动范围约为 0.25，其均值为 1.790 1。

（2）动力排水固结处理使饱和软土的孔隙度减小，随着孔隙度的减小，颗粒分布分维值呈增大趋势。

（3）颗粒分布分维值与孔隙度具有较好的线性关系（$R^2 = 0.646\,3$），其线性关系可以表示为

$$D_{pd} = 2.038\,8 - 0.004\,9n \tag{5.15}$$

式中：D_{pd}——颗粒分布分维值；

$\quad\quad n$——孔隙度。

（4）动力排水固结处理工艺对颗粒分布分维值有一定的影响，采用夯区内土推平填实工艺对颗粒分布分维值的增大效果最为明显，即采用此法处理饱和软土时效果更明显，土体将变得更为密实。

（5）颗粒分布分维值是土体密实度的微观表现，其值越高，反映土体的密实度越大，颗粒分布形态越复杂。

5.3.3 软土工程性质指标与微结构参数的相关性分析

1. 微结构参数与压缩系数的相关性分析

压缩系数是表征土的压缩性的重要指标，压缩系数越大，表明在某压力范围内孔隙比减少得越多，压缩性就越高。评价不同状态土的压缩系数的大小，常以 0.1～0.2MPa 压力区段的压缩系数（α_{s1-2}）作为判断土的压缩性高低的标准，故在本节主要研究探讨 α_{s1-2} 与微结构参数之间的相关性。

通过对扫描电镜所拍摄的照片进行图像分析，结合实验室土工试验（固结试验），获得饱和软土微结构参数与压缩系数数据。

为了深入了解饱和软土微结构参数对压缩系数的影响程度，分别对动力排水固结处理前后饱和软土微结构参数与压缩系数的线性关系进行了显著性分析。分析过程中，以压缩系数（α_{s1-2}）为因变量，其余结构参数为自变量。

1）动力排水固结处理前软土微结构与压缩系数的相关性分析

受所取饱和软土试样数量的限制，动力排水固结处理前饱和软土微结构参数与压缩系数相关性分析采用单相关分析。通过线性回归分析，得到动力排水固结处理前饱和软土微结构参数与压缩系数的相关系数。

（1）动力排水固结处理前，饱和软土的压缩系数与孔隙度呈现较强的线性相关性，其相关系数绝对值为 0.880 51，相关方程为

$$\alpha_{s1-2} = -1.95 + 5.49n \tag{5.16}$$

式中：α_{s1-2}——压缩系数。

饱和软土孔隙度与压缩系数关系如图 5.51 所示，由图 5.51 可以发现，随着孔隙度

的增大，饱和软土压缩系数呈现增大趋势，即饱和软土的压缩性随孔隙度的增大而增大。

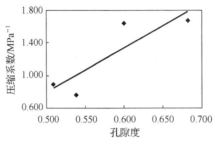

图 5.51 动力排水固结处理前饱和软土孔隙度与压缩系数关系

（2）孔隙总面积、孔隙数量、孔隙平均面积、孔隙平均直径和孔隙平均周长等微结构参数间存在显著的线性相关性，相关系数绝对值均在 0.93 以上。

（3）除孔隙度外，大部分微结构参数与压缩系数不存在显著的线性相关性。

2）动力排水固结处理后软土微结构与压缩系数的相关性分析

采用多元逐步线性回归的方法，对试夯区 5 个试夯段间所取得的 46 个饱和软土试样微结构参数进行线性相关分析。当显著性水平 α 为 0.05 时，压缩系数回归方程为

$$\alpha_{s1-2} = 702.98 + 4.395n - 0.017n_c \tag{5.17}$$

式中：n_c——孔隙数目。

由回归方程（5.17）可以得出如下结论。

（1）影响压缩系数的主要微结构参数包括孔隙度和孔隙数目，其他微结构参数对压缩系数的影响相对较小；压缩系数与孔隙度表现出显著的正相关性，与孔隙数目表现出显著的负相关性，随着孔隙度的减小，孔隙数目的增多，土体变得更为密实，可压缩性得以减小。

（2）孔隙总面积、孔隙平均面积、孔隙平均直径和孔隙平均周长等微结构参数间存在显著的线性相关性，相关系数均在 0.99 以上。

（3）与动力排水固结处理前相比，孔隙数量与孔隙总面积、孔隙平均面积、孔隙平均直径和孔隙平均周长的相关性变得较差。

（4）与动力排水固结处理前相比，孔隙度与其他微结构参数的相关性变得更为显著。

（5）经过动力排水固结处理，饱和软土微结构参数与压缩系数的相关性均有显著的提高，即随着饱和软土的加固密实，土体微结构参数与压缩系数的线性相关性逐步提高。

3）饱和软土微结构与压缩系数的相关性分析

采用多元逐步线性回归的方法，对试验区所取得的 46 个饱和软土试样微结构参数进行线性相关分析，可得饱和软土微结构参数与压缩系数的简单相关系数。根据逐步线性回归分析结果，开展饱和软土微结构参数对压缩系数的影响分析如下。

（1）微结构参数对饱和软土压缩系数的总体效应分析。除孔隙数目外，其余微结构参数与压缩系数的单相关系数均比较大，相关系数绝对值控制在 0.55～0.81。这一特点说明饱和软土的压缩性是其结构形态特征的综合表现，并不只是受某单一结构要素的影响。

当显著性水平 α 取为 0.05 时，各微结构参数和压缩系数的回归方程为

$$\alpha_{s1-2} = 703.481 + 4.573n - 0.017n_c \tag{5.18}$$

由回归方程（5.18）可以看出：在试夯区饱和软土微结构参数中，只有孔隙度和孔隙数目两个参数呈现出很好的线性相关性，其他微结构参数对压缩系数的线性影响相对较小，这说明取得的微结构参数中存在着交叉影响现象。通过逐步线性回归，可以将非独立影响因素逐步剔除。

（2）主要微结构参数与压缩系数相关性特征分析。根据逐步线性回归分析过程，发现孔隙度和孔隙数目对饱和软土压缩系数起到独立影响作用，其中孔隙度的影响最强，孔隙数目影响次之。

孔隙度与压缩系数呈现正相关关系，即随着孔隙度的减小，压缩系数也呈现减小的趋势。所以，在外界各种因素（包括外界压力等）的作用下，随着孔隙度的减小，饱和软土的可压缩性将逐渐变小。孔隙数目与压缩系数呈现负相关性，即孔隙数目越大，压缩系数越小。从图像分析的角度来看，孔隙数目增大是在外界压力作用下，土体大孔隙破裂，孔隙平均直径减小的结果。

（3）孔隙度、孔隙数目与其他微结构参数的相关性分析。饱和软土的孔隙度与孔隙分布分维、孔隙面积、平均孔隙面积、平均孔隙直径和平均孔隙周长有着较显著的正相关性，其相关系数绝对值约为 0.8；颗粒分布分维值和孔隙复杂度这两个微结构参数与孔隙度有着显著的负相关性，其相关系数绝对值约为 0.8。换而言之，随着孔隙度的增大，孔隙分布分维值、孔隙面积、平均孔隙面积、平均孔隙直径和平均孔隙周长均呈现增大的趋势，而颗粒分布分维值和孔隙复杂度呈现减小的趋势。

孔隙数目与其他微结构参数的单相关性较差，其值为-0.05～0.28；孔隙数目与孔隙复杂度呈现正相关性，与其他微结构参数呈现负相关性。也就是说，随着孔隙数目的增加，孔隙复杂度变大，颗粒分布分维值、孔隙分布分维值、孔隙面积、平均孔隙面积、平均孔隙直径和平均孔隙周长减小，宏观上表现为颗粒面积增大，土体变得密实。

（4）其他微结构参数相关性分析。饱和软土的孔隙平均面积、孔隙平均直径和孔隙平均周长等微结构参数间存在显著的正相关性，相关系数绝对值均在 0.99 以上；孔隙复杂度与孔隙总面积、孔隙平均面积、孔隙平均直径和孔隙平均周长等微结构参数间存在显著的负相关性，相关系数绝对值均在 0.99 以上。

综上所述，饱和软土表现出来的压缩性高低，在很大程度上取决于孔隙度和孔隙数目，是孔隙和颗粒的微观性质的综合体现。

2. 微结构与压缩模量的相关性分析

由动力排水固结处理前后饱和软土特征数据统计量，采用多元逐步线性回归的方法，以饱和软土微结构参数为自变量，以压缩模量（E_{s1-2}）为因变量，进行了多元线性回归分析。

1）动力排水固结处理前软土微结构与压缩模量的相关性分析

受所取饱和软土试样数量的限制，动力排水固结处理前饱和软土微结构参数与压缩模量的相关性分析采用单相关分析。通过线性回归分析，得到动力排水固结处理前饱和

软土微结构参数与压缩模量的相关系数。

（1）孔隙总面积、孔隙数目、孔隙平均面积、孔隙平均直径和孔隙平均周长等微结构参数间存在显著的线性相关性，相关系数绝对值均在 0.93 以上。

（2）除了孔隙度外，大部分微结构参数与压缩模量的相关性较差。

2）动力排水固结处理后软土微结构与压缩模量的相关性分析

采用多元逐步线性回归的方法，对试夯区 5 个试夯段取得的 46 个饱和软土试样微结构参数进行线性相关分析。当显著性水平 α 为 0.05 时，压缩模量回归方程为

$$E_{s1-2} = -14.638n + 10.734 \qquad (5.19)$$

式中：E_{s1-2}——压缩模量。

饱和软土孔隙度与压缩模量关系如图 5.52 所示。

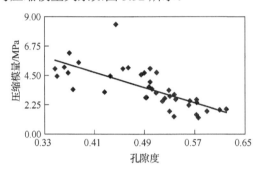

图 5.52　动力排水固结处理后饱和软土孔隙度与压缩模量关系

综合分析回归方程（5.19）和图 5.52，可以发现如下几点。

（1）影响压缩模量的主要微结构参数是孔隙度，其他微结构参数对压缩模量的影响相对较小；压缩模量与孔隙度呈负相关性，因此，随着孔隙度的增大，饱和软土压缩模量呈现减小趋势。

（2）孔隙总面积、孔隙平均面积、孔隙平均直径和孔隙平均周长等微结构参数间存在显著的线性相关性，相关系数绝对值均在 0.99 以上。

（3）与动力排水固结处理前相比，孔隙数量与孔隙总面积、孔隙平均面积、孔隙平均直径和孔隙平均周长的相关性变得较差。

（4）与动力排水固结处理前相比，孔隙度与颗粒分布分维值和孔隙分布分维值的相关性有较小的减小，其他微结构参数的相关性则变得更为显著。

3）饱和软土微结构与压缩模量的相关性分析

采用多元逐步线性回归的方法，对试验区所取得的 46 个饱和软土试样微结构参数进行线性相关分析，可得饱和软土微结构参数与压缩模量的简单相关系数。根据逐步线性回归分析结果，开展饱和软土微结构参数对压缩性的影响分析如下。

（1）微结构参数对饱和软土压缩模量的总体效应分析。除孔隙数目外，其余微结构参数与压缩模量的单相关系数均比较大，相关系数绝对值控制为 0.52～0.74。

当显著性水平 α 取为 0.05 时，由逐步线性回归得到各微结构参数和压缩模量的回归方程为

$$E_{s1-2} = -14.068n + 10.439 \tag{5.20}$$

饱和软土微结构孔隙度与压缩模量关系如图 5.53 所示。由回归方程（5.20）和图 5.53 可以看出，在试夯区提取的饱和软土微结构参数中，只有孔隙度表现出与压缩模量存在很好的线性相关性，其他微结构参数对压缩系数的线性影响相对较小。

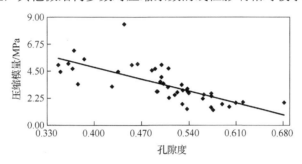

图 5.53　饱和软土微结构孔隙度与压缩模量关系

（2）孔隙度与压缩模量相关性特征分析。根据逐步线性回归分析过程，发现孔隙度对饱和软土压缩模量起到独立影响作用。孔隙度与压缩模量呈现负相关性，即随着孔隙度的减小，压缩模量呈现增大的趋势。这说明，在外界各种因素（包括外界压力等）的作用下，随着孔隙度的减小，饱和软土的可压缩性也将逐渐变小。

3. 微结构参数与黏聚力的相关性分析

由动力排水固结处理前后饱和软土特征数据统计量，采用多元逐步线性回归的方法，以饱和软土微结构参数为自变量，以黏聚力（c）为因变量，进行了多元线性回归分析。

1）动力排水固结处理前微结构与黏聚力的相关性分析

由于仅取了 4 个动力排水固结处理前饱和软土试样，数量少，动力排水固结处理前饱和软土微结构参数与黏聚力的相关性分析采用单相关分析。通过线性回归分析，得到动力排水固结处理前饱和软土微结构参数与黏聚力的相关系数。

（1）动力排水固结处理前，饱和软土的黏聚力与孔隙分布分维值呈现较好的负相关性，其相关系数为-0.77。也就是说，孔隙分布分维值越大，孔隙发育程度越高，密度越小，土体越松散，从而黏聚力也越小。

（2）孔隙总面积、孔隙数目、孔隙平均面积、孔隙平均直径和孔隙平均周长等微结构参数间存在显著的线性相关性，相关系数绝对值均在 0.93 以上。

（3）除了孔隙分布分维值之外，大部分微结构参数与内聚力的相关性较差。

2）动力排水固结处理后微结构与黏聚力的相关性分析

采用多元逐步线性回归的方法，对试夯区 5 个试夯段取得的 46 个饱和软土试样微结构参数进行线性相关分析。当显著性水平 α 为 0.05 时，各微结构参数和黏聚力相关系数的黏聚力回归方程为

$$c = -19\,793.26 - 30.112n + 0.047\,2n_c \tag{5.21}$$

式中：c——黏聚力。

综合分析回归方程（5.21），可以发现如下几点。

（1）影响黏聚力的主要微结构参数是孔隙数目和孔隙度，其他微结构参数对黏聚力的影响相对较小；黏聚力与孔隙数目呈现出显著的正相关性，与孔隙度表现出显著的负相关性。也就是说，随着孔隙度的减小，孔隙数目的增多，土体变得更为密实，黏聚力得以提高。

（2）孔隙总面积、孔隙平均面积、孔隙平均直径和孔隙平均周长等微结构参数间存在显著的线性相关性，相关系数均在 0.99 以上。

3）饱和软土微结构与黏聚力的相关性分析

采用多元逐步线性回归的方法，对试夯区 5 个试夯段所取得的 46 个饱和软土试样微结构参数进行线性相关分析，可得饱和软土微结构参数与黏聚力的简单相关系数。根据逐步线性回归分析结果，开展饱和软土微结构参数对压缩性的影响分析如下。

（1）微结构参数对饱和软土黏聚力的总体效应分析。由数据可以看出，除孔隙数目外，其余微结构参数与压缩系数的单相关系数均比较大，相关系数绝对值控制在 0.55～0.81。这一特点说明饱和软土的压缩性是其结构形态特征的综合表现，并不只是受某单一结构要素的影响。

当显著性水平 α 取为 0.05 时，各微结构参数和黏聚力的回归方程为

$$c = -21731.05 - 38.029n + 0.05199n_c \tag{5.22}$$

由回归方程（5.22）可以看出，在试夯区提取的饱和软土微结构参数中，只有孔隙数目和孔隙度两个参数表现出与黏聚力存在显著的线性相关性，其他微结构参数对黏聚力的线性影响相对较小，这说明微结构参数中存在着交叉影响现象。通过逐步线性回归，可以将非独立影响因素逐步剔除。

（2）主要微结构参数与黏聚力相关性特征分析。根据逐步线性回归分析过程，发现孔隙数目和孔隙度对饱和软土黏聚力起到独立影响作用，其中孔隙数目的影响最强，孔隙度影响次之。

孔隙数目与黏聚力呈正相关关系，即随着孔隙数目的减小，黏聚力也呈现减小的趋势。所以，在外界各种因素（包括外界压力等）的作用下，随着孔隙数目的减小，饱和软土的抗剪强度将逐渐变小。孔隙度与黏聚力呈现负相关性，即孔隙度越大，黏聚力越小。

（3）其他微结构参数对黏聚力的相关性分析。黏聚力与颗粒分布分维值和孔隙复杂度呈现正相关性，与孔隙分布分维、孔隙总面积、孔隙平均面积、孔隙平均直径和孔隙平均周长表现出负相关性。这说明随着颗粒的发育程度增强，孔隙变得复杂，孔隙总面积、孔隙平均面积、孔隙平均直径和孔隙平均周长减小，土体变得更为密实，土的黏聚力将会出现增大的趋势。

4. 微结构参数与内摩擦角的相关性分析

动力排水固结处理前后饱和软土特征数据统计采用多元逐步线性回归的方法，以饱和软土微结构参数为自变量，以内摩擦角（φ）为因变量，进行多元线性回归分析。

1）动力排水固结处理前微结构与内摩擦角的相关性分析

由于对动力排水固结处理前饱和软土仅取 4 个试样进行微结构参数定量提取，微结

构参数与内摩擦角的相关性分析采用单相关分析。通过线性回归分析，得到动力排水固结处理前饱和软土微结构参数与内摩擦角的相关系数。

（1）动力排水固结处理前，孔隙复杂度与饱和软土的内摩擦角呈现正相关性，这说明随着孔隙发育程度的提高，孔隙变得更加复杂，饱和土体的内摩擦角相应会发生增大，土体的抗剪性能将得到提高。

（2）孔隙总面积、孔隙数目、孔隙平均面积、孔隙平均直径和孔隙平均周长等微结构参数间存在显著的线性相关性，相关系数绝对值均在 0.93 以上。

（3）除了孔隙分布分维外，大部分微结构参数与内摩擦角的相关性较差；内摩擦角与孔隙分布分维值呈现负相关性，随着孔隙分布分维的增大，内摩擦角将相应减小。

2）动力排水固结处理后微结构与内摩擦角的相关性分析

采用多元逐步线性回归的方法，对试夯区 5 个试夯段取得的 46 个饱和软土试样微结构参数进行线性相关分析。当显著性水平 α 为 0.1 时，内摩擦角回归方程为

$$\varphi = 2\,554.5 D_\mathrm{c} - 6\,643.4 \tag{5.23}$$

式中：D_c——孔隙复杂度；

φ——内摩擦角。

饱和软土孔隙复杂度与内摩擦角关系如图 5.54 所示。综合分析回归方程（5.23）和图 5.54，可以发现如下几点。

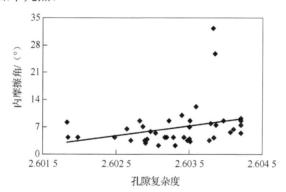

图 5.54　动力排水固结处理后饱和软土孔隙复杂度与内摩擦角关系

（1）影响内摩擦角的主要微结构参数是孔隙复杂度，其他微结构参数对压缩模量的影响相对较小；孔隙复杂度与内摩擦角呈正相关性，因此，随着孔隙复杂度的增大，饱和软土内摩擦角呈现增大的趋势。

（2）孔隙总面积、孔隙平均面积、孔隙平均直径和孔隙平均周长等微结构参数间存在显著的线性相关性，相关系数绝对值均在 0.99 以上。

（3）与动力排水固结处理前相比，孔隙数量、颗粒分布分维值等微结构参数与内摩擦角的相关性减小，其他微结构参数与内摩擦角的相关性都有所增大。

3）饱和软土微结构参数与内摩擦角的相关性分析

采用多元逐步线性回归的方法，对试夯区 5 个试夯段所取得的 46 个饱和软土试样微结构参数进行线性相关分析，可得饱和软土微结构参数与内摩擦角的简单相关系数。

根据逐步线性回归分析结果，开展饱和软土微结构参数对内摩擦角的影响分析如下。

（1）微结构参数对饱和软土内摩擦角的总体效应分析。饱和软土微结构参数与内摩擦角的单相关系数均比较小，相关系数绝对值控制在 0.08～0.31。

当显著性水平 α 取为 0.05 时，由逐步线性回归得到内摩擦角回归方程为

$$\varphi = 2\,672.8D_c - 6\,951.4 \tag{5.24}$$

饱和软土孔隙复杂度与内摩擦角关系如图 5.55 所示。由回归方程（5.24）和图 5.55 可以看出，在试夯区提取的饱和软土微结构参数中，只有孔隙复杂度表现出与内摩擦角存在很好的线性相关性，其他微结构参数对压缩系数的线性影响相对比较小。

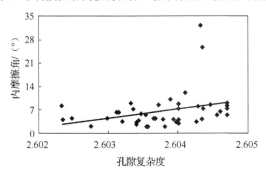

图 5.55 饱和软土孔隙复杂度与内摩擦角关系

（2）孔隙复杂度与内摩擦角相关性特征分析。根据逐步线性回归分析过程，发现孔隙复杂度对饱和软土内摩擦角起到独立影响作用。孔隙度与压缩模量呈现正相关性，即随着孔隙复杂度的增加，饱和软土内摩擦角呈现增大的趋势。这说明在外界各种因素（包括外界压力等）的作用下，随着孔隙复杂度的增加，土体变得密实，饱和软土的抗剪强度也将逐渐增强。

（3）其他微结构参数与内摩擦角相关性特征分析。内摩擦角与颗粒分布分维值和颗粒数目呈现正相关性，与孔隙分布分维值、孔隙总面积、孔隙平均面积、孔隙平均直径、孔隙平均周长和孔隙周长呈现负相关性。这表明随着颗粒发育程度提高，颗粒数目的增多，土体变得密实，导致内摩擦角呈现增大的趋势。

第 6 章　强夯地基处理工程检测技术

6.1　概　　述

6.1.1　强夯法地基处理工程检测技术发展历程

1.　一般试验法确定强夯处理效果研究

随着强夯法的提出和应用，对强夯法的处理效果开始了很多试验性研究[18]，如下所述。

（1）1975 年有关研究人员采用动力固结试验可以确定强夯设计要求的夯击遍数、夯沉量、孔隙水压力消散时间和地基土承载力变化情况，但是这种固结方法的试验条件受限制，试验方法复杂，且结果具有很大的波动性，实际意义并不十分显著，所以没有被广泛使用。

（2）1990 年有关研究人员将夯锤置于夯坑里，利用大型机械来打击夯锤，通过测定夯锤的沉降量来分析土体的刚度变化情况，以检测土体的承载力是否已经达到设计要求，判断是否还需要继续夯击。

（3）1991 年有关研究人员利用附加质量的集总参数法，视参振土体为柱体，通过夯锤的运动模式分析出夯锤的运动方程和最大值 y_{max}，当实测夯坑深度最大值与 y_{max} 相等时，所对应的参振土柱高即为加固深度。

（4）1992 年有关研究人员先给出夯击能密度、施工影响因素、土体改良程度的计算模式，然后利用室内试验确定各个参量之间的关系，为强夯地基加固效果的评价提供了一种很有效的方法。但这些计算公式和关系曲线都具有唯一性，要广泛使用，还需要进一步完善。

（5）1995 年有关研究人员对单击夯击能和夯后场区平均沉降量进行现场监测和夯后检测，可用来确定强夯地基的承载力特征值，虽然这一方法并不具有广泛的适用性，但这种形式的研究对提高强夯效果检测方面却有重大意义。

（6）1997 年有关研究人员提出把瑞利波方法中的表面波谱分析方法应用于强夯加固检测方面，该方法是用共振柱试验确定不同密度、侧压力、表面波速频率之间的关系，以及土体在夯前和夯后的孔隙水压力变化，以此来评价强夯法加固效果。

2.　原位测试法确定强夯处理效果及相关性研究

近年来，绝大部分工程都采用原位测试法来确定强夯地基的承载力，其测试结果具有较强的代表性，可靠度高，使用广泛。

除此以外，前人也建立了一些根据圆锥动力触探和标准贯入试验锤击数来确定强夯地基承载力的经验关系。各个场区地质条件不同，经验公式也不同。

对饱和软土地基进行强夯后，检测评价得出用重型圆锥动力触探锤击数 $N_{63.5}$，以确定人工地基、淤泥质黏土、砂性（细砂、粉砂）土地基承载力的关系式。

人工填土石强夯地基：

$$f_{ak1} = 33N_{63.5}+25 \tag{6.1}$$

淤泥质黏土强夯地基：

$$f_{ak2} = 20N_{63.5} \tag{6.2}$$

细砂含泥强夯地基：

$$f_{ak3} = 29N_{63.5}-8 \tag{6.3}$$

粉砂含砾强夯地基：

$$f_{ak4} = 29N_{63.5}+7 \tag{6.4}$$

采用荷载试验、地基动刚度测试、圆锥动力触探试验对碎石土强夯地基进行检测，通过对三种试验结果进行对比分析，建立相关模型，给出适用于强夯碎石土地基的经验公式：

$$f_k = 61.46N_{120}-10.95 \quad (2 \leqslant N_{120} \leqslant 10) \tag{6.5}$$

$$f_k = 38.59N_{63.5}-13.44 \quad (3 \leqslant N_{63.5} \leqslant 15) \tag{6.6}$$

在广东省茂名市某一工程中对强夯黏性土地基进行夯后承载力检测，并对标准贯入击数 N 和地基土承载力特征值 n 之间的关系进行分析，得到以下线性回归方程：

$$f_{ak} = 15.3N+19.82 \quad (4 \leqslant N \leqslant 32) \tag{6.7}$$

该方程的建立对评价地基土的强夯效果有着重大意义。

参照天然地基的有关经验数据推定强夯地基的承载力，并与平板荷载试验检测结果进行比较，确定强夯地基承载力。根据工程检测实例，建立适合于强夯地基的标贯击数 N 与承载力特征值 f_{ak} 的经验关系。

含碎石黏性土强夯地基：

$$f_{ak} = 15.3N \tag{6.8}$$

含砾质黏性土强夯地基：

$$f_{ak} = 34.4N \tag{6.9}$$

对南宁市素填土强夯地基和来宾市黏性土强夯地基采用平板荷载与动力触探的对比试验，并对试验数据进行相关性分析，提出强夯地基承载力特征值与重型动力触探试验击数的经验公式为

$$f_{ak} = \begin{cases} 52.21N_{63.5} - 44.51 & (N_{63.5} > 3.0) \\ 24.37N_{63.5} + 54.53 & (N_{63.5} \leqslant 3.0) \end{cases} \tag{6.10}$$

用重型动力触探试验和标准贯入试验对某粉细砂强夯地基进行承载力检测，结合相应的承载力计算方法，发现两种试验下的锤击数存在密切联系，并建立了相关关系式为

$$N = 1.07N_{63.5} + 8.26 \tag{6.11}$$

6.1.2　强夯法地基处理技术存在的问题

1. 强夯地基承载力

参照现行国家规范《建筑地基处理技术规范》（JGJ 79—2012），强夯处理后的地基竣工验收时，承载力检验应采用静载试验、原位测试和室内土工试验。强夯处理后的地基竣工验收承载力检验，在施工结束后间隔一定时间方能进行，对于碎石土和砂土地基，其间隔时间可取 7～14 天；粉土和黏性土地基可取 14～28 天。

强夯地基承载力检验的数量，应根据场地复杂程度和建筑物的重要性确定，对于场地上的一般建筑，每个建筑地基的荷载试验检验点不应少于 3 点；对于复杂场地或重要建筑地基应增加检验点数。

现场对强夯地基承载力检验时，夯间与夯点的加固效果可能有差异，因此进行平板荷载试验是否要考虑这种差异，是否要增大荷载板的尺寸进行试验，通过在某沿海碎石土回填地基上成功实施的 10 000kN·m 高能级强夯系列试验（3 000kN·m、6 000kN·m、8 000kN·m、10 000kN·m），并对不同能级强夯后地基土平板荷载试验结果的分析与对比，得到一些有益结论。

2. 强夯置换地基承载力

强夯置换后的地基，表层和置换墩体的材料性质与原软黏土地基有较大差异，如何合理评价其承载力是工程中非常关心的问题。

参照《建筑地基处理技术规范》（JGJ 79—2012）的相关规定，软黏性土中强夯置换地基承载力特征值应通过现场单墩静荷载试验确定。

软黏土地基表层没有填粗粒料，标高已经比较高（如果标高低，建议填些粗粒料在表层，便于施工），因此施工设备很难应用或易陷机、吸锤等，施工不安全。此时，可采用路基板等辅助设备，但夯坑里建议填砂或碎石、山皮石等建筑垃圾粗粒料。施工时易出现隆起，夯点周边一般隆起量在 30～50cm，必要时可以选择隔行跳打施工或者分次置换，形成的场地从宏观角度来看是"桩式置换"，实际上置换墩很难着地。

此时，强夯置换地基承担的荷载如果是通过一定厚度和刚度的地坪板传下来的，如工业地坪面荷载，那么要考虑适当加厚地坪钢筋混凝土板。确保冲切验算等满足要求，此时单墩承担荷载为其承担面积上的地坪板自重和板上荷载，单墩承载力特征值满足即可。如果是柱基或其他独立荷载等直接作用在墩体上，单墩承载力特征值要满足柱基等荷载直接作用的要求。如果是较大的面积设备等局部荷载，单墩承载力特征值要满足按基础面积分摊到每个墩上的作用。

对于饱和粉土地基，当处理后墩间土能形成 2.0m 以上厚度的硬层时，其承载力可通过现场单墩复合地基静载荷试验确定。

常规工程施工参数中，第一遍和第二遍施工后强夯置换点的间距一般在 3.5～6.3m（第一遍主夯点间距 5～9m）。对饱和粉土地基，当基础底标高以下的墩间土有 2.0m 以上厚度的硬层时，若有独力荷载作用在墩间土上，会通过 2m 左右的硬层把荷载扩散到周边临近的强夯置换墩上。其荷载传递机理即可以按复合地基的理论进行计算分析。因此此时强夯置换地基的承载力可以按单墩复合地基进行静载试验确定，也即"整式置换"。此时，现场单墩复合地基静载荷试验确定的承载力就代表整个强夯置换地基的承载力。

当墩间土表层的硬层厚度小于 2m 时，复合作用不明显，应按单墩荷载试验确定强夯置换地基承载力。当然，由单墩荷载试验确定的承载力不能代表强夯置换地基的承载力，要在静载试验报告里面讲清楚是单墩试验的结果，设计人员使用单墩承载力的时候应按荷载作用形式和特点进行换算和分析。单墩的承载力很高，并不代表整体强夯置换地基的承载力很高，即因为如果以单墩承载力特征值代替整个强夯置换地基的承载力就偏于不安全了。

实际工程中，强夯置换墩的承载力往往都非常高，很少有试验做出真正的承载力极限值，提出的承载力特征值都是按设计要求值的两倍加载得到满足设计要求的结论，很少是真正按照变形比确定的。

6.1.3　平板荷载试验现状

平板荷载试验是一项技术成熟、理论上无可争议的地基承载力检测技术。在确定地基承载力方面，其是目前被认为最为准确、可靠的检验方法，因此相关地基基础设计处理都把平板荷载试验列入重要位置。一般情况下，平板荷载试验的成果数据，如地基承载力、沉降量等均认为是准确、可靠的，这已为无数的工程实例证明。

在测试方法上，采用的是"慢速维持荷载法"，具体做法是按一定要求将荷载分级加载到荷载板上，在板下沉未达到相对稳定标准前，该级荷载维持不变；当达到稳定标准时，继续加下一级荷载；当达到规定的终止试验条件时终止加载；然后再分级卸载到零。其试验周期一般较长。有关地基处理后的间隔时间、分级标准、测读下沉量间隔时间、试验终止条件及卸载规定等项目，各类规范的规定也不尽相同（表 6.1）。

表 6.1　部分不同规范平板荷载试验要求对比

序号	规范名称	荷载板面积/m²	测读方法	稳定标准
1	《岩土工程勘察规范（2009 年版）》（GB 50021—2001）	根据不同土性，选 0.25～0.5m²	慢速法	沉降差≤0.01mm
2	《建筑地基基础设计规范》（GB 50007—2011）	≥0.25m²，软土取 0.5m²	慢速法	每小时沉降量≤0.1mm
3	《建筑地基处理技术规范》（JGJ 79—2012）	处理地基≥1.0m²，强夯地基≥2.0m²	慢速法	每小时沉降量≤0.1mm
4	《地基基础设计规范》（DGJ 08-11—2010）	≥0.5m²	慢速法	每小时沉降量≤0.1mm
5	《建筑地基基础检测规范》（DBJ 15-60—2008）	≥0.5m²（软土不小于 1.0m²）	快慢速法	小于等于特征值时取≤0.1mm，大于等于特征值时取≤0.25mm

注：1. 表中规范均有对垫层厚度要求：不超过 20mm 中粗砂找平。
　　2. 除《建筑地基处理技术规范》（JGJ 79—2012）主要表述处理地基外，其他均包括了天然地基荷载试验。

参照现行国家标准《岩土工程勘察规范（2009 年版）》（GB 50021—2001），荷载试验加荷方式应采用分级维持荷载沉降相对稳定法（常规慢速法）；有地区经验时，可采用分级加荷沉降非稳定法（快速法）或等沉降速率法；对慢速法，每级荷载施加后，间隔 5min、5min、10min、10min、15min、15min 测读一次沉降量，以后间隔 30min 测读一次沉降量，在连续 2h 内，每小时沉降量小于等于 0.1mm 时，可认为沉降量已达相对稳定标准，施加下一级荷载。

参照现行国家标准《建筑地基基础设计规范》（GB 50007—2011），每级加载后，按间隔 10min、10min、10min、15min、15min，以后为每隔半小时测读一次沉降量，在连续 2h 内，每小时的沉降量小于 0.1mm 时，则认为已趋稳定，可加下一级荷载。

参照现行国家标准《建筑地基处理技术规范》（JGJ 79—2012），每级加载后，按间隔 10min、10min、10min、15min、15min，以后为每隔 0.5h 测读一次沉降量，在连续 2h 内，每小时的沉降量小于 0.1mm 时，则认为已趋稳定，可加下一级荷载。

参照上海市工程建设规范《地基基础设计规范》（DGJ 08-11—2010），加荷等级宜为 10～12 级，加荷方法应采用慢速维持荷载法，每次荷载施加第一个小时内按 5min、15min、30min、45min、60min 进行测读，以后每隔半个小时测读一次，当每小时沉降量不超过 0.1mm，并连续出现两次，则认为已趋稳定。

参照现行国家标准《建筑地基基础设计规范》（GB 50007—2011），当压板面积为 $0.25～0.5\text{m}^2$，可取 $s/b=0.01～0.015$ 所对应的荷载，但其值不应大于最大加载量的一半。对于压板面积大于 0.5m^2 的情况并未作出说明。对于不同种类土层，关于 s/b 的取值也未作出具体说明。参照《建筑地基处理技术规范》（JGJ 79—2012）及广东省《建筑地基基础检测规范》（DBJ 15-60—2008），高压缩性土 s/b 取 0.015，中压缩性土 s/b 取 0.012，低压缩性土和砂土 s/b 取 0.01。当压板宽度或者直径 b 大于 2m 时，按 2m 计算。

参照现行国家标准《建筑地基基础设计规范》（GB 50007—2011），承压板宜在 0.25～0.5m^2 内选用，对应的板宽为 0.5～0.7m。由于工程需要，荷载板的尺寸也越做越大，对于大尺寸荷载板试验测出的承载力该如何选用，规范亦未给出说明。因此，应确定一个标准尺寸荷载板，对使用其他尺寸荷载板得到的地基承载力进行适当修正。

6.2　强夯法地基处理工程检测技术

近十几年来，复合地基等不良地基加固技术在地基处理工程中得以广泛应用。但是，由于地基、复合地基的复杂性，在设计阶段难以对地基做严密的理论分析和精密的定量计算，往往只能依靠经验公式做粗略估算。为了保证建设工程质量和投资的经济效益，岩土工程检测就变得十分必要和重要，它成为对施工质量进行控制、监测的重要手段和准确的设计依据。为了保证施工质量，为设计提供准确的资料，必须加强现场管理，严格控制工序，采用最重要的测试方法和手段，采取丰富的数据，对复合地基进行分析、总结、评价。

6.2.1　强夯法地基处理原理及分类

地基处理已广泛应用于工程实践中，但目前还难以在设计时进行精密计算和准确预测；另外，由于地基处理是一项隐蔽工程，施工时必须重视施工质量监测和质量检验，及时发现问题和采取必要的措施。因此，现场检测就成为地基处理的重要环节[19-20]。

1. 现场检测的目的

（1）提供工程设计依据。
（2）控制、监测和指导施工工程。
（3）作为竣工验收的依据。
（4）提供理论研究资料。

2. 现场检测的内容

（1）检验复合地基及加固土层、桩身以及桩间土的承载力。
（2）检验施工的有效加固深度或桩长。
（3）检验加固土层或桩间土的密实度、强度、压缩性。
（4）检验加固体强度或密实度。
（5）检验加固后土层或桩间土的稳定性（如液化、湿陷等）。
（6）监测施工过程中土体孔隙水压力及位移变化。

3. 地基处理效果检验的基本要求

对地基处理效果的检验，应在地基处理施工结束后一定时间的休止恢复后由地基处理工程检测进行，因为地基加固后有一个时效作用，地基的强度和模量的提高往往需要有一定的时间。随着时间的延长，其强度和模量在不断地增长。因此，地基处理施工应尽量提早安排，以确保地基的稳定性和安全度，地基处理质量检验休止时间如表 6.2 所示。

表 6.2　地基处理质量检验休止时间

地基处理方法	休止时间	地基处理方法	休止时间
强夯	碎石土、砂土 7～14 天，粉土、黏性土 14～28 天	水泥土搅拌法	荷载试验 28 天，桩身试验 3～7 天
强夯置换	28 天	高压喷射注浆法	28 天
振冲法	粉质黏土 21～28 天，粉土 14～21 天	石灰桩	施工检测 7～10 天，竣工验收 28 天
砂石桩法	饱和黏性土 28 天，粉土、砂土、杂填土 7 天	灰土（土）挤密桩	桩身取样 24～72h，荷载试验 28 天
水泥粉煤灰碎石桩	28 天	桩锤冲扩法	施工检测 7～14 天，荷载试验 14 天
夯实水泥土桩	桩的干密度检测 24h 内荷载试验 28 天		

由于各种测试方法都有一定的适用范围，必须根据测试目的、内容和现场条件选用最有效的方法，常用地基处理检测方法的选用如表 6.3 所示。

表 6.3　常用地基处理检测方法的选用

地基处理方法		检测方法														
		换填垫层	预压法	强夯法	振冲桩	砂石桩	冲扩法	强夯置换桩	灰土桩、土桩	石灰桩	水泥土搅拌桩	旋喷桩	夯实水泥土桩	水泥粉煤灰碎石桩	土工合成材料	注浆法
荷载试验		○	○	○	○	○	○	○	○	○	○	○	○	○	○	○
静力触探		○	△	△	△	△	○	△	△	△	○	△	△	△	△	○
圆锥动力触探	N_{10}	○	△	△	△	△	○	△	△	△	○	△	△	△	△	△
	$N_{63.5}$	○	△	△	△	△	○	△	△	△	○	△	△	△	△	○
	N_{120}	△			△	△	○	○								
十字板剪切试验			○	△	△					△						
原位取样试验		○	○	○					○	△	○			○	△	
桩身动力测试														○		
应力位移监测			○	△												
建筑物沉降观测		○	○	○	○	○	○	○	○	○	○	○	○	○	○	○

注：1. ○表示《建筑地基处理技术规范》(JGJ 79—2012) 推荐使用，△表示可以采用。
　　2. 无论何种测试方法，都有一定局限性，因此应尽可能采用多种方法进行综合评价。
　　3. 重视施工过程中的质量检验及监测，并应做好施工记录和施工单位自检。

4. 强夯地基承载力确定方法

确定地基承载力是为了限制建筑物基底压力在地基容许承载力范围内，防止地基土发生剪切破坏，同时也控制地基变形，不致影响建筑物的使用功能。因此，强夯法处理后，对地基承载力的评价结果的准确性是地基处理成功与否的关键指标。目前，工程界对强夯处理后地基承载力的评价方法很多，有些属于预测性评价，有些属于检测性评价，大体上可以归类为以下几种。

1）查规范法

参照现行国家标准《建筑地基基础设计规范》（GB 50007—2011）附表 5-3～附表 5-11，并根据室内物理及力学指标平均值确定地基承载力标准值时，粉土的承载力基本值由含水量和孔隙比确定，黏性土的承载力由液性指标和孔隙比确定，沿海地区淤泥和淤泥质土的承载力由天然含水量确定，红黏土由含水比和液塑比确定，素填土由压缩模量确定，但湖、塘、沟、谷与河漫滩地段，新近沉积的粉土及黏性土应由当地实践经验取值，也可以通过对土体进行抗剪强度试验，得到的土体内部黏聚力及内摩擦角等力学指标，并通过以下公式换算地基承载力（该方法主要适用于黏性土）。

$$f_{a} = M_{b}\gamma b + M_{d}\gamma_{m}d + M_{c}C_{k} \tag{6.12}$$

式中：f_a——由土的抗剪强度指标确定的地基承载力特征值（kPa）。

　　　　M_b、M_d、M_c——承载力系数。

　　　　γ——基础底面以下土的重度（kN/m^3），地下水位以下取浮重度。

　　　　b——基础底面宽度（m），大于 6m 时按 6m 取值，对于砂土，小于 3m 时按 3m 取值。

　　　　γ_m——基础底面以上土的加权平均重度（kN/m^3），位于地下水位以下的土层取有效重度。

　　　　d——基础埋置深度（m），宜自室外地面标高算起。在填方整平地区，可自填土地面标高算起，但填土在上部结构施工后完成时，应从天然地面标高算起；对于地下室，当采用箱形基础或筏基时，基础埋置深度自室外地面标高算起；当采用独立基础或条形基础时，应从室内地面标高算起。

　　　　C_k——基底下一倍短边宽度的深度范围内土的黏聚力标准值（kPa）。

查规范法的确立对于地基土承载力的确定起了积极的指导和推动作用。该方法简单、方便，对于丙级建筑物和乙级中不做地基变形要求的建筑物，各勘察单位通常利用此方法来确定地基承载力。

但是，查规范法存在一定的缺陷。首先，我国幅员辽阔，地形、地貌和地质条件复杂多变，如果用查规范法就能概括全国地基土承载规律肯定存在局限性；其次，土工试验样本在钻取、运送及置放过程中存在扰动，试验的边界约束条件与实际土体的边界条件有较大差异，且试验过程中容易产生误差，导致试验数据离散性大、可靠度低；最后，查规范法是依据天然地基土来制定的，而经过强夯的土体，其性质发生了一定程度的改变，相比正常固结的天然地基土，其稳定性、均匀性、结构性都比较差，查规范法的适用性有待探究。

2）理论公式法

强夯地基承载力估算是设计阶段和地基处理方案必选的重要内容，强夯地基承载力的理论系统还没有确立，但很多工程人员对此都有研究，现有理论计算方法有以下几种。

（1）单值反分析法。假设强夯后地基土为均质地基，推导出强夯的夯沉量表示为

$$u_z = f(m, h, a, E, \rho, \mu) \tag{6.13}$$

其中夯沉量 u_z 为夯锤质量 m、落距 h、夯锤半径 a、地基土体变形模量 E、地基土密度 ρ 及土体泊松比 μ 的函数。当其他参数被赋值后，可以得到 u_z-E 曲线，结合这一单一图谱，利用单值反分析法，在已知 u_z 的条件下能够反演出 E_0 值。

根据弹性半无限体表面受荷原理，已知土体变形模量 E_0 的计算式为

$$E_0 = \omega(1 - \mu^2) \frac{pB}{s} \tag{6.14}$$

式中：ω——沉降影响系数，方形承压板 $\omega = 0.88$，圆形承压板 $\omega = 0.79$；

　　　　p——承压板底面压力；

　　　　B——承压板边长或直径；

　　　　s——与荷载 p 相对应的沉降量。

式（6.14）也可以写成

$$p = \frac{E_0 s}{\omega(1-\mu^2)B} \tag{6.15}$$

相对沉降比 $k=s/B$ 由设计要求确定，当利用反分析模型确定出 E_0 值后，强夯地基承载力值也就得到确定。

采用单值反分析法反演出强夯后地基土的变形模量，进而用所求得的变形模量结合荷载试验的基本理论及解析式，按相对沉降法预测地基土的容许承载力，从理论上是可行的。但计算过程复杂，参量值难以精确到实际情况，纯理论的计算方法与实际情况有一定差异。

（2）复合地基法。复合地基法就是利用强夯后地基土特征和复合地基之间的联系来确定夯后地基承载力。

强夯地基承载力可以采用复合地基的计算方法来确定，计算公式如下：

$$f_{spk} = m f_{pk} + (1-m) f_{sk} \tag{6.16}$$

$$m = \frac{d^2}{S^2} \tag{6.17}$$

式中：f_{pk}——强夯处理后夯点上土的承载力；

　　　f_{sk}——强夯处理后夯点间土的承载力；

　　　m——面积加强率；

　　　d——夯锤底面直径；

　　　S——夯点间距。

由实际工程可知，在复合地基中，桩和桩间土的应力比通常在 2～4，但强夯处理地基的工程实践中，一般大面积强夯的理想处理效果是在夯后形成均匀的地基土，因此，夯点上和夯点间土体承载力的比值与桩土应力比之间有很大的差距，采用复合地基的计算方法来计算强夯地基势必会使结果与实际值产生较大的误差。

3）相关关系法

在确定砂性土强夯地基承载力时，砂性土相对密实度 D_r 是土体物理力学性质的重要指标。对于强夯来说，相对密实度 D_r、内摩擦角 φ、标准贯入击数 $N_{63.5}$ 之间的关系在评价强夯加固效果时经常被采用。

在强夯设计阶段，可通过拟静力法的方式由下式求出地基土体体积应变 ε_v：

$$\varepsilon_v = \xi \frac{P_i\left[1-\left(2/\sqrt{z^2+r^2}\right)^3\right]}{E_i} \tag{6.18}$$

式中：P_i——均布拟静力；

　　　z——起夯面到计算点的深度；

　　　r——起夯点到计算点的水平距离；

　　　E_i——第 i 次夯击时的压缩模量；

　　　ξ——修正系数，通常取 0.8～0.9。

砂性土相对密实度 D_r 可由下式确定：

$$D_r = \frac{e_{max} - e}{e_{max} - e_{min}} = \frac{e_{max} - [e_0 - (1 + e_0)\varepsilon_v]}{e_{max} - e_{min}} = D_{r0} + \frac{1 + e_0}{e_{max} - e_{min}}\varepsilon_v \tag{6.19}$$

式中：D_{r0}——初始相对密实度；

　　　e_{max}、e_{min}——最大、最小孔隙比，可按土力学中地基基础参数确定；

　　　e_0——初始孔隙比；

　　　ε_v——体积应变，由式（6.18）来确定。

由相对密实度、内摩擦角和标准贯入击数的相关关系，可以推算出砂性土地基的夯后标贯击数。国外对砂土的研究较为丰富，对强夯加固效果的评价起到了很大的作用，研究的这些指标之间的关系有

$$\begin{cases} \varphi = 28° + 15°D_r \\ \varphi = 29° + 2.5\sqrt{q_c} \end{cases} \tag{6.20}$$

正常固结的砂性土：

$$D_r = \left(\frac{N_{63.5}}{0.234\sigma_v' + 16}\right)^{0.5} \tag{6.21}$$

超固结的砂性土：

$$D_r = \left(\frac{N_{63.5}}{0.773\sigma_v' + 22}\right)^{0.5} \tag{6.22}$$

或

$$D_r = \left(\frac{N_{63.5}}{0.193\sigma_v' + 66}\right)^{0.5} \tag{6.23}$$

式中：q_c——静力触探时探头的阻力；

　　　σ_v'——上覆砂土的有效应力（kPa）。

正常固结的砂性土处于天然状态，用式（6.21）可以确定其承载力，强夯后的砂土处于超固结状态，故可用式（6.22）和式（6.23）来评价其承载力，所以利用内摩擦角 φ、标准贯入击数 $N_{63.5}$ 和地基承载力之间的相关关系，是可以确定强夯地基承载力的。

4）现场检测方法

查规范法和理论方法一般涉及的参数都比较多，计算起来都较复杂，而且各个场区的工程地质条件、强夯施工机械、施工工艺等各方面都存在差异，所以都只能用于前期的估算，很难用于夯后承载力的精确计算。于是，以现场检测的方法来确定地基承载力成为施工质量控制、工程验收的重要手段。

原位测试就是在基本符合工程场地原位应力的条件下对土体进行现场检测，是对地基土受力形态的模拟，清晰地反映出建筑基础对地基的影响。目前，国内外采用的原位测试方法有荷载试验（包括平板载荷试验和螺旋板荷载试验）、动力触探试验（包括标准贯入试验和圆锥动力触探）、十字板剪切试验、静力触探试验、孔压静力触探试验、

旁压试验、波速测试等。使用这些方法最大的优点是不用钻孔取样，避免或减少了对土体的扰动，能够测定较大范围的土体，反映微观和宏观结构对土性的影响，甚至还可以得到完整的土层剖面。其中，最常用的是平板荷载试验、圆锥动力触探试验和标准贯入试验。

平板荷载试验是通过向置于地基土上一定尺寸的承压板逐级加载，并观测各级荷载作用下地基土随压力作用的变形情况。它实质是通过对地基土受力状态进行模拟实验，记录整理得到压力-沉降（p-s）曲线图，比较直观地反映地基土的静力特性，以此来评定其承载力特征值。

圆锥动力触探试验和标准贯入试验都是利用落锤锤击能，将一定形状、尺寸的探头打入土中，通过打入土中的难易程度来评价土的性质。贯入度的大小在一定条件下反映土层力学性质的差异。标准贯入试验带有取土的功能，方便室内试验，同时必须在钻孔中进行，因而不能取得连续数据。但是，圆锥动力触探可以连续测得土层的力学特性数据及变化规律。动力触探是岩土工程中非常重要的勘察手段，尤其适用于对无黏性地基土的勘查。

根据穿心锤的质量将圆锥动力触探分为轻型、重型、超重型三种，其各种类型及规格如表 6.4 所示。

表 6.4　动力触探试验类型及规格

触探类型		落锤质量/kg	落锤距离/cm	探头规格		探杆外径/mm	触探指标	
				锥角/(°)	底面积/cm²		深度/cm	锤击数
圆锥动力触探	轻型	10±2	50±2	60	12.6	25	30	N_{10}
	重型	63.5±0.5	76±2	60	43	42	10	$N_{63.5}$
	超重型	120±1.0	100±2	60	43	50~60	10	N_{120}
标准贯入试验		63.5	76	对开管式贯入器		42	30	N

荷载试验具有较高的可靠性及直观性，但荷载板的影响深度有限，一般只能测出板下 2 倍板宽内土体的变形特性。但实际建筑基础持力层范围较大，如下面土层较上土层密实，试验值用于设计就比较安全；反之，就不安全。与此同时，动力触探试验具有设备简单、测试方便、效率高、适应土类较广等优点，而且根据杆长的变化可以测得地下几十米深度的锤击数。其缺点是不能根据锤击数明确确定地基承载力。故此，先采用两种方法相结合，通过对多个类似工程进行统计分析，可以建立锤击数与地基承载力的相关关系，对于以后类似的强夯地基可以直接用动力触探试验确定承载力。

5. 常用检测方法分类

地基处理工程常用检测方法分类如图 6.1 所示。

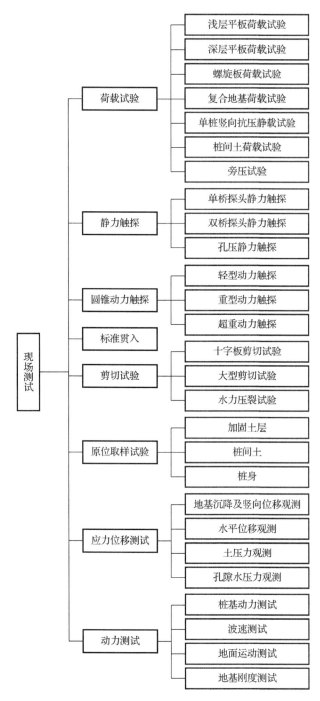

图 6.1 地基处理工程常用检测方法分类

6.2.2　地基检测方法理论

建筑物上部结构传来的荷载，最终都要由地基土来承担，因此通过一定的基土原位测试技术对地基土实际的受力特性进行控制就显得十分重要，本节将介绍几种常用的地基土原位测试方法。

1.　动力探测试验

1）简况

动力触探是利用一定能量的落锤，将与探杆相连接的一定规格的探头打入土中，根据探头贯入土中的难易程度来探测土的工程性质的一种现场测试方法。

（1）各国动力触探品种繁多，波兰、德国、瑞典等的国际标准化的工作正在推进，但困难重重。我国目前通行的贯入试验实质上也是一种动力触探（表 6.5），将在下节作重点介绍，本节只介绍连续贯入的圆锥形探头的动力触探。

表 6.5　动力触探的类型和规格

类型	锤的质量/kg	落距允许误差/cm	落距/cm	探头直径/mm	探头面积/cm²	锥角/（°）	指标	探杆直径/mm
轻型	10	50	±2	40	12.6	60	贯入 30cm 的锤击数 N_{10}	25
重型	63.5	76	±2	74	43	60	贯入 10cm 的锤击数 $N_{63.5}$	42
超重型	120	100	±2	74	43	60	贯入 10cm 的锤击数 N_{120}	50～60

（2）动力触探影响因素。动力触探设备简单、效率较高，故应用较广，但影响因素也较多，尚无科学的定性方法。因此，动力触探当前面临的问题，除标准化外，就是定量化。目前，有关研究人员正致力于实测动贯入阻力的研究，影响试验成果的主要因素如下。

① 探杆侧壁摩阻的影响。探杆侧壁摩阻的影响比较复杂，它与土的性质、探杆外形与刚度，以及探杆与探头的直径差、触探孔的垂直度、触探深度等有关。因此，动力触探要有一个深度界限，小于这个界限时，可不考虑探杆侧壁摩擦阻力的影响；大于这个界限时，需适当修正或配合钻孔，分段贯入。

② 探杆杆长影响。目前有进行修正和不进行修正两种意见。

③ 地下水影响。一般认为，对于相同干密度的砂土，饱和时贯入阻力要降低，但当粒径不同、密度不同时，其影响程度也不同，即颗粒越细、密度越松，影响越明显，但由于饱和土和力学性质也要降低，在建立动力触探指标和土的容许承载力关系时，有时可不考虑地下水的影响。

④ 临界深度和成层条件的影响。

⑤ 人为因素的影响，包括落锤方式、落锤控制精度、读数精度、探杆平直度、探杆连接刚度等。

⑥ 对应用试验成果是否修正，应根据建立统计关系时的具体情况确定。

2）试验要点

（1）动力触探试验设备如图 6.2 所示。动力触探试验设备主要部件为：①导向杆；②落锤；③锤座；④触控杆；⑤探头。重型动力触探一般采用工程钻机进行，轻型动力触探可人工操作。

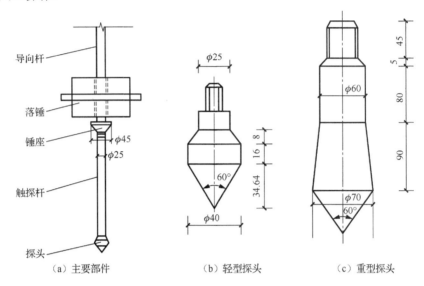

（a）主要部件　　　　　　（b）轻型探头　　　　　　（c）重型探头

图 6.2　动力触探试验设备（单位：mm）

（2）试验基本要求。圆锥动力触探试验技术要求应符合下列规定。

① 采用自动落锤装置。

② 触探杆最大偏斜度不应超过 2%，锤击贯入应连续进行；同时防止锤击偏心、探杆倾斜和侧向晃动，保持探杆垂直度；锤击速率每分钟宜为 20～30 击。

③ 每贯入 1m，宜将探杆转动一圈半；当贯入深度超过 10m，每贯入 20cm 宜转动探杆一次。

④ 对轻型动力触探，当 $N_{10}>100$ 或贯入 15cm 锤击数超过 50 时，可停止试验；对重型动力触探，当连续三次 $N_{63.5}>50$ 时，可停止试验或改用超重型动力触探。

3）试验成果分析应用

（1）圆锥动力触探试验成果分析如下。

① 单孔连续圆锥动力触探试验应绘制锤击数与贯入深度关系。

② 计算单孔分层贯入指标平均值时，应剔除过软或过硬异常值，以及超前和滞后影响范围内的异常值。

③ 根据各孔分层的贯入指标平均值，用厚度加权平均法计算场地分层贯入指标平均值和变异系数。

（2）动力触探在地基处理方面的应用如下所述。

① 查明土层在水平方向和垂直方向上的均匀程度。

② 划分土层，探测硬层的埋深。

③ 检查压实填土的质量。

④ 评价地基处理前后的承载力和变形性质。

⑤ 检验水泥土桩的质量。轻便动力触探试验也是检验水泥土桩质量的行之有效的方法。在成桩 7 天内，用轻便动力触探器中附带的钻头，在搅拌桩身中钻孔，取出水泥土桩芯，观察其颜色是否一致，是否存在水泥富集的"结核"或未被搅匀的土团。水泥土无侧限抗压强度 f_{cu} 与轻便触探击数 N_{10} 的关系如表 6.6 所示。

表 6.6　水泥土无侧限抗压强度 f_{cu} 与轻便触探击数 N_{10} 的关系

N_{10} /（击/30cm）	15	20～25	30～35	>40
f_{cu} /kPa	200	300	400	500

⑥ 检验桩身及加固土层密实度。对散体材料桩，如砂石桩、振冲桩、柱锤冲扩桩及灰土或土挤密桩等，可通过连续动力触探判定桩身密实程度及桩长，经对比试验也可作为判定桩身承载力的依据；现场动力触探也是检查加固后土层或桩间土加固效果及密实程度的常用手段，如碎石桩密实度判别标准如表 6.7 所示。

表 6.7　碎石桩密实度判别标准

贯入 10cm 锤击数	>15	10～15	7～10	7～12	<5
密实程度	很密实	密实	轻密实	不够密实	松散

用动力触探或贯入试验判定桩或土的密实度，可经过对比试验进行，触控击数-密实度指标关系图如图 6.3 所示。

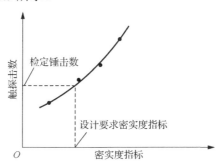

图 6.3　触探击数-密实度指标关系图

2. 地基土静荷载试验

1）简况

静荷载试验可用于测定承压板下应力主要影响范围内岩土的承载力和变形特性。它对于确定地基土承载力和变形指标，是最直接又有效的方法，特别是对于碎石类填土的地基，由于受堆填材料颗粒级配、堆填方法和堆填时间的影响，其承载性能和变形性能尤为复杂，而现行的其他原位测试方法和土工试验方法难以实施且无成熟经验对比，静荷载试验就是唯一可靠的方法。

2）平板荷载试验

平板荷载试验是一种最古老的原位测试方法，它是在与建筑物基础工作相似的受荷条件下，对天然条件下的地基土测定加载于承载板的压力与沉降的关系，实质上是基础的模拟试验。根据压力与沉降的关系，可以测定土的变形模量、评定地基土的承载力，对于不能用小尺寸试样试验的填土、含碎石的土等，最适宜用平板荷载试验。

3）适用范围

浅层平板荷载试验适用于浅层地基土；深层平板荷载试验适用于埋深等于或大于3m，以及地下水位以上的地基土。

4）试验设备

平板荷载试验测试设备大体上由以下几个部分组成，即承压板、加荷系统、反力装置。各部分的作用是：承压板将荷载均匀传至地基土；加荷系统控制荷载大小；反力装置向承压板施加竖向荷载。

（1）承压板。荷载试验对承压板的要求主要有以下几个方面。

① 承压板的材质。承压板可用混凝土、钢筋混凝土、钢板、铸铁板等制成。实际应用中以肋板加固的钢板为主，但是无论选用什么样的材质，都要求承压板具有足够的刚度、板底平整光滑、板的尺寸和传力重心准确、搬运和安装方便、在长期使用过程中不出现影响使用的变形。

② 承压板的形状。承压板可加工成矩形、方形、条形和圆形等多种形状，其中以圆形、方形受力条件较好，使用最多。

③ 承压板的尺寸。承压板尺寸的大小对评定地基土承载力有一定的影响。参照现行国家标准《岩土工程勘察规范（2009 年版）》（GB 50021—2001）规定，荷载试验宜采用圆形刚性承压板，根据土的软硬或岩体裂隙密度应选用合适的尺寸；土的浅层平板荷载试验承压板面积不应小于 0.25m^2，对软土和粒径较大的填土不应小于 0.5m^2；土的深层平板荷载试验承压板面积宜选用 0.5m^2；岩石荷载试验承压板的面积不宜小于 0.07m^2。为了统一试验条件，使试验结果具有可比性，我国有关勘察规范规定承压板面积以 0.25～0.50m^2 为宜，对均质密实的土，可采用 0.10m^2 的承压板；对软土和人工填土，承压板尺寸不应小于 0.50m^2。实际工程中可根据地基土的具体情况综合考虑决定。

（2）加荷系统。加荷系统主要包括重物加荷装置和油压千斤顶加荷装置。

（3）反力装置。当采用油压千斤顶加荷装置时，要有反力装置配套。反力装置主要分为地锚式和撑壁式。

5）试验方法

（1）测点布置。荷载试验应布置在有代表性的地点，每个场地不宜少于 3 个。当场地内岩土体不均匀时，应适当增加。浅层平板荷载试验应布置在基础底面标高处。

（2）加卸载方法与数据采集。

① 荷载试验加荷方式应采用分级维持荷载沉降相对稳定法（常规慢速法）；有地区经验时，可采用分级加荷沉降非稳定法（快速法）或等沉降速率法；加荷等级宜取 10～12 级，并不应少于 8 级，荷载量测精度不应低于最大荷载的±1%。

② 承压板的沉降可采用百分表或电测位移计测量，其精度不应低于±0.01mm。

③ 慢速法。当试验对象为土体时，每级荷载施加后，间隔 5min、5min、10min、10min、15min、15min 测读一次沉降量，以后间隔 30min 测读一次沉降量，当连续 2h 每小时沉降量小于等于 0.1mm 时，可认为沉降量已达相对稳定标准，施加下一级荷载；当试验对象是岩体时，间隔 1min、2min、2min、5min 测读一次沉降量，以后每隔 10min 测读一次，当连续三次读数差小于等于 0.01m 时，可认为沉降量已达相对稳定标准，施加下一级荷载。

④ 卸载可分三级等量进行，每卸一级，测记回弹量，直至变形稳定。

（3）终止试验条件。

① 承压板周边的土出现明显侧向挤出，周边岩土出现明显隆起或径向裂缝持续发展。

② 本级荷载的沉降量大于前级荷载沉降量的 5 倍，荷载与沉降曲线出现明显陡降。

③ 在某级荷载下 24h 沉降速率不能达到相对稳定标准。

④ 总沉降量与承压板直径（或宽度）之比超过 0.06。

6）试验数据整理

（1）根据荷载试验成果分析要求，应绘制荷载（p）与沉降量（s）曲线，必要时绘制各级荷载下沉降量（s）与时间（t）或时间对数（$\lg t$）曲线。

（2）根据 p-s 曲线的拐点，必要时结合 s-$\lg t$ 曲线的特征，确定比例界限压力和极限压力。当 p-s 呈缓变曲线时，可取对应于某一相对沉降值（即 s/d，其中 d 为承压板直径）的压力评定地基土承载力。

7）螺旋板荷载试验

以螺旋板作为荷载板，旋入地下预定深度，用千斤顶通过传力杆向螺旋板压施加压力，同时测量荷载板的沉降值。当一个深度试验完毕后，可再旋入到下个深度进行试验。螺旋板荷载试验可用于砂土，也可用于黏性土，但旋入螺旋板时会对土有一定的扰动。

（1）适用范围。螺旋板荷载试验适用于深层地基土或地下水位以下的地基土。

（2）试验设备。与平板荷载试验相同，螺旋板荷载试验的设备也由承压板、加荷系统、反力系统和量测系统四个部分组成。螺旋板、承压板应有足够的刚度，螺旋加工要准确。螺旋板面积有 100cm²、200cm²、300cm²、500cm² 和 700cm² 等多种相应的板头，直径分别为 113mm、160mm，200mm、252mm 和 300mm，可根据不同土层选用。黏性土选用小直径螺旋板头。螺板比（螺距与螺旋板直径之比）一般采用 1/5～1/4，板厚比（螺旋板厚度与螺旋板直径之比）为 1/25。

3. 旁压试验

1）简况

通过旁压器弹性膜的横向膨胀，对土施加压力，使土体产生相应的横向变形，从而测得压力与变形的关系曲线，称为旁压曲线，并由此可求得土的变形模量和地基承载力。旁压试验实质上是横向的荷载试验，故也可称为横压试验。旁压试验按旁压器的就位方式分为以下两类。

（1）预钻式旁压试验。在预先钻好的钻孔中，把旁压钻头放入预定深度，进行旁压试验。

（2）自钻式旁压试验。在旁压探头下端装一圆筒形刃具，加压使刃具切入土中，进入刃具内的土则用一旋转的切削钻头破碎，用泥浆或冲洗液将碎土循环携带到地面。这样边钻进边把旁压器下沉到预定深度，进行旁压试验。

自钻式旁压试验的优点是旁压器就位时，土的原位侧向应力可认为没有释放；而预钻式旁压试验则不同，由于预先钻孔，孔壁应力已释放。

旁压试验近年来发展迅速，因为从应力条件来说，旁压试验相当于轴对称圆柱穴扩张，其弹塑性解已得到解决，而其他原位测试手段，应力情况比较复杂；旁压试验设备轻便、操作简易、测试快速，其优点是明显的，但旁压试验为横向加压，与一般工程上的竖向加荷不同。对于各向异性土层来说，横向与竖向的力学性能是不同的。旁压试验适用于黏性土、粉土、砂土、碎石土、残积土、极软岩和软岩等。

2）旁压试验基本假定

（1）钻孔周围的岩土介质是均匀无限体，孔穴呈圆柱形，孔穴扩张处于平面变状态。

（2）孔周围介质具有各向同性和弹塑性。

（3）介质是连续的，并已处于平衡状态。

（4）孔穴扩张时介质的应力-应变关系能用增量弹性理论描述，屈服面服从摩尔方程。

3）旁压试验设备

其主要由旁压器、加压稳压装置、变形量测装置几部分组成。

（1）旁压器。其结构为三腔式圆柱形，外套弹性膜。常用的 PY3 型旁压器外径 50mm（带金属甲扩套时为 55mm），三腔总长 500mm，中腔为测量腔，长 250mm，上、下腔为辅助腔，各长 125mm，上、下腔之间用铜导管沟通，与测量腔隔离。三腔中轴为导水管，用来排泄地下水。

（2）加压稳压装置。其压力源为高压氮气或人工打气，并附压力表，加压、稳压均采用调压阀。

（3）变形量测装置。其主要装置为测管，由其量测孔壁土体受力后的相应变形值。

4）试验方法

（1）仪器设备的检定与校准。

① 压力表，应按《弹性元件式一般压力表、压力真空表和真空表》（JJG 52—2013）进行检验。

② 体变管，应按有关规定进行检测。变形传感器的校准与弹性膜约束力同时进行。

③ 试验前要进行旁压器弹性膜约束力和仪器综合变形值的校准，校验方法按相关规程进行。

（2）试验位置和成孔要求。

① 试验前平整试验场地，根据土的分类和状态选择适宜的钻头开孔，要求孔壁垂直，呈完整的圆形，尽可能减少孔壁土体扰动。

② 钻孔时，若遇松散砂层和软土地层时须用泥浆护壁，钻孔孔径应略大于旁压器外径 2～6mm。

③ 试验点布置原则必须保证旁压器上中下三腔都在同一土层中，试验点垂直间距

一般不小于 1m，每层土不少于 1 个测点，层厚大于 3m 的土层一般不少于 2 个测点，亦可视工程需要确定测点位置和数量。

取完土样或做过标准贯入试验的部位不得进行旁压试验。

（3）加载方法和观测时间。

① 加压等级一般为预计极限压力的 1/12～1/8，也可参照表 6.8 选用。

表 6.8　土的工程特性及加压等级

土的工程特性	加压等级/kPa	
	临塑压力前	临塑压力后
淤泥，淤泥质土，流塑状态的黏质土，饱和松散粉细土	<15	<20
软塑状态的黏质土，疏松的黄土，稍密的粉细砂，稍密的中、细砂	15～25	30～50
可塑至硬塑状态的黏质土，一般黄土，中密至密实的粉细砂，稍密至中密的中，粗砂	25～50	50～100
坚硬状态的黏质土，密实的中、粗砂	50～100	100～200
中密至密实的碎石类土	>100	>200

② 各级压力下的相对稳定时间标准为 1min 或 3min，按下列时间顺序测计量管的水位下降值：1min 相对稳定时间标准时取 15s、30s、60s；3min 相对稳定时间标准时取 1min、2min、3min。

③ 在任何情况下扩张体积相当于测量腔的固有体积时应立即终止试验。

5）试验数据整理

对各级压力和相应的扩张体积（或换算为半径增量）分别进行约束力和体积的修正后，绘制压力与体积曲线，需要时可作蠕变曲线。

根据压力与体积曲线，结合蠕变曲线确定初始压力、临塑压力和极限压力根据压力与体积曲线的直线段斜率，按下式计算旁压模量：

$$E_{\mathrm{m}} = 2(1 + \mu)\left(V_{\mathrm{c}} + \frac{V_0 + V_{\mathrm{f}}}{2}\right)\frac{\Delta p}{\Delta V} \tag{6.24}$$

式中：E_{m} ——旁压模量（kPa）；

　　μ ——泊松比；

　　V_{c} ——旁压器量测腔初始固有体积（cm^3）；

　　V_0 ——与初始压力 p 对应的体积（cm^3）；

　　V_{f} ——与临塑压力 p 对应的体积（cm^2）；

　　$\Delta p / \Delta V$ ——旁压曲线直线段的斜率（$\mathrm{kPa/cm}^3$）。

根据初始压力、临塑压力、极限压力和旁压模量，结合地区经验可评定地基承载力和变形参数。根据自钻式旁压试验的旁压曲线，还可测求土的原位水平应力、静止侧压力系数、不排水抗剪强度等。

4. 静力触探试验

1）简况

静力触探作为岩土工程勘察常用的原位测试手段之一已有相当长的发展历史，其理论、仪器设备及实际应用也在不断地完善和深化。静力触探的基本原理就是用准静力（相对于动力触探而言，没有或很少有冲击荷载）将一个内部装有传感器的探头匀速压入土中。由于地层中各层土的强度不同，探头在贯入过程中所受到的阻力也就不同，传感器将这种大小不同的阻力通过电信号输入到记录仪记录下来，再通过贯入阻力与土的工程地质性质之间的相关关系来取得土层剖面情况、浅基承载力、选择桩端持力层、估计单桩承载力等。

静力触探试验适用于软土、一般黏性土、粉土、砂土和含少量碎石的土。

2）试验设备

静力触探试验所用的设备包括探头、贯入系统、数据采集仪器。

（1）探头。目前，国内采用的探头主要有单桥探头和双桥探头。

① 单桥探头。单桥探头在锥尖上部带有一定长度的侧壁摩擦筒，其侧壁摩擦筒面积与锥底面积之比为 6∶4，它所测定的是锥尖与侧阻的综合值。

② 双桥探头。双桥探头是将锥尖与侧壁摩擦筒分离，可分别测定单位面积上锥尖阻力和侧摩阻力。

探头圆锥锥底截面积应采用 $10cm^2$ 或 $15cm^2$，单桥探头侧壁高度应分别采用 57mm 或 70mm，双桥探头侧壁面积应采用 $150\sim30cm^2$，锥尖锥角应为 $60°$。

（2）贯入系统。贯入系统主要包括加压装置和反力装置。

① 加压装置。加压装置是将探头压入地层中的加压装置，国产常用的有三种，即液压传动式加压装置、手摇链条式加压装置和电动丝杆式加压装置。

② 反力装置。为防止在探头贯入过程中地层阻力的作用使触探架抬起，常需要采用反力装置对触探架进行保护。反力装置是平衡贯入阻力对贯入装置的反作用，一般用地锚或用汽车自重。

（3）数据采集仪器。常用的量测采集仪器有电阻应变仪、数字测力仪、自动记录仪三种，其中自动记录仪设置控制绘图走纸速度与贯入深度同步的装置，能确保自动绘图曲线的深度变化按比例绘制。

3）试验方法

（1）孔压探头在贯入前，应在室内保证探头应变腔为已排除气泡的液体所饱和，并在现场采取措施保持探头的饱和状态，直至探头进入地下水位以下的土层为止；在孔压静探试验过程中不得上提探头。

（2）探头应匀速垂直压入土中，贯入速率为 1.2m/min。

（3）探头测力传感器应连同仪器、电缆进行定期标定，室内探头标定测力传感器的非线性误差、重复性误差、滞后误差、温度漂移、归零误差均应小于 1%，现场试验归零误差应小于 3%，绝缘电阻不小于 $500M\Omega$。

（4）当在预定深度进行孔压消散试验时，应测量停入贯入后不同时间的孔压值，其计时间隔由密而疏合理控制；试验过程不得松动探杆。

4）试验数据整理

绘制各种贯入曲线：单桥和双桥探头应绘制 q_s-z 曲线、q_c-z 曲线、f_z-z 曲线、R_f-z 曲线；孔压探头尚应绘制 u_i-z 曲线、q_t-z 曲线、f_t-z 曲线、B_q-z 曲线和孔压消散曲线 u_t-$\lg t$ 曲线，其中 R_f 为摩阻比；u_i 为孔压探头贯入土中测量的孔隙水压力（即初始孔压）；q_t 为真锥头阻力（经孔压修正）；f_t 为真侧壁摩阻力（经孔压修正）。

$$B_q = \frac{u_i - u_0}{q_i - \sigma_{v0}} \tag{6.25}$$

式中：B_q——静探孔压系数；

u_0——试验深度处静水压力（kPa）；

σ_{v0}——试验深度处总上覆压力（kPa）；

u_i——孔压消散过程时刻 t 的孔隙水压力（kPa）。

根据贯入曲线的线性特征，结合相邻钻孔资料和地区经验，划分土层和判定类；计算各土层静力触探有关试验数据的平均值或对数据进行统计分析，提供静力触探数据的空间变化规律。

根据静力触探资料，利用地区经验可进行力学分层，估算土的塑性状态或密实度、强度、压缩性、地基承载力、单桩承载力、沉桩阻力、液化判别等。根据孔压消散曲线可估算土的固结系数和渗透系数。

5. 波速测试法

1）简况

波速测试法[21]属于小应变条件的原位测试方法，在均质的或成层土层中，理论上波速与土层的弹性模量和泊松比有关，因此如在现场测得了波速，就可计算土的弹性模量和泊松比。

波速测试适用于测定各类岩土体的压缩波、剪切波或瑞利波的波速。常用的测试方法有跨孔法、单孔法，在有条件的地方也可用面波法。

（1）跨孔法。利用两个垂直孔，在一个孔中一定深度处设置震源，而在另一孔相应深度处设置检波器，可直接测定波从一孔到另一孔在不同深度的土层中的波速，这种方法称为跨孔法。

① 试验设备，包括振源装置和接收装置两部分。钻孔波速试验主要是测出场地地层的剪切波速，要求振源能产生足够的剪切波能量，抑制压缩波能量，必须使振源产生的剪切波与压缩波能量比尽可能地提高，因此常采用能反复激振，并能反向冲击的机械振源装置（又称剪切波锤）。信号接收装置常包括三部分，即检波器、放大器及记录器。

② 试验方法。

i. 振源孔和测试孔，应布置在一条直线上。

ii. 测试孔的孔距在土层中宜取 2～5m，在岩层中宜取 8～15m，测点垂直间距宜取 1～2m 近地表测点宜布置在 0.4 倍孔距的深度处，震源和检波器应置于同一地层的相同标高处。

iii. 当测试深度大于 15m 时，应进行激振孔和测试孔倾斜度及倾斜方位的测量，测点间距宜取 1m。

（2）单孔法。此法只钻取一个孔，在钻孔地面孔口外设置震源，沿钻孔不同深度处设检波器，可测得从孔口至不同深度的波速，这种方法称为单孔法。

① 试验设备。除了振源装置外，单孔法波速测试的其他仪器设备与跨孔法基本相同。单孔法波速测试较常用的振源装置为剪切波振源装置。

② 试验方法。

i. 测试孔应垂直。

ii. 将三分量检波器固定在孔内预定深度处，并紧贴孔壁。

iii. 可采用地面激振或孔内激振。

iv. 应结合土层布置测点，测点的垂直间距宜取 1~3m。层位变化处加密，并宜自下而上逐点测试。

（3）面波法。此方法的基本原理是在地表放置一激振器，启动后，在地表施加一频率为 f 的稳态强迫振动，其能量以振动波的形式向半空间扩散。因为频率一定，所以只要测出波长，就可以算出波速。此波速反映了深度为一个波长的土层的平均值，此方法不需打孔，适宜于均匀、单一地层，但测试深度较浅。

2）试验设备

（1）激振器有两类，即机械式及电磁式。机械式激振器是通过一对偏心块，相向旋转而产生定向振动力。激振器由电动机带动，由可调速器控制，使激振器按一定转速旋转，其激振力随频率的改变而改变。电磁式激振器由频率计输出一定频率的电信号，经功率放大器放大后，输入电磁激振器线圈，使其产生一定频率的振动。

（2）激振系统由三部分组成，即传感器、放大器和示波器。

3）试验数据处理

（1）在波形记录上识别压缩波和剪切波的初至时间。

（2）计算由振源到达测点的距离。

（3）根据波的传播时间和距离确定波速。

（4）计算岩土小应变的动弹性模量、动剪切模量和动泊松比。

6. 激振法

1）简况

与非振动基础相比，承受动荷载的振动基础，不仅基底压力不同，而且由于在振动荷载作用下基底下一定质量的地基土也参加了振动，导致其他一些变化，在动荷载作用下，砂土、粉土地基孔隙水压力上升，抗剪强度下降，黏性地基产生软化，当地基承受的竖向振动加速度 a、基底动压力 p 超过临界竖向振动加速度 $[a]$、临界基底动压力 $[p_d]$ 时，地基强度显著下降，基础产生很大的沉降和不均匀沉降。为了避免过大的振陷，确保基础、上部结构和设备的安全、正常运行，应通过现场荷载试验实测数值，保证基础的设计 a、p_d 值控制在临界值之内。

激振法测试可用于测定天然地基和人工地基的动力特性,为动力机器基础设计提供地基刚度阻尼比和参振质量。

2）试验设备

试验设备主要包括荷载板、激振设备、测振设备和其他测量设备。

荷载板可以采用方形(或圆形)的钢板或钢筋混凝土板。激振设备采用功率大于 3kW 的偏心块机械式激振器。测振设备主要包括拾振器、测振放大器和数据采集设备。关于沉降、振陷的测量设备主要采用百分表、精密水准仪。

3）试验方法

(1)机械式激振设备的最低工作频率宜为 3～5Hz,最高工作频率宜大于 60Hz;电磁激振设备的扰力不宜小于 600N。

(2)块体基础的尺寸宜采用 2.0m×1.5m×1.0m。在同一地层条件下,宜采用两个块体基础进行对比试验,基底面积一致,高度分别为 1.0m 和 1.5m;桩基测试应采用两根桩,桩间距取设计间距;桩台边缘至桩轴的距离可取桩间距的 1/2,桩台的长宽比应为 2：1,高度不宜小于 1.6m;当进行不同柱数的对比试验时,应增加桩数和相应桩台面积;测试基础的混凝土强度等级不宜低于 C15。

(3)测试基础应置于拟建基础附近和性质类似的土层上,其底面标高应与拟基础底面标高一致。

(4)应分别进行明置和埋置两种情况的测试,埋置基础的回填土应分层夯实。

4）试验数据整理

(1)强迫振动测试应绘制下列幅频响应曲线。

① 竖向振动为竖向振幅随频率变化的幅频响应曲线。

② 水平回转耦合振动为水平振幅随频率变化的幅频响应曲线和竖向振幅随频率变化的幅频响应曲线。

③ 扭转振动为扭转扰力矩作用下的水平振幅随频率变化的幅频响应曲线。

(2)自由振动测试应绘制下列波形图。

① 竖向自由振动波形图。

② 水平回转耦合振动波形图。

③ 根据强迫振动测试的幅频响应曲线和自由振动测试的波形图,按现行国家标准《地基动力特性测试规范》(GB/T 50269—2015)计算地基刚度系数、阻尼比和参振质量。

7. 十字板剪切试验

1）简况

十字板剪切试验可用于测定饱和软黏性土的不排水抗剪强度和灵敏度。

十字板剪切试验是一种原位测定饱和软黏土抗剪强度的方法,它所测得的抗剪强度值,相当于天然土层试验深度处,在上覆压力作用下的固结不排水抗剪强度,在理论上它相当于室内三轴不排水抗剪总强度或无侧限抗压强度的一半。

十字板剪切试验是将具有一定高与直径之比的十字板插入土层中,通过钻杆对十字板头施加扭矩使其等速旋转,根据土的抵抗扭矩求算地基土抗剪强度 C_u。十字板剪切试验可以很好地模拟地基排水条件和天然受力状态，对试验土层扰动性小，测试精度高。

2）试验设备

十字板剪力仪主要由十字板头、传力系统、施力装置和测力装置等组成。按照力的传递方式，十字板剪力仪可分为机械式和电测式两类。机械式十字板力的传递和计量均依靠机械的能力，常有离合式、牙嵌式和轻便式，需配备钻孔设备，成孔后下放十字板进行试验。机械式十字板剪力仪的构造如图6.4所示。

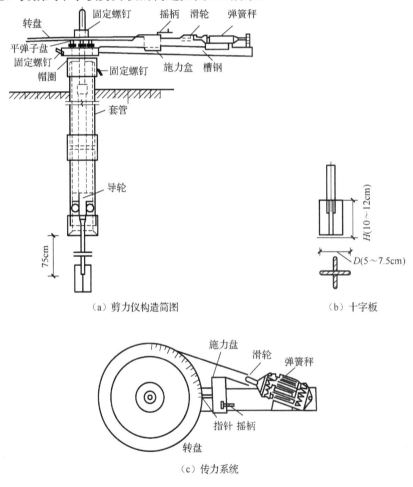

（a）剪力仪构造简图　　　　　　　　　　　（b）十字板

（c）传力系统

图6.4　机械式十字板剪力仪的构造

电测式十字板是用传感器将士抗剪破坏时力矩大小转变成电信号，并用仪器量测出来，常用的为轻便式十字板、静力触探两种，不用钻孔设备。试验时直接将十字板头以静力压入土层中，测试完成后，再将十字板压入下一层土继续试验，实现连续贯入，可比机械式十字板测试效率提高5倍以上。电测式十字板剪力仪的构造如图6.5所示。

目前国际上通用的矩形十字板头采用直径 D 与高度 H 的比例为 1∶2。国内常用十字板板头规格如表 6.9 所示。

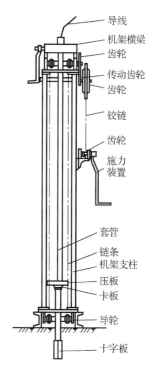

图 6.5　电测式十字板剪力仪的构造

表 6.9　国内常用十字板板头规格

板宽/mm	板高/mm	板厚/mm	刃角/(°)	轴杆尺寸/mm	
				直径	长度
50	100	2	60	13	50
75	150	3	60	16	50

轻便式十字板剪力仪适合于中、小型工程，携带方便，操作简单。十字板板头规格一般为 50mm×100mm、75mm×150mm，板厚均为 2mm。

3）试验基础要求

十字板剪切试验点的布置，对均质土竖向间距可为 1m；对非均质或夹薄层粉细砂的软黏性土，宜先做静力触探，结合土层变化，选择软黏土进行试验。

十字板剪切试验的主要技术要求应符合下列规定。

（1）十字板板头形状宜为矩形，径高比 1∶2，板厚宜为 2~3mm。

（2）十字板头插入钻孔底的深度不应小于钻孔或套管直径的 3~5 倍。

（3）十字板插入至试验深度后，至少应静止 2~3min，方可开始试验。

（4）扭转剪切速率宜采用（1°~2°）/10s，并应在测得峰值强度后继续测记 1min。

（5）在峰值强度或稳定值测验完后，顺扭转方向连续转动 6 圈后，测定重塑土的不排水抗剪强度。

4）成果分析及应用

（1）十字板剪切试验成果分析。

① 计算各试验点土的不排水抗剪峰值强度、残余强度、重塑土强度和灵敏度。

② 绘制单孔十字板剪切试验土的不排水抗剪峰值强度、残余强度、重塑土强度和灵敏度随深度的变化曲线，需要时绘制抗剪强度与扭转角度的关系曲线。

③ 根据土层条件和地区经验，对实测和十字板不排水抗剪强度进行修正。

有研究人员建议用塑性指数 I_p 确定修正系数 μ（图 6.6）。图中曲线 2 适用于液性指数大于 1.1 的土，曲线 1 适用于其他软黏土。

④ 一般饱和软黏土的不排水抗剪强度随深度呈线性增长，对同一层土，可运用统计的方法进行统计分析，统计中应剔除个别异常点。

（2）十字板剪切试验成果可按地区经验确定

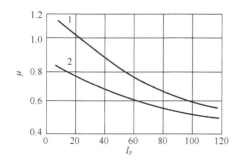

图 6.6　修正系数 μ 与塑性指数 I_p 关系曲线

地基承载力、单桩承载力，计算边坡稳定，判定软黏性土的固结历史。

（3）检验地基的加固效果。

① 在对软土地基进行预压加固处理时，可用十字板剪切试验探测加固过程中强度变化，来控制施工速率和检验加固效果。此时应在 3～10min 内将土剪损，单项工程十字板剪切试验孔不少于 2 个，试验点间距为 1.0～1.5m，软弱薄夹层应有试验点不少于 3～5 个。对于饱和软土地基可取 $f_{ak} = 2C_u + \gamma d$。

② 对于振冲加固饱和软黏性土的中小型工程，可用桩间土十字板抗剪强度来计算复合地基承载力的特征值

$$f_{spk} = 3[1 + m(n-1)]C_u \tag{6.26}$$

式中：f_{spk}——复合地基承载力的特征值；

C_u——修正后十字板抗剪强度；

n——桩土应力比，无实测资料时取 2～4，原状土强度高时取低值，反之取高值；

m——面积置换率。

8. 应力位移监测

1）监测目的[15]

（1）地基中的应力测试，是测定土体受力情况下的土压力和孔隙水压力及其消散速度和程度，以便计算地基土的固结度，推算土体强度随时间的变化规律，控制施工速度。

（2）为了了解工程在施工过程中和竣工使用阶段是否稳定和安全，是否可能由于地基变形而导致上部结构倾斜、裂缝及其他过大的变形，均需进行地基沉降和位移观测。地基沉降和位移观测是评价地基处理效果和建筑物地基基础工程质量的主要依据，也是验收设计、检验施工质量和进行科学研究的重要资料。

（3）地基处理施工过程的监测是确保施工达到预期目的的必要手段。如堆载压法，在加载过程中进行竖向变形、边桩过程中地基的稳定性和评价地基的加固效果和地下水位测量；对某些加固方法如强夯、振冲桩等，由于施工过程中振动及挤土会对周围建筑及管道产生不良影响时，设置监测点进行振动和侧移观测也是必要的。

2）常用监测项目

地基处理工程常用监测项目一览如表 6.10 所示。

表 6.10　常用监测项目一览

	监测项目	仪表名称	观测内容及项目	地基处理方法
沉降	建筑物沉降观测		施工期间及使用建筑物地基沉降量、沉降差及沉降速率	采用人工地基且需进行地基变形计算的建（构）筑物
	地表沉降	地表型沉降计（沉降板）	地表以下土体沉降总量	预压法、强夯法、振冲加密
	地基深层沉降	深层沉降标	地基某一层以下沉降量	
	地基分层沉降	分层沉降标	地基不同层位分层沉降量	

续表

	监测项目	仪表名称	观测内容及项目	地基处理方法
水平位移	地面水平沉降	水平位移边桩	测定堆载侧向地面水平位移量并监测地面沉降或隆起量,用于稳定监测、常规观测项目	预压法、强夯法
	地基土体水平位移	地下水平位移标(测斜仪、管)	观测地基各层位土体侧向位移量,用于稳定监测和了解土体各层侧向变位以及附加应力增加过程中的变化发展情况	
应力	地基孔隙水压力	孔隙水压力计	观测地基孔隙水压力变化,分析地基土固结情况	预压法
	土压力	土压力计（盒）	观测地基中应力变化,分析地基受力情况	
	承载力	荷载试验仪	一般用于地基或桩的承载能力测定	各种处理方法
其他	地下水位（辅助观测）	地下水位观测计	观测地基处理后地下水位的变化情况,校验	真空预压法
	出水量（辅助观测）	单孔出水量计	检测单个竖向排水井排水量,了解地基排水情况	

3）主要监测仪器及监测方法

在测试工作中,测量仪器的功能和质量极为重要,往往是测试成果准确与否的决定性因素。按原理区分,测量仪器分为非电测式和电测式两大类。

（1）非电测式。非电测式测量仪器的优点是性能可靠、使用简便,环境适应性强;缺点是一般灵敏度较低,不便于遥测和测试记录的自动化。非电测式测量仪器包括机械式和液压式。常用的机械式测量仪包括百分表、千分表、挠度计、测量计、水准式倾角计、手持式应变计等;液压式测量仪是利用液体的不可压缩性和流动性来传递压力和变形的,常用的有压力枕（扁千斤顶）、液压式压力盒等。

（2）电测式。电测式测量仪器的优点是元件轻而小、量程大、灵敏度高,便于测量结构内部和岩土内部的应力和应变,便于遥测和测试记录的自动化。电测式测量仪器发展很快,有取代非电测量仪器的趋势,但具有对环境的适应性差精度低、长期稳定性不好的缺点。电测式测量仪器一般由传感器、放大器、记录器组成,种类很多。按原理区分,常用的有电阻应变式、差动电阻式、滑动电阻式、差动变压器式、振弦式等。利用这些原理做成的测量仪器包括电测百分表、电测位移计、电测应力计电测应变计、电测钢筋计、振弦式土压力盒和埋入式应变计等。随着电子、激光、微电脑等新技术的应用,电测技术正迅速向多功能、微型化、高灵敏度、高稳定性以及控制、数据采集和处理的高度自动化方向发展。

6.3　平板荷载试验稳定检测标准研究

6.3.1　简述

平板荷载试验方法需要探讨一系列问题,包括平板尺寸的选择、测读稳定标准的确定、试验前的预压要求及荷载的大小等问题,并且在不同类型地基的试验中,对以上问题形成不同组合，使问题更加复杂。

本节从工程实践角度出发，对于平板荷载试验的稳定标准、压板尺寸、预压问题进行探讨，以期获得一些规律，用以指导工程实践，为相关规范编制提供一些有益参考。

6.3.2 不同规范测读方法及稳定标准

（1）依照现行国家标准《岩土工程勘察规范（2009 年版）》（GB 50021—2001）规定，荷载试验加荷方式应采用分级维持荷载沉降相对稳定法（常规慢速法）；有地区经验时，可采用分级加荷沉降非稳定法（快速法）或等沉降速率法；加荷等级宜取 10～12 级，并不应少于 8 级，荷载量测精度不应低于最大荷载的±1%。对慢速法，当试验对象为土体时，每级荷载施加后，间隔 5min、5min、10min、10min、15min、15min 测读一次沉降量，以后间隔 30min 测读一次沉降量，当在连续 2h 内，每小时沉降量小于等于 0.1mm 时，可认为沉降量已达相对稳定标准，施加下一级荷载；当试验对象是岩体时，间隔 1min、2min、2min、5min 测读一次沉降量，以后每隔 10min 测读一次，当连续三次读数差小于等于 0.01mm 时，可认为沉降量已达相对稳定标准，施加下一级荷载。

（2）依照现行国家标准《建筑地基基础设计规范》（GB 50007—2011）规定，每级加载后，按间隔 10min、10min、10min、15min、15min，以后为每隔半小时测读一次沉降量，当在连续 2h 内，每小时的沉降量小于 0.1mm 时，则认为已趋稳定，可施加下一级荷载。

（3）依照现行行业标准《建筑地基处理技术规范》（JGJ 79—2012）规定，每级加载后，按间隔 10min、10min、10min、15min、15min，以后为每隔 0.5h 测读一次沉降量，当在连续 2h 内，每小时的沉降量小于 0.1mm 时，则认为已趋稳定，可施加下一级荷载。

（4）依照上海市《地基基础设计标准》（DBJ 08-11—2018）规定，加荷等级宜为 10～12 级，加荷方法应采用慢速维持荷载法，每次荷载施加第一个小时内按 5min、15min、30min、45min、60min 进行测读，以后每隔 30min 测读一次，直至达到稳定标准，每级荷载在其维持过程中，应保持加荷量值的稳定。

稳定标准：每小时沉降量不超过 0.1mm，并连续出现两次。

预载：试验前宜进行预载，预载量宜等于上覆土自重。

卸载：卸载量可取加载量的两倍进行等量逐级卸载，卸除每级荷载维持 30min，回弹测读时间为第 5min、15min、30min。卸载至零后应测读稳定的残余沉降量，维持时间为 3h。

通过以上对比发现，相关规范中一般采用慢速维持荷载法进行平板荷载试验，但测读时间、加载分级及判稳标准，各类规范有不同的规定。

6.3.3 不同测读方法的对比试验研究

在工程检测验收中，国外的维持荷载法相当于国内的快速维持荷载法，最少持载时间为 1h，并规定了较为宽松的沉降量相对稳定标准。国内此类研究起步较晚，数据及成果很少。从理论上讲，快速加载法有一定的偏差，因为每级加载时间较短，在未稳定的条件下继续加下一级，导致单级沉降量和总沉降量均小于常规的慢速维持荷载法。虽然快速荷载法存在误差，但并不是完全不可用。在已取得的慢速维持荷载法和快速维持荷载法对比试验数据，并且已经建立了经验公式的地区是可以采用的。依照现行国家标准《岩土工程勘察规范（2009 年版）》（GB 50021—2001）规定，荷载试验加荷方式应采用分级维持荷载沉降量相对稳定法（常规慢速法）；有地区经验时，可采用分级加荷沉降量非稳定法（快速法）或等沉降速率法。

为了不断提高检测技术水平，以及经济效益和社会效益，缩短大面积工程检测中静荷载试验周期，研究出适应本地区的快速静荷载试验方法，本书作者结合生产实践开展了快速法及慢速法静荷载的对比试验研究。

6.3.4　对比试验设计

对比试验是通过在静载荷试验项目中选取一定数量的检测点进行快速法及慢速法静荷载对比试验，从中寻找两种方法在各级荷载作用下所得的沉降量和极限承载力的差异规律，进而将快速法静载试验的沉降量和极限承载力修正成慢速法静载试验的沉降量及极限承载力，并找出一种适应上海地区的快速静载荷试验方法[9]。

该试验对 0.5m²、1m²、2m² 荷载板分别进行慢速维持荷载法（以下简称"慢速法"）、准慢速维持荷载法（以下简称"准慢速法"）及快速维持荷载法（以下简称"快速法"）试验。试验共计 3 组，每组 3 个试验。荷载板均采用方形板，0.5m² 板对应板宽为 0.707m，1m² 板对应板宽为 1.0m，2m² 板对应板宽为 1.414m。试验情况统计如表 6.11 所示。

表 6.11　试验情况统计

试验类型	荷载板面积/m²			试验类型	荷载板面积/m²		
	0.5	1	2		0.5	1	2
慢速法	1	1	1	快速法	1	1	1
准慢速法	1	1	1				

各试验类型的测读方法如下。

1）慢速法

加荷期间，每级荷载施加后按第 5min、15min、30min、45min、60min 测读荷载板的沉降量，以后每半小时测读一次，直至达到稳定标准，然后施加下一级荷载。稳定标准为：每小时位移变形量小于 0.1mm 并连续出现两次。

卸载时，卸载量可取加载量的两倍，每级荷载维持 60min，按 5min、15min、30min、60min 测读四次；卸至零后维持 3h，测读残余沉降量，测读时间为 5min、15min、30min、60min，以后每隔 30min 测读一次。

2）准慢速法

在达到特征值对应的荷载之前（包括特征值对应的荷载），每级荷载施加后按第 5min、15min、30min、45min、60min 测读载荷板的沉降量，以后每半小时测读一次，直至达到稳定标准，然后施加下一级荷载。相对稳定标准为：每小时位移变形量小于 0.1mm。在特征值对应的荷载之后，每级荷载施加后按第 5min、15min、30min、45min、

60min 测读载荷板的沉降量，以后每半小时测读一次，直至达到稳定标准，然后施加下一级荷载。相对稳定标准为每小时位移变形量小于 0.25mm。

卸载时，一次性将荷载卸载至零，维持 60min，测读残余沉降量。

3）快速法

加荷期间，每级荷载施加后维持 60min，按第 5min、15min、30min、45min、60min 测读载荷板的沉降量，然后施加下一级荷载。

卸载时，一次性将荷载卸载至零，维持 60min，测读残余沉降量。

6.3.5 试验结果分析

沉降量达到板宽的 10%时，试验终止。取沉降量达到 0.012 倍板宽时对应的荷载值为地基承载力特征值，但所取承载力特征值不大于最大试验荷载的 1/2；取沉降量达到 0.07 倍板宽时对应的荷载值为地基承载力极限值。各组试验数据如表 6.12 所示，各组试验沉降曲线如图 6.7～图 6.9 所示。

表 6.12 各组试验特征值及极限值的对比分析

板尺寸		试验类型	特征值 /kPa	与慢速法 差异比/%	极限值 /kPa	与慢速法 差异比/%	特征值对应 沉降量/mm	极限值对应 沉降量/mm
面积/m²	宽度/m							
0.5	0.707	慢速法	87		205		8.48	49.49
		准慢速法	88	1.15	233	13.66		
		快速法	107	22.99	292	42.44		
1	1	慢速法	85		182		12	70
		准慢速法	92	8.24	203	11.54		
		快速法	103	21.18	244	34.07		
2	1.414	慢速法	91		173		16.97	98.98
		准慢速法	97	6.59	224	29.48		
		快速法	108	18.68	270	56.07		

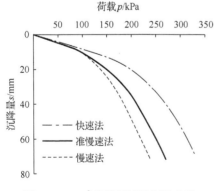

图 6.7 0.5m² 荷载板试验沉降曲线

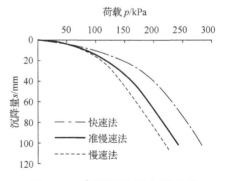

图 6.8 1m² 荷载板试验沉降曲线

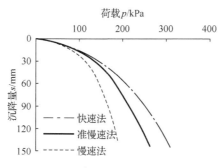

图 6.9　2m² 荷载板试验沉降曲线

根据试验数据对比可以看出，在承载力特征值的判定上，准慢速法与慢速法差别很小，快速法与慢速法差别略大，如果以 0.01 倍板宽的沉降对应的荷载为特征值，这种差别将会更小。这说明如果只需判定承载力特征值，那么采用准慢速法这种采集数据的方法也是可以的。

对于承载力的极限值，准慢速法与慢速法相差 11.54%～29.48%，快速法与慢速法相差 34%～56.07%，显得差异过大。这说明如果需要对承载力极限值做出判定，准慢速法及快速法与慢速法差异均显得过大，需对结果进行修正。

6.4　平板荷载试验压板尺寸效应的研究

6.4.1　关于压板尺寸的规定

目前国内对平板荷载试验压板尺寸的具体规定如下。

（1）参照现行国家标准《岩土工程勘察规范（2009 年版）》（GB 50021—2001）规定，荷载试验宜采用圆形刚性承压板，根据土的软硬或岩体裂隙密度选用合适的尺寸；土的浅层平板荷载试验承压板面积不应小于 0.25m²，对软土和粒径较大的填土不应小于 0.5m²。

（2）参照现行国家标准《建筑地基基础设计规范》（GB 50007—2011）规定，地基土浅层平板荷载试验适用于确定浅部地基土层的承压板下应力主要影响范围内的承载力和变形参数，承压板面积不应小于 0.25m²，对于软土不应小于 0.5m²。

（3）参照行业标准《建筑地基处理技术规范》（JGJ 79—2012）规定，平板静荷载试验采用的压板面积应按需检测土层的厚度确定，且不应小于 1.0m²，对夯实地基，不宜小于 2.0m²。

（4）参照上海市《地基基础设计规范》（DGJ 08-11—2018）规定，荷载板应采用面积不小于 0.5m² 的刚性板。

6.4.2　软土地基荷载板尺寸效应试验分析

针对上海软土地基的荷载板尺寸效应问题，在静载荷试验项目中选取一定数量的检测点进行不同尺寸的静荷载对比试验，以期寻找相同荷载下，不同尺寸的荷载板所对应的沉降及极限承载力的差异规律。

该试验对 0.5m²、1m²、2m² 三个尺寸的荷载板分别进行慢速维持荷载法（以下简称"慢速法"）、快速维持荷载法（以下简称"快速法"）及准慢速维持荷载法（以下简称"准慢速法"）试验，试验共计三组，每组三个试验。荷载板均采用方形板，0.5m² 板对应板宽为 0.71m，1m² 板对应板宽为 1.0m，2m² 板对应板宽为 1.41m。不同尺寸板得出的承载力极限值及特征值统计如表 6.13 所示。

表 6.13 不同尺寸板的承载力极限值及特征值统计

荷载板宽度/m	承载力极限值/kPa			承载力特征值/kPa		
	快速法	准慢速法	慢速法	快速法	准慢速法	慢速法
0.71	292	233	205	107	88	87
1.00	244	203	182	103	92	103
1.41	270	224	173	108	97	91

对于慢速法，荷载-沉降曲线（p-s 曲线）如图 6.10 所示，荷载-沉降/板宽曲线（p-s/b 曲线）如图 6.11 所示。由曲线可以看出，随着荷载板尺寸的增大，相同荷载下的沉降逐渐增大，这是由于板尺寸越大，对地层的影响深度越大，沉降越大。随着板尺寸的增大，承载力特征值及极限值的变化不明显。对于准慢速法及快速法试验结果亦有类似特征，p-s 曲线及 p-s/b 曲线如图 6.12～图 6.15 所示。

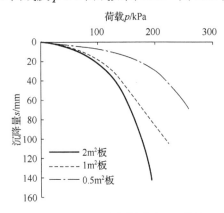

图 6.10 不同尺寸板慢速法 p-s 曲线

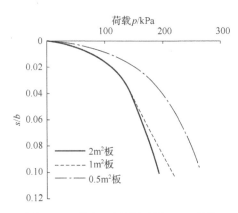

图 6.11 不同尺寸板慢速法 p-s/b 曲线

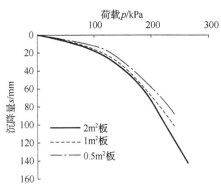

图 6.12 不同尺寸板准慢速法 p-s 曲线

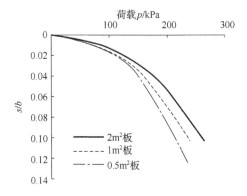

图 6.13 不同尺寸板准慢速法 p-s/b 曲线

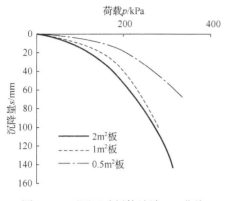

图 6.14　不同尺寸板快速法 p-s 曲线

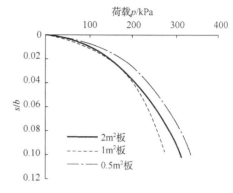

图 6.15　不同尺寸板快速法 p-s/b 曲线

根据表 6.13 的数据,得到承载力的极限值及特征值与荷载板宽度的关系如图 6.16 和图 6.17 所示。黑色实线为试验结果的回归曲线。回归曲线不通过原点,这一点与太沙基承载力公式不一致。由图 6.16 和图 6.17 可以看出,随着荷载板的宽度增大,承载力特征值及极限值的变化并不明显。对于承载力特征值,这一规律与我国一些勘察单位所做的试验研究结果是相符合的,即不同的尺寸的荷载板,得出的承载力特征值(比例界限值)是不变的。对于承载力极限值,这一点与砂土性质差异较大,也与太沙基公式表达得不一致。对于砂土地基,荷载板尺寸越大,极限承载力也越大,而在软土地基中不存在这个性质。

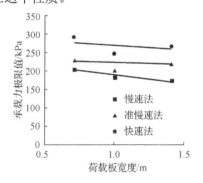

图 6.16　极限值与荷载板宽度的关系

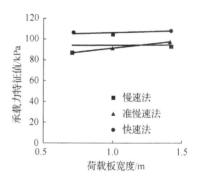

图 6.17　特征值与荷载板宽度的关系

通过以上分析可知,对上海软土地基的荷载试验,不同的板面积对应的承载力特征值和极限值差别不大,也就是说进行软土地基荷载试验时,板面积没必要做得很大,只要满足规范的要求或者比要求略大即可,建议不要超过 $2m^2$。

6.4.3　砂土地基荷载板尺寸效应分析

该工程试验场地位于内蒙古自治区赤峰市,场地总体属波状沙丘地貌,原始地形起伏较大,地表沙化较严重,属风积沙地。根据有关勘察报告,勘探深度范围内,场地地层主要由第四系风积粉细砂和冲洪积成因的细砂组成,工程地质剖面图如图 6.18 所示。

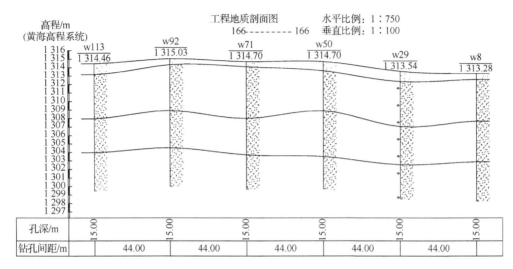

图 6.18　工程地质剖面图

1. 试验装置及荷载板尺寸选择

该平板荷载试验采用堆载横梁反力法，采用沙袋堆载，人工读取沉降量。为研究平板荷载试验的尺寸效应和沉降变化规律，在本次细砂场地上分别选取 0.1m×0.1m、0.2m×0.2m、0.315m×0.315m、0.4m×0.4m、0.5m×0.5m、0.6m×0.6m、0.707m×0.707m、1.0m×1.0m 共 8 种尺寸的荷载板，除 1.0m×1.0m 板进行 2 组试验外，其他尺寸的荷载板每个尺寸分别进行了 3 组试验。

2. 试验操作及承载力判定的具体要求

（1）各种尺寸的平板荷载试验应在地基处理后地面以下 60cm 处进行，试坑宽度不小于 3 倍的荷载板宽度，要求清除掉表层松散砂层，且试压表面应采用中粗砂进行找平处理。

（2）每个平板荷载试验的堆载量均不小于最大加载量的 1.2 倍。

（3）每个平板荷载试验加荷等级根据最大加载量确定，并不小于 8 级。

（4）每个平板荷载试验正式加载前应进行预压，预压荷载（包括设备质量）接近卸去土的自重，预压时间 30min，并记录预压和预压卸载回弹后的沉降量。

（5）稳定标准。连续 2h 内，每 1h 的平均沉降量小于 0.1mm 时，可加下一级荷载。

（6）卸载要求：①按二倍加载级差进行卸载；②卸载时每 10min 读记一次回弹量，每卸一级，间隔 0.5h，直至卸完全部荷载。

（7）为了研究平板荷载试验的尺寸效应，根据相关规定，所有尺寸平板荷载试验的承载力特征值的判定均采用以下相同标准：①当 $p\text{-}s$ 曲线上有比例界限时，取该比例界限所对应的荷载值；②当极限荷载小于对应比例界限的荷载值的 2 倍时，取极限荷载值的一半；③当不能按上述二款要求确定时，取 $s/b=0.01$ 所对应的荷载值。

3. 试验结果及分析

不同尺寸荷载板的 *p-s* 曲线如图 6.19～图 6.26 所示。由 *p-s* 曲线可以看出，随着荷载板宽度的增加，沉降量也随之大幅增加，不同尺寸荷载板对应的最终沉降量的差异化较大。这说明当运用不同尺寸荷载板进行荷载试验时，结果应该进行适当修正。

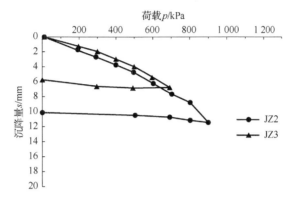

图 6.19　0.1m×0.1m 的 *p-s* 曲线

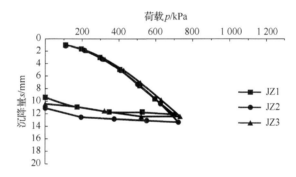

图 6.20　0.2m×0.2m 的 *p-s* 曲线

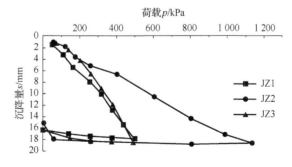

图 6.21　0.315m×0.315m 的 *p-s* 曲线

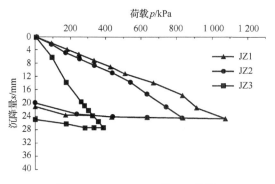

图 6.22　0.4m×0.4m 的 *p-s* 曲线

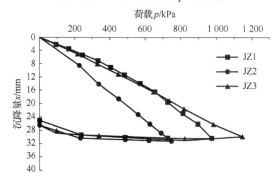

图 6.23　0.5m×0.5m 的 *p-s* 曲线

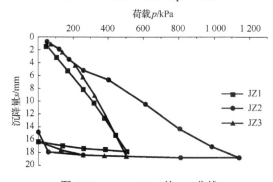

图 6.24　0.6m×0.6m 的 *p-s* 曲线

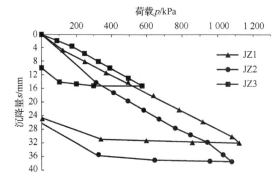

图 6.25　0.707m×0.707m 的 *p-s* 曲线

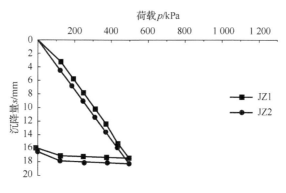

图 6.26　1m×1m 的 p-s 曲线

不同尺寸荷载板得出的承载力及对应沉降量如表 6.14 所示。不同尺寸荷载板宽度与承载力特征值及最大沉降量的关系曲线如图 6.27 和图 6.28 所示。0.2m×0.2m 板的承载力特征值与相邻两个特征值差异过大,故视其为异常值,予以剔除;同理,剔除 0.6m×0.6m 板的最终沉降量。荷载板宽度为 0.1～1m,砂土地基承载力特征值与板宽基本呈线性关系;由各 p-s 曲线可以看出,沉降量与荷载也基本呈线性关系,这与软土地基的特性是截然不同的。

表 6.14　不同尺寸荷载板得出的承载力及对应沉降量

序号	板宽/m	面积/m²	承载力特征值/kPa	特征值对应沉降量/mm	承载力极限值/kPa	极限值对应沉降量/mm
1	0.10	0.01	100	1.00	800	8.73
2	0.20	0.04	223	2.00	800	12.83
3	0.315	0.10	158	3.15	800	14.39
4	0.40	0.16	177	4.00	800	20.40
5	0.50	0.25	205	5.00	800	22.00
6	0.60	0.36	217	6.00	800	29.10
7	0.707	0.50	236	7.00	800	25.73
8	1.0	1.0	280	10.00	800	28.60

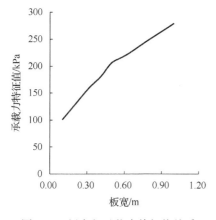

图 6.27　板宽与承载力特征值关系

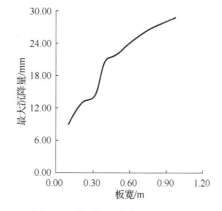

图 6.28　板宽与最大沉降量关系

6.4.4 珠海深水海洋工程装备制造场区荷载板尺寸试验

该工程拟建场区位于高栏港开发区以南水陆域，珠江口西岸，东面毗邻珠海电厂，南面与荷包岛隔海相望。该区域为围海造地而成，场地海岸线总长 1 349m，占地总面积约 207 万 m²。

1. 试验装置与试验基本要求

对场地进行强夯加固后进行浅层平板荷载试验，静荷载试验点布置图如图 6.29 所示，承压板采用正方形，面积分别为 1m²、2m²、4m²、9m²，采用 9m² 荷载板区域最大加载量为 700kPa，其他静荷载试验区域最大加载量为 1 400kPa。

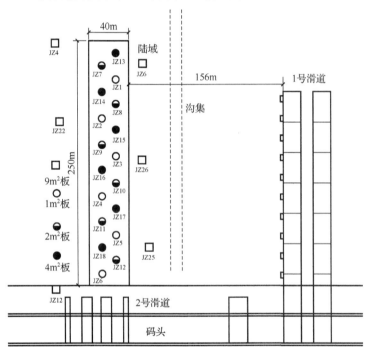

图 6.29　静荷载试验点布置图

试验加荷方法采用分级维持荷载沉降相对稳定法（慢速法）。试验的加荷标准：试验前先进行预压，预压荷载（包括设备质量）应接近卸去土的自重，并消除扰动变形的影响。每级荷载增量（即加荷等级）取被测试地基土层预估极限承载力的 1/8。施加的总荷载应尽量接近试验土层的极限荷载。荷载的量测精度应达到最大荷载的 1%，沉降值的量测精度应达到 0.01mm。

2．试验结果及分析

不同尺寸荷载板 $p\text{-}s$ 曲线如图 6.30 所示。

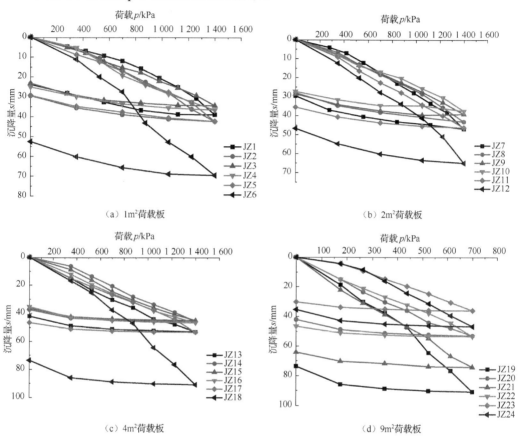

图 6.30　不同尺寸荷载板 $p\text{-}s$ 曲线

试验点加载至最大试验荷载时，承压板沉降速率达到相对稳定标准，未出现地基土破坏。根据有关规范，取 $s/b=0.01$ 时对应的荷载值为地基承载力特征值，但所取承载力特征值不大于最大试验荷载的 1/2，不同面积承压板测得的地基承载力特征值如表 6.15 所示。

表 6.15　不同面积承压板测得的地基承载力特征值

承压板面积/m²	地基承载力特征值/kPa	承压板面积/m²	地基承载力特征值/kPa
1	467	4	544
2	525	9	350

进行 9m² 荷载板静载试验的区域为总装场地，设计地基承载力为 350kPa，故试验时最大加载量为 700kPa，此时地基土没有出现明显破坏，由于大荷载板应力扩散范围、影响深度大，地基土沉降较大，已达 90.86mm。对 1m²、2m²、4m² 荷载板测得的地基承

载力与承压面积拟合曲线,如图 6.31 所示。

由图 6.31 可知,对围海造地形成的填土地基,当承压板面积较小时(一般小于 2m²),承压板面积对地基承载力特征值有较大影响,随着承压板面积的增大,测得的地基承载力特征值呈线性增加。当承压板面积大于 2m² 时,承压板的大小对测得的地基承载力特征值的影响减弱,故承压板的面积没必要做很大,承压板面积大于 2m² 时即可减小面积效应的影响。

对 1m²、2m²、4m² 荷载板进行荷载试验时测得的最大沉降量与承压板面积拟合曲线,如图 6.32 所示。

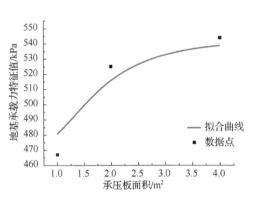

图 6.31　地基承载力特征值与承压板　　　图 6.32　最大沉降量与承压板面积拟合曲线
　　　　　面积拟合曲线

由图 6.32 可知,当承压板面积较小时(一般小于 2m²),承压板面积对地基最大沉降量有较大影响,随着承压板面积的增大,测得的最大沉降量呈线性增加,当承压板面积大于 2m² 时,承压板的大小对测得的地基最大沉降量的影响减弱,并逐渐趋于稳定。

6.4.5　强夯置换地基荷载板尺寸效应分析

1. 工程概况

荷载试验区地基由大面积吹填工艺形成,地层中存在性质较差、厚度不均的吹填淤泥,承载力及压缩模量较低。后经 12 000kN·m 能级强夯置换工艺处理,夯后共完成大板荷载试验 1 个［荷载板尺寸 7.1m×7.1m,最大加载量 560kPa(28 125kN)］,小板荷载试验 3 个［夯间土 2 个,夯墩 1 个,荷载板尺寸均为 1.5m×1.5m,最大加载量 600kPa(1 350kN)］。大板荷载试验点布置图如图 6.33 所示。

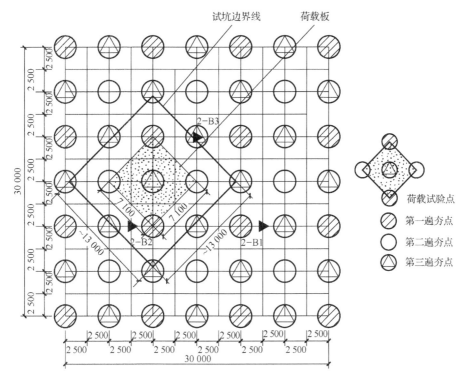

图 6.33　大板荷载试验点布置图（单位：m）

2. 地层概况

试验区夯前、夯后钻孔资料统计如表 6.16 所示。

表 6.16　夯前、夯后钻孔资料统计

夯前		夯后	
深度/m	土层名称	深度/m	土层名称
0~2.2	杂填土	0~3.0	杂填土
2.2~3.6	淤泥质粉质黏土	3~5.5	淤泥质粉质黏土
3.6~8.1	吹填砂土	5.5~7.7	吹填砂土
8.1~13.0	淤泥质粉细砂	7.7~10.0	淤泥质粉细砂
13.0m 以下	强风化花岗岩		

3. 荷载试验结果

大板荷载试验最大加载量为 560kPa，试验使用的荷载板为钢筋混凝土板，面积为 50.41m²，尺寸为 7.1m×7.1m，板厚 40cm（板厚与板宽比例为 1∶18，可近似按柔性板考虑）。按荷载试验影响深度 1.5~2.0 倍板宽考虑，该试验的影响深度为 11~15m，根据相关详勘资料，该影响深度已达到了基岩顶标高。

荷载板的沉降量主要由板四周 8 个沉降观测点的沉降值来综合判断。最大试验荷载 560kPa，荷载共分 8 级，首次加载两级，每级试验荷载 70kPa。大板荷载试验 p-s 曲线如图 6.34 所示。通过测试数据，可以得出以下结论。

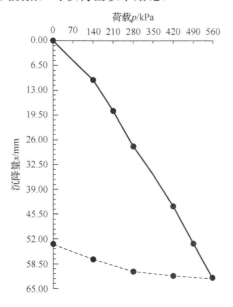

图 6.34　大板荷载试验 p-s 曲线

（1）p-s 曲线接近于直线，基本没有出现弯曲，说明地基土还处于弹性阶段，未进入塑性阶段。

（2）p-s 曲线平缓，没有出现陡降段，根据相关规范的要求，按最大加载量的一半判定，地基土承载力特征值为 280kPa。

该小板荷载试验共完成 3 个，荷载板尺寸均为 1.5m×1.5m，最大加载量 600kPa，大板与小板的荷载试验 p-s 曲线如图 6.35 所示。

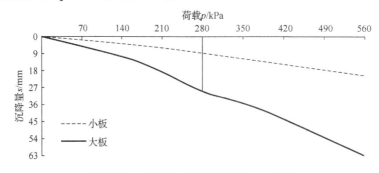

图 6.35　大板与小板的荷载试验 p-s 曲线

由图 6.34 可知，大板荷载试验最大沉降量为小板荷载试验最大沉降量的 3 倍左右。大板特征值对应的沉降量为小板特征值对应沉降量的 3.3 倍；而大板尺寸（7.1m）为小板尺寸（1.5m）的 4.7 倍。据此可知，沉降量及承载力特征值与荷载板尺寸并非线性关系。

4. 荷载板板底剖面变形监测

1）监测方法

监测采用水平测斜方法，即在荷载板板底预先埋设水平测斜管，水平测斜管每相隔 90°有一个槽口，共有四个槽口，作为测斜探头的滑轮移动的滑槽，通过水平测斜探头监测板底土体沉降剖面。水平测斜原理如图 6.36 所示，水平测斜管线布置图如图 6.37 所示。

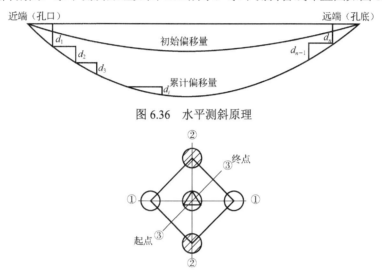

图 6.36 水平测斜原理

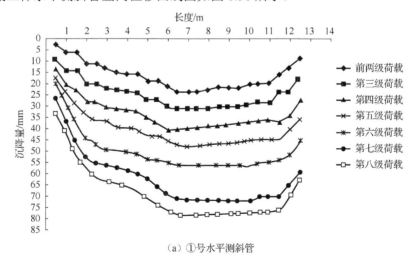

图 6.37 水平测斜管线布置图

2）监测结果及分析

板底土体水平测斜管竖向位移曲线图如图 6.38 所示。

（a）①号水平测斜管

图 6.38 水平测斜管竖向位移曲线图

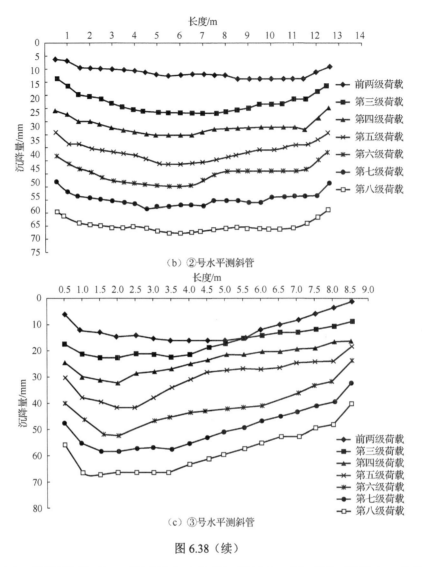

（b）②号水平测斜管

（c）③号水平测斜管

图 6.38（续）

通过水平测斜结果可知，靠近板中心位置沉降较大，板两侧沉降较小。荷载板板底各部位沉降较为均匀，任意两点之间的沉降差均小于 15mm，并且这种不均匀沉降主要是由于荷载板下土层的不均匀性引起的。

5. 荷载板板底土压力监测

1）监测方法

静载试验前，在压板垫层下方埋设土压力计，土压力计四周用细砂掩埋，电缆由地沟引出地面，探头和读数仪通过电缆相连，用于监测土压力计的频幅变化，然后换算得到土压力变化情况。土压力计埋设图及布置图如图 6.39 和图 6.40 所示。

2）监测结果分析

土压力随荷载变化曲线如图 6.41 所示。

图 6.39　土压力计埋设图

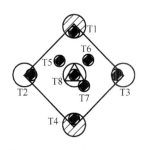
图 6.40　土压力计布置图

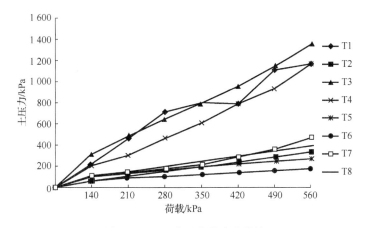
图 6.41　土压力随荷载变化曲线

由图 6.41 可知，T1、T3、T4 所承受的土压力较大，此三点均为第一遍和二遍强夯置换墩所在的位置，且随着承受荷载的增大，强夯置换墩所承受的土压力逐渐增大。

经土压力分布测试结果的统计分析，得出以下结论。

（1）第一遍和二遍主夯点 T1～T4 所承受土压力平均值为 1 002kPa。

（2）第三遍夯点 T8 承受土压力为 388kPa。

（3）夯间土 T5～T7 承受土压力平均值为 373kPa。

（4）根据置换墩及墩间土测试的土压力与相应面积的乘积，可得到墩土荷载分担比为第一、二遍主夯点：第三遍夯点：夯间土=13 881：2 743：11 004=5：1：4。可以看出，荷载板所承受的荷载大部分被传递至强夯置换墩上。

6. 压板四周土体深层水平位移监测

1）监测方法

在压板周围钻孔埋设竖向测斜管，采用竖向测斜仪进行测试，测斜管下部埋设在基岩内。管内由测斜探头滑轮沿测斜导槽逐渐下放至管底，配以伺服加速度式测斜仪，自上而下每隔 0.5m 测定该点的偏移角，然后将探头旋转 180°（A0、A180），在同一导槽内再测量一次，合起来为一个测回，由此通过叠加推算各点的位移值。竖向测斜管布置如图 6.42 所示。

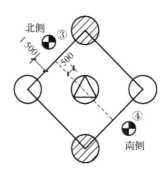

图 6.42　竖向测斜管布置（单位：mm）

2）监测结果及分析

深层水平位移曲线如图 6.43 所示。

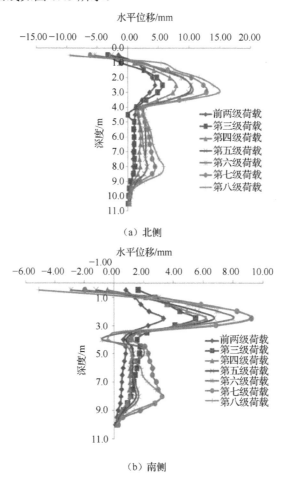

（a）北侧

（b）南侧

图 6.43　深层水平位移曲线

根据北侧与南侧深层水平位移深度曲线可知，深度 4.0m 以上碎石土层位移较大，深度为 2.5m 处位移达到最大，其中北侧最大位移为 14.87mm，南侧最大位移为 9.21mm。深度 4.0m 以下砂层位移较小。

7. 荷载板周边土体隆起变形监测

1) 监测方法[22]

利用精密水准仪监测测点高程变化情况。对每一级堆载施加过程及工后进行沉降监测，监测变形量和变形速率。荷载板周边土体隆起监测点布置图如图 6.44 所示。

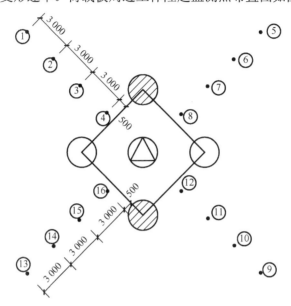

图 6.44　荷载板周边土体隆起监测点布置图（单位：mm）

2) 监测结果及分析

荷载板周边土体隆起变形曲线如图 6.45 所示。

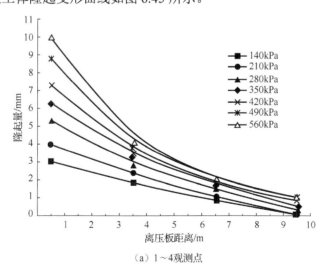

（a）1～4 观测点

图 6.45　荷载板周边土体隆起变形曲线

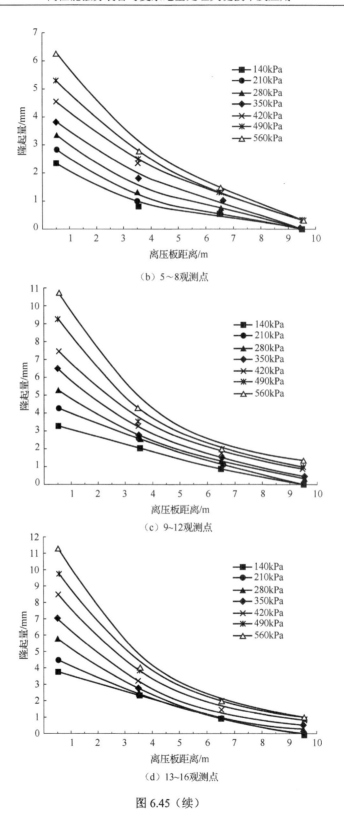

（b）5~8观测点

（c）9~12观测点

（d）13~16观测点

图 6.45（续）

根据载荷板周边土体隆起变形图可知，离板 0.5m 处土体隆起较大，最大隆起量达到 11.3mm，平均隆起 9.6mm。距载荷板 6.5m 以外隆起较小，仅 1～2mm。根据监测数据分析压板载荷对地基周边土层隆起变形的影响范围约为板宽的 1 倍。

8. 分层沉降监测

1）监测方法

首先在预定位置按要求的深度成孔，成孔后，将组装好的沉降管送入孔内。入孔后，待所有沉降环插入孔壁原状土后，密实回填孔内空隙，加上孔口保护盖。埋入土体内的钢环与土体同步位移，用探头在分层沉降管探测钢环的位置，钢环位置的变化即为该深度处的沉降或隆起。分层沉降管布置图如图 6.46 所示。

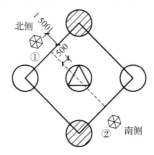

图 6.46　分层沉降管布置图（单位：mm）

2）监测结果及分析

分层沉降量随深度的变化曲线如图 6.47 所示。

由图 6.47 可知，分层沉降量随深度增大而减小。表层 3m 范围碎石土沉降量占总沉降量的 65%以上，8～10m 粉质黏土沉降量较小，仅占总沉降量的 5%～10%。

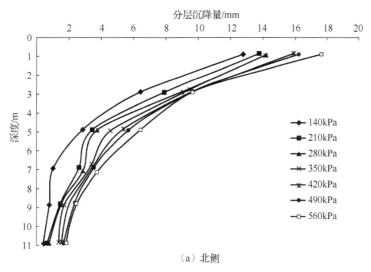

（a）北侧

图 6.47　分层沉降量随深度的变化曲线

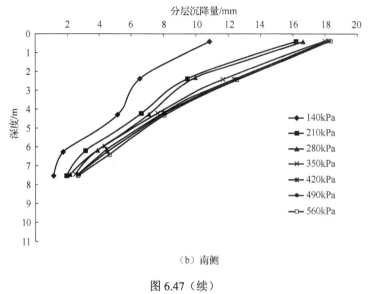

（b）南侧

图 6.47（续）

6.4.6　高能级强夯地基土的荷载试验研究

通过在某沿海碎石土回填地基上成功实施的不同强夯能级作用下夯后地基土平板荷载试验的实测结果，得出了一些有实用意义的结论，以期为相关地基处理规范中强夯部分的修订和发展提供实用参数，进而指导今后高能级强夯地基处理的工程实践[23-26]。

1）土层条件与施工工艺

本试验场地最大填土厚度为 11～14m。夹有较多大块开山石，粒径较大。

主夯能级 10 000kN·m，采用 180kN 和 220kN 的圆形铸铁组合锤，第一遍、第二遍夯点间距 10m×10m；第三遍采用 3 000kN·m 能级插点夯，满夯能级 1 000kN·m，夯印搭接 1/3。10 000kN·m 主夯的功效在于处理更大深度地基，3 000kN·m 插点夯的功效在于处理主夯点之间楔形土地基。夯点布置如图 6.48 所示。

本章以 10 000kN·m 能级强夯平板载荷试验结果为主，并与 3 000kN·m、6 000kN·m、8 000kN·m 的平板载荷试验结果做对比分析，并对工程中的相关问题进行了探讨。

2）平板载荷试验结果及分析

本次系列试验共进行了 19 组平板荷载试验，其中 2.5m×2.5m 板的平板荷载试验装置示意图如图 6.49 所示。荷载板采用多层厚钢板叠合，确保不出现影响测试结果的变形。大面积施工区的 10 个平板荷载试验均布置在夯间，变形模量的计算采用式（6.27）计算：

$$E_0 = I_0(1-\mu^2)\frac{pd}{s} \tag{6.27}$$

式中：E_0——地基土的变形模量（MPa）；

　　　I_0——刚性承压板性状系数，方形板取 0.886；

　　　p——s 为（0.10～0.15）d 时承压板底的荷载强度（kPa）；

s——与荷载强度 p 对应的沉降量（mm）；

d——承压板直径或边长（m），结合对炸山回填碎石土的工程经验，取其泊松比

　　　$\mu = 0.224$。

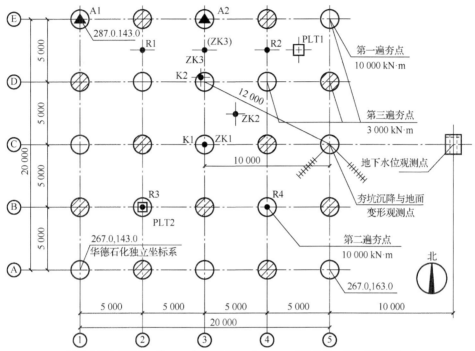

K. 孔隙水压力观测点 2 组；A. 加速度试验 2 个；ZK. 夯前钻探 3 个，夯后钻探 3 个；
R. 夯前瑞利波试验 4 个，夯后瑞利波试验 4 个；PLT. 平板载荷试验 2 个。

图 6.48　10 000kN·m 试验区夯点布置及监测与检测点布置图（单位：mm）

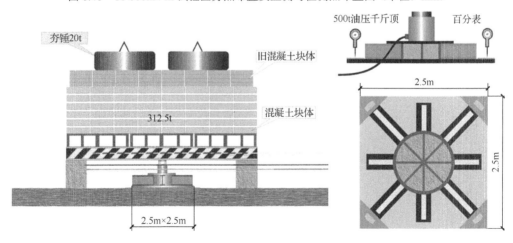

图 6.49　平板荷载试验装置示意图

利用平板荷载试验确定的各解级强夯后平板荷载试验结果如表 6.17 所示。

表6.17 3 000kN·m、6 000kN·m、8 000kN·m、10 000kN·m 能级强夯后平板荷载试验成果

项目	能级/（kN·m）								
	Z1 （10 000）	Z2 （10 000）	Z1 （3 000）	Z2 （3 000）	P1 （3 000）	P2 （3 000）	P3 （3 000）	Z1 （6 000）	Z2 （6 000）
荷载板边长 d/m	1.5	1.5	1.5	1.5	1.5	1.5	1.5	1.5	1.5
承载力特征值 f_{ak}/kPa	350	400	240	180	280	250	240	250	240
变形模量 E_0/MPa	36.2	39.44	55.8	20.2	68.2	41.1	82.9	65.4	43.9

项目	能级/（kN·m）									
	P1 （8 000）	P2 （8 000）	P3 （8 000）	P4 （8 000）	P5 （8 000）	P6 （8 000）	P7 （8 000）	P8 （8 000）	P9 （3 000）	P11 （6 000）
荷载板边长 d/m	2.5	2.5	2.5	2.5	1.5	1.5	1.5	1.5	2.5	1.5
承载力特征值 f_{ak}/kPa	300	300	280	300	280	300	300	300	250	230
变形模量 E_0/MPa	66.3	52.3	64.4	61.3	61.0	109.6	64.3	53.3	50.2	45.3

在表 6.17 中，10 000kN·m 试验区满夯后布置了两个平板荷载试验点 Z1、Z2，承压板面积为 1.5m×1.5m，平板荷载试验的 p-s 关系曲线如图 6.50 所示。两点的试验曲线基本相似，Z2 点试验曲线在 350kPa 之前沉降量略大于 Z1 点，之后沉降量略小于 Z2 点。

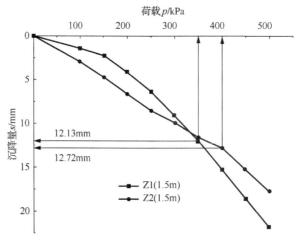

图 6.50 10 000kN·m 试夯区平板荷载试验 p-s 关系曲线

3 000kN·m 能级强夯在试验区满夯后布置了 2 个平板荷载试验点 Z1、Z2，在大面积施工后布置了 4 个平板荷载试验点 P1、P2、P3 和 P9，除了 P9 承压板面积为 2.5m×2.5m 之外，其他荷载板面积均为 1.5m×1.5m，各点的 p-s 关系曲线如图 6.51 所示。其中，Z1 布置在夯点上，Z2 布置在夯间，大面积施工区的 4 个平板荷载试验均布置在夯间。需要说明的是，Z2 点由于夯坑积水，满夯时发现该点表层形成橡皮土。在加载量达到 350kPa 时的沉降量已超过 80cm，承载力检测时不满足要求，在图 6.51 中未绘出。从图 6.51 可以看出，试验曲线基本上是直线发展，没有陡降段，荷载板周围土体没有明显隆起。P9 点荷载板面积 6.25m²，是其他 4 个荷载板面积的 2.8 倍，在 150kPa 之前变形量较大，之后与其他荷载试验的结果相似，变形量略大于 P1、P2 和 P3，但小于 Z1。

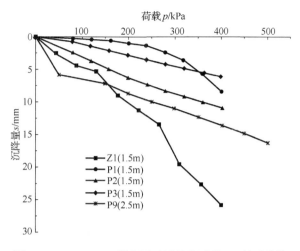

图 6.51　3 000kN·m 强夯区平板荷载试验 *p-s* 关系曲线

承载力特征值取为 250kPa，与其他小板的平板荷载试验结果相差不大。从图 6.51 还可以看出，在相同荷载下夯点上（Z1 点）的变形量比夯间试验点还要大，虽最大变形量也不超过 30mm。

6 000kN·m 能级强夯在试验区满夯后布置了两个平板荷载试验点 Z1、Z2，在大面积施工后布置了 1 个平板荷载试验点 P11，荷载板面积均为 1.5m×1.5m，各点的 *p-s* 关系曲线如图 6.52 所示。其中，Z2 布置在夯点上，Z1 布置在夯间，大面积施工区的平板荷载试验 P11 布置在夯间。从图 6.52 看出，夯点上的 Z2 点和夯间的 Z1、P11 点承载力和变形特性差别不大。*p-s* 曲线为直线（缓降）型，在 400～500kPa 时的总变形量很小，均在 20mm 内。

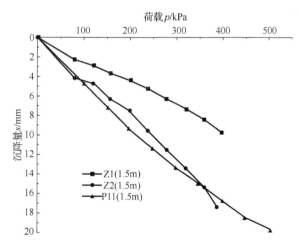

图 6.52　6 000kN·m 强夯区平板荷载试验 *p-s* 关系曲线

8 000kN·m 能级强夯在大面积施工后布置了 8 个平板荷载试验点 P1～P9，其中 P1～P4 承压板面积为 2.5m×2.5m，P5～P9 荷载板面积均为 1.5m×1.5m，各点的 *p-s* 关系曲线如图 6.53 所示。整体上看，试验曲线均为缓变形，变形量均在 30mm 以内。虽然荷载板的大小相差了近 3 倍，但从图 6.53 中基本看不出大板和小板的区别。这不仅说明了本场地上强夯后夯点夯间基本一致，地基的均匀性良好，故在选择试验点位置时不必刻意定位于夯点还是夯间，而且从试验结果可以看出，只要荷载板的面积达到一定大小（如本场地碎石填土用 1.5m×1.5m 板），无须再增大荷载板的面积。如对本场地地质条件，使用 2.5m×2.5m 板比 1.5m×1.5m 板将会增加大量的试验费用、试验周期和难度。

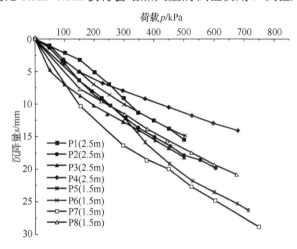

图 6.53　8 000kN·m 施工区平板荷载试验 p-s 关系曲线

如果对不同能级的试验区和（或）施工区平板荷载试验结果取平均值，可以发现 3 000kN·m 区的承载力特征值为 240kPa；6 000kN·m 区的承载力特征值也为 240kPa；8 000kN·m 区的承载力特征值为 284kPa；10 000kN·m 区只有两个试验点，数量较少，平均的承载力特征值较高，达到了 375kPa。

试验测得的大部分 p-s 关系曲线为直线（缓降）型，最大加载量虽然达到了设计承载力要求的 2 倍，但没有达到极限荷载。所得承载力试验结果只能代表了该地基处理后满足了工程设计要求，而不是地基真实的承载力特征值，其极限承载力将高于或远高于上述承载力特征值的 2 倍。

由图 6.50～图 6.53 可以看出，本类场地强夯加固后夯点与夯间地基土的密实度基本一致，静载试验反映的承载力和变形特性基本相同。在选择试验点位置时不必考虑定位于夯点还是夯间，宜选择具有代表性的位置。从试验结果来看，只要荷载板的面积达到一定大小（如本场地碎石填土用 1.5m×1.5m 板），不必过大增加荷载板的面积。

6.4.7　小结

（1）理论公式表明，地基承载力随基础尺寸的增加而线性增加，但这显然偏差过大。因此，应规定一个标准尺寸板，对其他尺寸荷载板得到的地基承载力进行适当修正。

（2）对上海软土地基的载荷试验，不同的板面积对应的承载力特征值和极限值差别不大，也就是说进行软土地基载荷试验时，板面积没必要做得很大，只要满足相关规范的要求或者比要求略大即可，建议不要超过 2m^2。

（3）对无黏性土，存在较为明显的尺寸效应，荷载板宽在 0.1～1m 内时，砂土地基承载力特征值与板宽基本呈线性关系；随着荷载板尺寸的增加，极限承载力也会增加。不同尺寸荷载板对应的最终沉降量差异比较大，沉降量与荷载也基本呈线性关系，这与软土地基的特性是不同的。

（4）对围海造地形成的填土地基，当承压板尺寸较小（一般小于 2m²）时，承压板尺寸对地基承载力特征值、最大沉降量有较大影响，随着承压板尺寸的增大，测得的地基承载力特征值、最大沉降量呈线性增加。当承压板尺寸大于 2m² 时，承压板的大小对测得的地基承载力特征值、最大沉降量的影响减弱，并逐渐趋于稳定，故承压板的尺寸没必要做很大，承压板尺寸大于 2m² 时即可减小尺寸效应的影响。

（5）对经高能级强夯处理后的沿海碎石土回填地基，强夯加固后夯点与夯间地基土的密实度基本一致，静载试验反映的承载力和变形特性基本相同，在选择试验点位置时不必考虑定位于夯点还是夯间，宜选择具有代表性的位置。只要荷载板的面积达到一定大小（如碎石回填土用 1.5m×1.5m 板），不必过大增加荷载板的面积。

6.5　平板荷载试验的预压问题探讨

在天然地基或复合地基项目中，基底标高低于地面，因此，试验中应将基底以上的土挖除。由于土体的挖除，压板下的土体应力状态改变，再加上扰动影响，土体松散。为了尽可能模拟土体的原始状态，有的规范提出，在正式试验之前需要进行预压。但不同的规范，对于是否需要预压及预压荷载大小，有不同的规定。本节试图通过工程实例及理论分析，对平板荷载试验的预压问题进行研究，以期对工程检测予以指导。

6.5.1　预压的必要性分析

某火电工程的主厂房位置地层情况为：粉质黏土层厚为 1.5m，重度 γ 为 19.5kN/m³；细砂层厚为 4.2m，重度 γ 为 19.1kN/m³。依靠标贯试验和土工试验参数初步确定地基承载力的特征值 f_{ak} 为 170kPa。为准确查明该层土的承载力，需要进行荷载试验。设计基底标高为 2.6m，地下水位深为 5.6m，试验执行浅层平板荷载试验，经过计算上覆土层的有效应力为 50.26kPa，在同一基坑内进行 3 点试验，试验点各级 p-s 关系曲线如图 6.54 所示。试验点 1 未进行预压，试验结果中第一级沉降量比第二级和第三级都偏高，采用此曲线判断地层的承载力，有可能导致极限承载力判断偏低。试验点 2 预压采用 50.26kPa，加载的前几级曲线呈缓变趋势，符合地基土的变化规律，采用此曲线判断地层的承载力比较合理。试验点 3 预压采用 70kPa，加载量超过上覆土层的有效应力，第一级沉降量会偏小。

理论上讲，预压荷载应该接近承压板处上覆土层的有效应力，才能使判断地层的承载力比较合理，上述的试验也说明了这点。由以上分析可知，当预压荷载偏小时，可

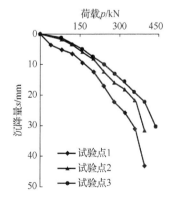

图 6.54　试验点的 p-s 关系曲线

能低估极限承载力；当预压荷载偏大时，则可能高估极限承载力。

6.5.2　预压荷载的确定原则分析

依照相关规定，正式试验前应进行预压。预压载荷为最大试验荷载的 5%～10%。预压后卸载至零，测读位移测量仪表的初始读数或重新调整零位。预压荷载究竟该如何取值？预压后是否应该卸载至零，然后开始重新加载呢？

根据土体卸荷回弹再压缩试验研究，当再加荷量为卸荷量的 20%时，土样产生的再压缩变形量已接近回弹变形量的 40%～50%；当再加荷量为卸荷量的 80%时，再压缩变形量与回弹变形量大致相等，则此时回弹变形完全被压缩；当再加荷量与卸荷量相等时，再压缩变形量大于回弹变形量。回弹再压缩曲线如图 6.55 所示。

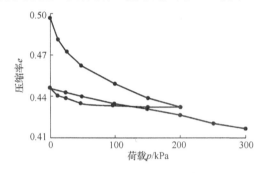

图 6.55　回弹再压缩曲线

预压的目的是将压板下土层的应力状态恢复到试坑开挖之前，尽最大限度地模拟土层的原始应力-应变状态。如果预压荷载为挖除土的自重，那么再压缩量将大于回弹变形量，此时土体的应变状态已与原始状态有所区别。因此，预压的荷载应接近挖除土自重的 80%，以保证再压缩变形量与回弹变形量大致相等，此时卸荷点以后的再压缩曲线与原压缩曲线轨迹基本重合。如果预压后卸载至零，再重新加压，亦即在第一次回弹再压缩基础之上，再一次进行回弹再压缩，此时沉降量会再次增加，与土体的原始状态差得更远。因此，预压后不应该卸载至零，而应在预压荷载基础之上，开始第一级加载。

6.5.3　小结

（1）由工程实例可以看出，预压荷载应该接近承压板处上覆土层的有效应力，才能使得判断地层的承载力比较合理。当预压荷载偏小时，可能低估极限承载力；当预压荷载偏大时，则可能高估极限承载力。

（2）理论分析得出，预压荷载取挖除土自重的 80%时，土体的应变状态最为接近原始状态。

（3）根据理论和试验分析，建议预压荷载取挖除土自重的 80%时，预压后不宜卸载至零，应在预压荷载基础之上，开始第一级加载。

第7章 高能级强夯技术工程应用

7.1 高能级强夯预处理疏桩劲网复合地基技术在中化格力二期项目中的应用

中化格力二期项目的场地由开山填海方式形成,地表面存在一定厚度、松散的碎石填土层,其下一般存在较深厚的淤泥质土层。对于这种场地,国内外多采用桩基础,具有造价高、工期长等特点。该项目设计采用高能级强夯预处理+疏桩劲网复合地基的方案,该方案首先通过高能级强夯预处理,提高浅层碎石填土地基的承载力和变形模量,形成"硬壳层";然后利用疏桩劲网复合地基,充分发挥疏桩基础和强夯地基的承载性能,协调两者变形,达到减小地基不均匀沉降的目的,为类似工程的设计、施工提供参考。

7.1.1 工程概况

中化格力二期项目位于珠海市高栏岛铁炉湾,现珠海市中化格力仓储有限公司厂区内,平面布置有 T1301~T1304 储罐（4×55 000m³ 罐,直径 60m）、T1401~T1406 储罐（6×30 000m³ 罐,直径 44m）、T1501~T1506 储罐（6×2 000m³ 罐,直径 15m）,基础采用钢筋混凝土环梁式基础。

该工程场地于 2004 年采用 10 000kN·m 高能级强夯处理,夯后经平板载荷试验、超重型动力触探试验和面波检测,检测结果为:①场地经强夯处理后,地基承载力特征值达到 300kPa 设计要求;②从三种检测方法的检测数据可见,承载力评价数据不统一,反映出强夯地基处理效果存在着平面和剖面上的不均匀。

该工程地基处理主要针对 T1303 储罐和 T1304 储罐。根据有关勘查报告,T1303 储罐和 T1304 储罐地质条件较复杂,软弱土层分布不均,通过计算得到的差异沉降量较大,必须对其地基进行补充处理后才能满足规范的平面倾斜和非平面倾斜要求。该工程项目的成功为我国沿海地区开山填海地基的钢储罐地基处理提供了新的思路和借鉴。

7.1.2 工程地质条件

该工程地基经开山填海形成,根据 2003 年 1 月夯前勘察报告,场地主要由新近人工填土层、第四系海陆交互相沉积层和燕山期花岗岩构成。夯前典型地质剖面图如图 7.1 所示。

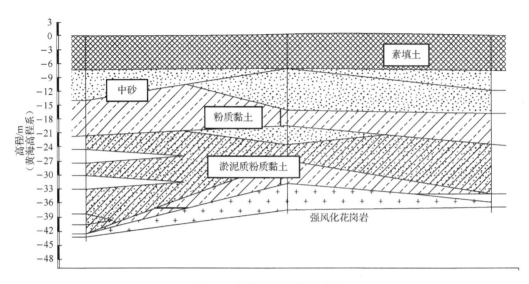

图 7.1　夯前典型地质剖面图

各土层夯前主体参数如表 7.1 所示。

表 7.1　夯前土体参数

地层	名称	标贯击数 $N_{63.5}$ /击	承载力特征值 f_{ak} /kPa	压缩模量 E_s /MPa
①	素填土		80	
②	细（中）砂	6.9	100	
③	淤泥（淤泥质土）	1.0	60	2
④	黏土	6.5	135	3.6
⑤	粉质黏土	11.2	160	3.8
⑥	砂质黏性土	16.2	220	4.1
⑦	全风化花岗岩	36.1	320	4.1
⑧	强风化花岗岩	55.8	600	

根据表 7.1 可知，该场地表层填土较为松散，承载力仅 80kPa；同时，T1303、T1304 储罐下分布有厚度不均、性质较差的淤泥质黏土，必须经进一步处理才能进行工程应用。

7.1.3　高能级强夯处理

该场地于 2004 年采用 10 000kN·m 高能级强夯处理，夯后采用平板荷载试验 （1.5m×1.5m 板）、超重型动力触探试验和多道瞬态面波测试法进行夯后检测。从静载试验的结果来看，浅层地基承载力特征值均不小于 300kPa，变形模量 E_0 在 40～120MPa，平均为 70MPa。

为进一步判明土层性质，补充地基处理提供依据，2009 年 11 月和 2010 年 1 月分别对其进行了补充勘查，得到储罐详细地质资料如图 7.2～图 7.4 所示。

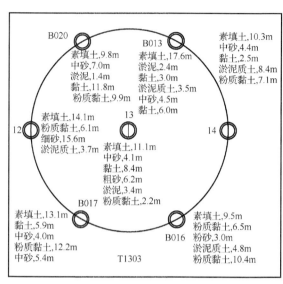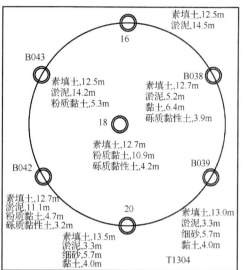

图 7.2　地质条件统计（2009 年 11 月补充勘查）

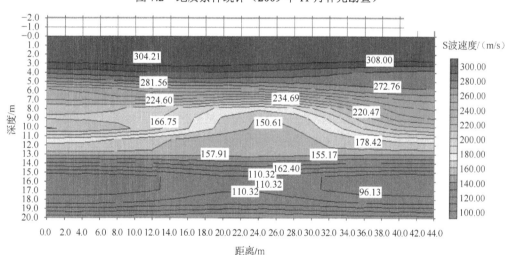

图 7.3　T1303 储罐多道瞬态面波测试典型剖面

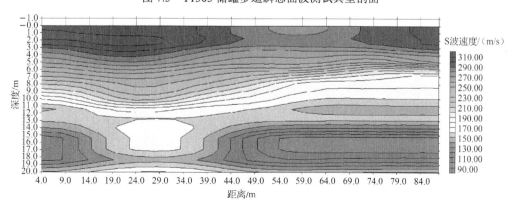

图 7.4　T1304 储罐多道瞬态面波测试典型剖面

通过面波测试,根据波速曲线统计汇总得到 0～7m 范围内剪切波速≥250m/s,承载力特征值≤200kPa,变形模量≤40MPa;7～19m 波速为 160～220m/s,承载力特征值为 130～200kPa。根据二维面波测试图,场地层状结构明显,典型的强夯处理场地,即上硬下软状态。上层填土波速在 250～300m/s,下层波速明显偏低,最低达 100m/s 以下,与钻探取样为淤泥质黏土比较吻合。从剖面图可以看出,T1304 储罐东西方向软土层的分布差异较大,西侧软土分布厚度大,整体不均匀性大;T1303 储罐土层均匀性较好,但根据钻孔情况,T1303 储罐的软土层分布厚度为 5～10m。

7.1.4 疏桩劲网复合地基方案

1. 设计思路

根据夯后地基承载力及沉降计算结果,T1303 储罐、T1304 储罐地基承载力满足设计要求,但不均匀沉降不能满足要求,故需要进行补充地基处理。

该场地在 2003 年经过高能级强夯处理,地基的承载力已达到一定的强度,不适合再进行强夯二次处理;同时,该工程施工场地第一层花岗岩填石层和第三层淤泥质土将给桩基施工带来很大困难。为充分利用强夯地基承载力,同时减小储罐地基的不均匀沉降变形,本次 T1303 储罐、T1304 储罐补充地基处理采用疏桩劲网复合地基方案。

疏桩劲网复合地基方案基于沉降控制复合桩基原理,充分发挥地基及疏桩基础承载力,主要目的为控制基础的沉降变形。结合本工程特点,桩设置为带桩帽的减沉疏桩、网设置为加筋复合垫层。同时,要求充分发挥基桩和桩帽底板下地基土的承载力;复合地基极限承载力由基桩极限承载力和桩帽范围内的土体极限承载力共同组成;桩帽上部三向土工格栅加筋碎石垫层的链锁效应起到协调桩土分担受力共同承载的作用。

桩基设计假定:①油罐荷载首先由桩基承担;②桩基承载极限完全发挥后,桩端发生刺入变形;③桩端刺入引起桩帽下地基土承载;④桩帽范围地基土承载充分发挥承载极限;⑤由单根基桩+桩帽组成的单元承载极限为 $R_u = R_{pu} + R_{cu}$。

2. 详细方案

详细设计方案如图 7.5 所示。

(1)考虑到储罐地基的受力变形特点,本次疏桩基础采用环形布桩方式。

(2)由于地基表面存在厚度较大、施工困难的碎石层,本方案疏桩采用大直径的混凝土灌注桩。

(3)本次桩端持力层控制为进入强风化基岩 0.5m,以保证疏桩基础能够发生刺入变形。

(4)为协调疏桩与强夯地基的受力,本方案采用直径为 5.0m 的大尺寸桩帽。

(5)本方案采用厚度为 1m 的碎石垫层,其内设 4 层三向土工格栅,以协调疏桩与强夯地基的变形。

如果储罐采用传统纯桩基方案,每一个储罐的桩基+筏板预计费用约为 1 200 万元,两个储罐的合计费用约为 2 400 万元,处理的正常工期预计为 8～9 个月;而采用疏桩劲网复合地基方案能够节约成本 2 000 万元，节省工期 6 个月。

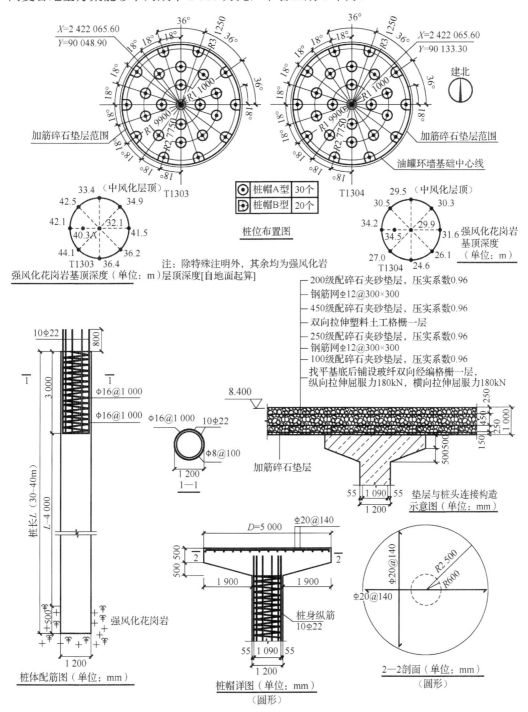

注：除特殊注明外，其余均为强风化岩
层顶深度[自地面起算]

图 7.5　详细设计方案

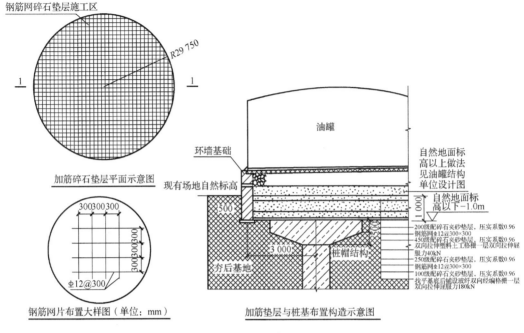

图 7.5（续）

7.1.5 监测结果

为了解疏桩劲网复合地基实际的受力和变形规律，T1303 储罐、T1304 储罐补充地基处理完成后进行了相关监测工作。监测项目包括桩帽上、下及桩间土的土压力监测、地基竖向位移监测及环墙基础沉降观测。

（1）T1303 储罐、T1304 储罐基础在充水预压荷载作用下，桩土分担比分别为 3∶4 和 4∶7（表 7.2），接近 5∶5，符合当初设计预估情况，罐底桩土受力基本合理。

表 7.2 T1303 储罐和 T1304 储罐地基受力情况对比

项目	T1303 储罐（8 月 23 日充水 15m）	T1304 储罐（8 月 7 日充水 15m）
桩间土压力平均值/kPa	116.7	140.7
桩承受压力平均值/kPa	412.0	382.1
桩间土承受荷载/kN	272 538.3	328 587.3
桩承受荷载/kN	202 137.5	187 467.8
单桩承受荷载/kN	8 085.5	7 498.7
桩土荷载分担比	3∶4 （桩承受约 43%的荷载，桩间土承受约 57%的荷载）	4∶7 （桩承受约 36%的荷载，桩间土承受约 64%的荷载）
总荷载/kN 实测值	474 675.8	516 055.1
总荷载/kN 理论值	536 940	

（2）根据 T1303 储罐和 T1304 储罐水平测斜监测结果，桩土协调变形，符合设计要求。两罐基础中心沉降大于两端，其中最大沉降值分别为 69.1mm 和 74.9mm，符合锥

面坡度要求。

（3）充水预压前期，环墙基础各点沉降较均匀，随着充水高度的增加，个别点沉降量较大；但当充水量为 18m 时，各点沉降总体趋于均匀，说明了疏桩劲网复合地基已开始发挥其调节地基不均匀沉降的特殊能力。

7.1.6　小结

（1）对于开山填海场地，表层为一定厚度、松散的碎石填土层，其下为性质较差、厚度不均的淤泥质软土层。对于这种场地，可采用高能级强夯预处理+疏桩劲网复合地基的方案。该方案首先通过高能级强夯预处理，提高浅层碎石填土地基的承载力和变形模量，形成"硬壳层"；然后利用疏桩劲网复合地基，充分发挥疏桩基础和强夯地基的承载性能，协调两者变形，达到减小地基不均匀沉降的目的。该方案解决了地基的承载力和沉降变形问题，较传统的纯桩基方案可大大减少工程投资和建设工期，具有广阔的工程建设市场前景。

（2）该工程于 2004 年采用 10 000kN·m 高能级强夯处理，夯后场地表面形成 10～18m 的硬壳层，其承载力特征值不小于 300kPa，平均变形模量为 70MPa，即高能级强夯预处理很好地解决了表层碎石填土的承载力和沉降问题。

（3）开山填海场地的高能级强夯处理的主要对象为浅层碎石填土地基，其下淤泥质软土层性质并没有太大改善，在上部荷载作用下会产生较大的不均匀沉降变形。疏桩劲网复合地基方案可充分利用浅层强夯地基和疏桩基础的承载力，协调两者变形，减小地基的不均匀沉降变形。

（4）疏桩劲网复合地基方案基于沉降控制复合桩基原理，充分发挥地基及疏桩基础承载力，主要目的为控制基础沉降变形。方案由刚性疏桩基础、大直径桩帽和加筋碎石垫层组成，要求充分发挥基桩和桩帽底板下地基土的承载力；其复合地基极限承载力由基桩极限承载力和桩帽范围内的土体极限承载力共同组成；桩帽上部三向土工格栅加筋碎石垫层的连锁效应起到协调桩土分担受力的作用。

（5）通过沉降计算分析和数值模拟分析后可知，高能级强夯预处理+疏桩劲网复合地基方案可大大减小地基的沉降变形，T1303 储罐、T1304 储罐经处理后的平面倾斜变形、非平面倾斜变形及锥面坡度均满足要求。

（6）根据该工程的土压力和变形实测资料：①T1303 储罐、T1304 储罐基础在充水预压荷载作用下，桩土分担比分别为 3：4 和 4：7，接近 5：5，符合设计预估情况，罐底桩土受力基本合理；②T1303 储罐、T1304 储罐桩土变形协调，罐中心沉降量大于两边，最大沉降量分别为 69.1mm 和 74.9mm，实测结果与沉降量计算结果和数值模拟结果基本相符，并满足相关要求。

7.2 延安新城湿陷性黄土地区高填方场地地基 20 000kN·m 超高能级强夯处理工程

7.2.1 场地概况

该试验场地位于延安某填沟造地工程地段内。试验场地填筑体填料为黄土梁峁挖方料。试验场地大小为 50m×50m。由于原始地貌不同，试验区回填厚度自西向东从 14.46～22.16m 逐渐递增。试验前场地经分层回填，填筑体压实度为 0.93 左右。回填方式为：顶部 0～3.62m 采用分层碾压回填，3.62～7.86m 采用分层强夯夯实，夯击能级为 3 000kN·m，7.86m 以下采用分层碾压回填。回填后填筑体经压实度检测，满足压实度不小于 0.93 的要求。试验场地平面图如图 7.6 所示，强夯试验场地典型剖面如图 7.7 所示。

试验施工时间：2016 年 5 月 18 日，20 000kN·m 超高能级强夯地基处理试验正式施工，至 2016 年 5 月 25 日 900m² 试验区全部施工完成，试夯工期共计 8 天[23]。

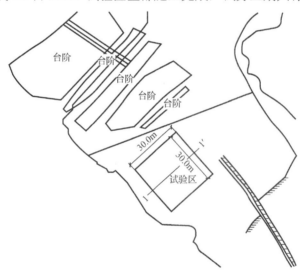

图 7.6　试验场地平面图

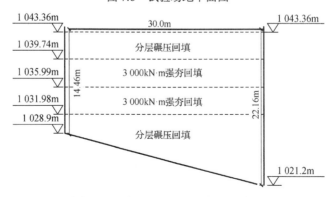

图 7.7　强夯试验场地典型剖面示意图

7.2.2 强夯试验方案设计

20 000kN·m 能级试验设计参数共分五遍进行，如下所述。

第一遍 20 000kN·m 能级平锤强夯，夯点间距为 12.0m，收锤标准按最后两击平均夯沉量不大于 30cm 且击数不少于 18 击控制，施工完成后及时将夯坑填平。

第二遍 20 000kN·m 能级平锤强夯，夯点间距为 12.0m，夯点位于一遍 4 个夯点中心，收锤标准按最后两击平均夯沉量不大于 30cm 且击数不少于 16 击控制，施工完成后及时将夯坑填平。

第三遍 15 000kN·m 能级平锤强夯，夯点位于第一遍或第二遍相邻两个夯点中间，收锤标准按最后两击平均夯沉量不大于 20cm，且击数不少于 15 击控制。

第四遍为一~三遍夯点的原点加固夯，夯击能 3000kN·m，夯点位置与第一遍、第二遍夯点重合，收锤标准按最后两击平均夯沉量不大于 10cm 且击数不少于 9 击控制。

第五遍为 2 000kN·m 能级满夯，每点夯 2 击，要求夯印 1/3 搭接。满夯结束后整平场地。强夯试验夯点及检测点布置图如图 7.8 所示。

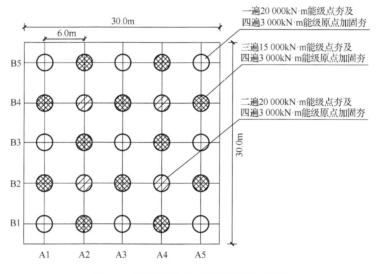

图 7.8 强夯试验夯点及检测点布置图

7.2.3 强夯试验分析及检测结果

强夯试验进行了单点夯试验、群夯试验，为更加有效地评价强夯试验地基处理效果，本次检测采取了几种检测手段：夯前夯后钻孔取土土工试验、浅层平板荷载试验、重型圆锥动力触探试验。

1. 单点夯试验

为了监测夯坑周围隆起情况，本次试验针对第一遍、第二遍主夯点和第三遍插点夯进行了单点夯试验,在夯坑周围设立隆起观测点:以夯点中心向外 3m、4m、5m、6m、7m 相互垂直的方向各设 5 个监测点,单点夯试验示意图如图 7.9 所示[24]。

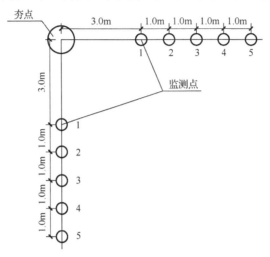

图 7.9　单点夯试验示意图

以第一遍 20 000kN·m 能级单点夯的隆起观测情况为例,夯点位于试验区的中心,从各观测点隆起数据来看,靠近夯点的三个观测点隆起较为明显,隆起量均小于 30cm,4 号和 5 号观测点距离夯点中心 6m 和 7m,其隆起量均小于 5cm,说明 20 000kN·m 能级强夯的夯击侧向影响范围在 6.0m 左右,由此可见夯点间距设计比较合理。第二遍、第三遍点单点夯隆起观测均表明靠近夯点的三个观测点隆起相对较为明显,但均不大于 30cm,离夯点越远隆起量越小,距离夯点中心 6m 和 7m 的两个观测点其隆起量均小于 5cm。第一遍~第三遍单点夯累计隆起曲线如图 7.10~图 7.12 所示。

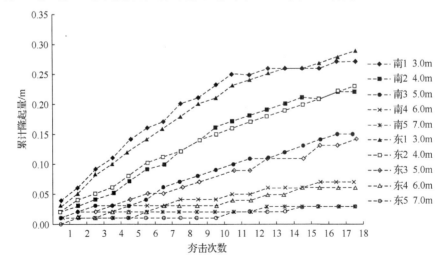

图 7.10　第一遍 20 000kN·m 单点夯累计隆起曲线

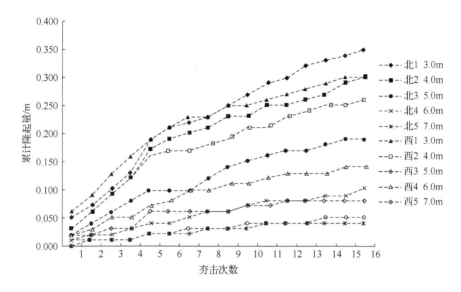

图 7.11　第二遍 20 000kN·m 单点夯累计隆起曲线

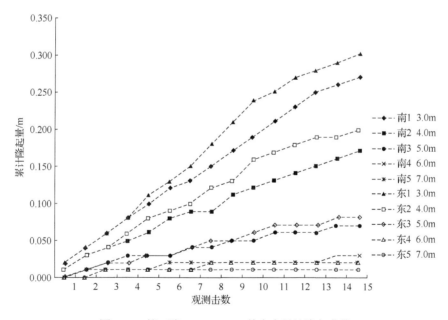

图 7.12　第三遍 20 000kN·m 单点夯累计隆起曲线

2. 群夯试验

（1）第一遍 20 000kN·m 能级夯点共 9 个，夯击数平均为 18 击，末两击平均夯沉量均控制在了 30cm 之内。夯坑平均深度 5.09m，A1B5、A1B3、A1B1 夯点一侧夯坑深度相对较浅，造成坑浅的原因是该排夯点靠近山体，底部回填厚度约为 15m，其他各排回填厚度均在 20m 以上。夯沉量与夯击次数关系曲线如图 7.13 所示。

（2）第二遍 20 000kN·m 能级夯点共 4 个，夯击数为 16 击，末两击平均夯沉量均控制在了 30cm 之内。夯坑平均深度 4.52m，夯坑深度差异较小。夯沉量与夯击次数关系曲线如图 7.14 所示。

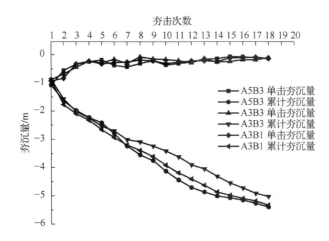

图 7.13　第一遍 20 000kN·m 夯沉量与夯击次数关系曲线

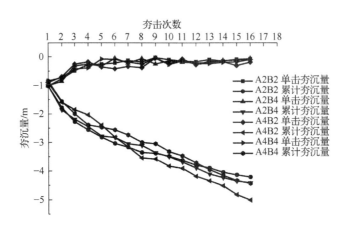

图 7.14　第二遍 20 000kN·m 夯沉量与夯击次数关系曲线

（3）第三遍 15 000kN·m 能级夯点共 12 个，夯击数为 15 击，末两击平均夯沉量均控制在了 20cm 之内。夯坑平均深度 3.44m，夯坑深度差异较小，夯沉量与夯击次数关系曲线如图 7.15 所示。

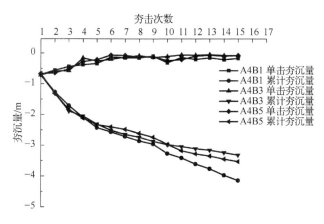

图 7.15　第三遍 15 000kN·m 夯沉量与夯击次数关系曲线

（4）第四遍 3 000kN·m 能级夯点共 25 个，夯击次数为 9 击，末两击平均夯沉量均控制在了 10cm 之内。夯坑平均深度 1.06m，夯坑深度差异较小，夯沉量与夯击次数关系曲线如图 7.16 所示。

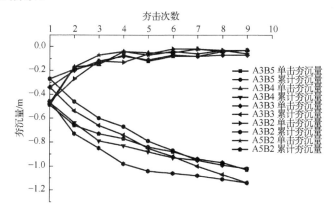

图 7.16　第四遍 3000kN·m 夯沉量与夯击次数关系曲线

通过群夯试验得出的夯沉量与夯击次数关系曲线图分析可知，第一遍 20 000kN·m 点夯在夯击 15 击左右时每击的沉降逐渐趋于稳定，第二遍 20 000kN·m 点夯在夯击 13 击左右时每击的沉降逐渐趋于稳定，第三遍 15 000kN·m 点夯在夯击 12 击时，每击的沉降逐渐趋于稳定，第四遍 3 000kN·m 点夯在夯击 8 击时每击的沉降逐渐趋于稳定。

3. 夯前、夯后钻孔取土土工试验

该试验共进行钻孔（探井）取土 7 孔，强夯试验前进行 3 孔，强夯试验后进行 4 孔，其中 3 孔位于夯间，1 孔（T4）位于夯点。测试超高能级强夯处理前后的深部土层的干密度，评价经高能级强夯后的场地土层压实度。

如图 7.17 所示，在强夯施工前，经干密度试验，其干密度平均值为 1.69g/cm³，强夯施工后，夯间干密度平均值为 1.77g/cm³，夯点干密度平均值为 1.82g/cm³，经高能级强夯处理后，夯后干密度较夯前增加近 0.1g/cm³，强夯处理效果明显。

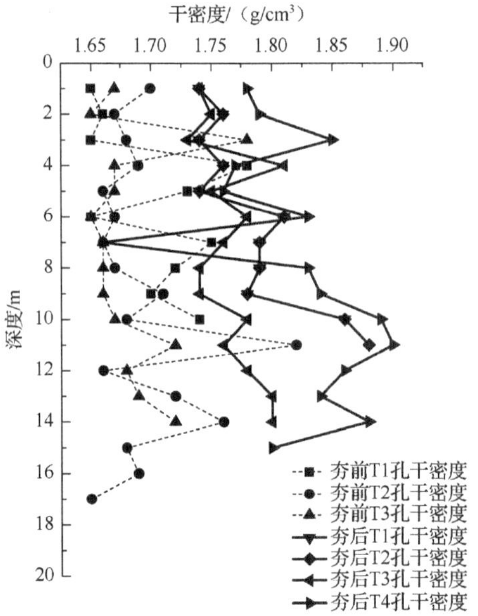

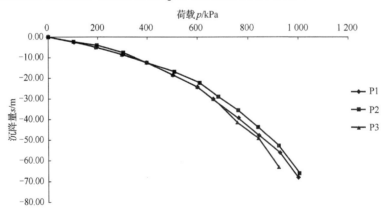

图 7.17　夯前、夯后不同深度土层的干密度曲线

4. 浅层平板荷载试验

该试验区域共进行浅层平板静荷载试验 3 处（编号为 P1～P3），三点均位于夯间，压板采用面积为 1m² 的方形刚性承压板。试验预估荷载 1 000kPa，前 6 级分级荷载为 100kPa 每级，加至 600kPa 后，分级荷载调整为 80kPa 每级，最终加至 1 000kPa 或达到规范其他终止条件的荷载。荷载试验的 p-s 曲线如图 7.18 所示。

图 7.18　荷载试验 p-s 曲线

由图 7.18 可知，各试验点的 p-s 未见明显比例界限，根据有关规范取 $s/b=0.01$（即沉降量为 10mm），所对应的压力为各试验点的地基承载力特征值，即：P1：$f_{ak1}=334$kPa；P2：$f_{ak2}=348$kPa；P3：$f_{ak3}=352$kPa。

经计算，3 处试验点静荷载试验点承载力特征值的极差不超过平均值的 30%，参照有关规范取其平均值为强夯处理后的地基承载力特征值，即 $f_{ak}=334kPa$。

5. 重型动力触探试验

对试验区域在强夯施工前后各进行了 3 孔连续动力触探试验（强夯处理前 3 孔编号为 HQ01～HQ03，强夯处理后 3 孔编号为 HH01～HH03，强夯处理后的试验孔位于夯间），各孔夯前、夯后重型动力触探击数对比曲线如图 7.19 所示。

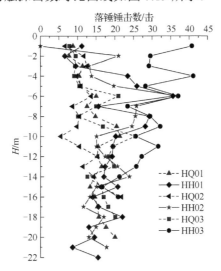

图 7.19　夯前、夯后重型动力触探击数对比曲线

由图 7.19 所示，在范围 18～20m 内强夯加固效果明显，夯前平均锤击数 13.8 击，夯后平均锤击数 21.5 击，击数增加 55.8%，在处理深度范围内，地基土整体密实度有了较大提高，强夯整体效果明显。

6. 夯前、夯后场地沉降量对比

试夯区夯前场地平均标高 1 043.36m，夯后场地标高是 1 042.61m，场地强夯后整体沉降为 75cm。场地各遍夯沉量如图 7.20 所示，场地各遍强夯后总体夯沉量分别为 22cm、9cm、12cm、21cm 和 15cm。场地第一遍 20 000kN·m 能级夯点个数为 9 个，而第二遍 20 000kN·m 能级夯点个数为 4 个，因此第二遍强夯后场地总体沉降量相对较小。从相对于平均 18m 厚的填筑体来看，总体压缩量 75cm，填筑体每米厚度平均压缩近 4cm，压缩量显著，说明分层压实（夯实）填筑场地经超高能级强夯后，场地工后沉降量大幅减少，沉降稳定时间大幅度减小。

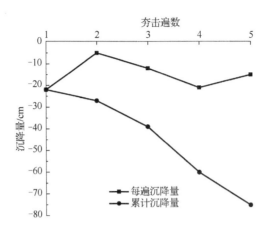

图 7.20　不同夯击遍数下场地沉降量曲线图

7.2.4　小结

（1）从试验性施工来看，20 000kN·m 超高能级强夯地基处理后，整个场地的沉降量变化较大，夯前场地标高为 1 043.36m，夯后场地标高降为 1 042.61m，场地强夯后整体沉降 75cm。超厚（20m 以上）分层压实（夯实）填筑场地经超高能级强夯后，场地工后沉降量和沉降量稳定时间都大幅度减小。

（2）本次 20 000kN·m 超高能级试验，尚属国内首次，其施工设计参数、检测方法、处理理念具有很好的参考价值。

第8章 动力排水固结法工程应用

8.1 广州市工商行政管理局南沙分局
动力（强夯）排水固结处理工程

8.1.1 工程概况

广州市工商行政管理局南沙分局综合服务中心位于广州市南沙区凤凰大道东侧，滨河西路西侧。该中心拟建场地呈四边形，四面环水，场地长约 107m，宽约 70m，总用地面积约 8 853m²，如图 8.1 所示。

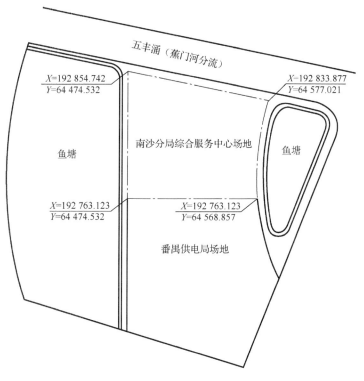

图 8.1 场地平面图

该场地地貌属珠江三角洲冲积平原，普遍分布有第四系海陆相沉积的软土，主要由流塑状淤泥及软塑粉质黏土、淤泥质黏土组成，厚度为 9.90～19.1m，平均厚度 13.13m，具有高含水量、高压缩性、高灵敏度、低强度、透水性差、固结稳定时间长等特点，需要进行地基处理。场地堆填砂前原为农田菜地、蕉田鱼塘，地势低洼，场地标高约为 4.5m，经填平后地面高程一般为 6.35～6.52m。场地处理的总面积约为 7 860m²。

8.1.2　工程地质条件

根据钻孔揭露,场地内岩土层按其成因类型自上而下分为第四系人工填土层(Q_4^{ml})、海陆交互相沉积层(Q_4^{mc})、河流冲洪积层(Q_4^{al+pl}),下伏基岩为加里东期形成的花岗岩。各土层工程地质特征自上而下分述如下。

1）第四系人工填土层（Q_4^{ml}）

该层广泛分布于场地,全部钻孔均有揭露,其层顶标高为6.35～6.52m;层厚1.50～3.50m,平均2.36m;呈浅黄色,干到很湿,欠压实,由石英砂组成。

2）第四系海陆交互相沉积层（Q_4^{mc}）

②$_1$淤泥:广泛分布于场地,各钻孔均有揭露,其顶板标高2.86～5.02m;顶板埋深1.50～3.50m,层厚9.90～19.10m,平均13.13m。深灰色,饱和,以流塑为主,底部软塑,由黏粒、有机质组成,含多量腐殖质,具有高压缩性,中等灵敏度,有腥臭味,局部含少量粉细砂粒。该层普遍夹粉砂、中砂薄层或透镜体。

②$_2$中砂:广泛分布于场地,其层顶埋深12.50～20.15m,层厚1.00～3.80m,平均2.15m;呈灰色、浅灰白色、黄色。组成物主要为中砂,次为细砂、粗砂,饱和,主要呈松散—稍密状。

②$_3$粉质黏土、淤泥质黏土:零星分布于场地,其层顶埋深13.90～17.30m,层厚0.60～3.20m,平均1.60m;呈浅灰白色、浅灰色,呈软塑—可塑状,以粉质黏土为主,主要成分为黏粒,含有机质。天然含水量21.7%～31.70%,平均26.7%;孔隙比0.625～0.873,平均0.749;液性指数0.26～0.43,平均0.35,压缩系数0.30～0.36MPa^{-1},平均0.33MPa^{-1};压缩模量5.20～5.42MPa,平均5.31MPa。直接快剪测得黏聚力27.4～55.3kPa,平均41.4kPa;内摩擦角16.40°～25.7°,平均21.1°。

②$_4$粉砂、细砂:较广泛分布于场地,其层顶埋深13.40～21.50m,层厚0.60～10.35m,平均5.71m;呈灰白色、青灰色、浅灰色、深灰色等,饱和,以松散—稍密为主,局部夹中密状中砂透镜体。

②$_5$粉质黏土、淤泥质黏土:较广泛分布于场地,其层顶埋深19～27.25m,层厚0.70～9.40m,平均4.32m;呈浅灰、深灰、灰白等色,以软塑为主,含较多粉细砂。天然含水量39.4%～57.7%,平均48.0%;孔隙比1.095～1.587,平均1.336;液性指数0.56～0.94,平均0.78,压缩系数0.57～1.03 MPa^{-1},平均0.79 MPa^{-1};压缩模量2.51～3.68MPa,平均3.07MPa。直接快剪测得黏聚力7.55～30.50kPa,平均16.13kPa;内摩擦角3.19°～11.80°,平均8.84°。

3）第四系冲洪积层（Q_4^{al+pl}）

③$_1$粉砂、细砂:零星分布于场地,其层顶埋深15.90～28.00m,层厚3.50～14.60m,平均8.50m;呈灰白色、灰黄色、褐黄色、浅灰色等;饱和,主要呈松散—稍密状,成分为粉砂、细砂,级配差。局部夹中砂透镜体。

③$_2$中砂、粗砂:广泛分布,其层顶埋深15.10～30.50m,层厚1.10～14.50m,平均5.36m。本层以中砂、粗砂为主,呈浅黄色、浅灰色、浅灰白色等;饱和,主要呈稍密—

中密状，局部呈密实状，成分为中砂、粗砂、细砂、砾砂，级配良好。

　　4）加里东期形成的花岗岩

④₁ 强风化花岗岩。

④₂ 中风化花岗岩。

④₃ 微风化花岗岩。

8.1.3　地基处理方法的综合与选择

　　针对本工程软基特性及需解决的地基处理难题，从技术参数、施工期及估算造价等方面对地基处理方法进行对比，如表 8.1 所示。

表 8.1　地基处理方法对比

地基处理方法	技术参数	施工期/月	估算造价/（元/m²）
动力排水固结法	0.5m 砂垫层；塑料排水板长约 15m，间距 1.0m，方形布置；点夯 4 遍，夯击能 1 000～2 000kN·m，满夯 1 遍，夯击能为 1 000kN·m	2	200
真空预压法	0.5m 砂垫层；塑料排水板长约 15m，间距 1.0m，方形布置；90kPa 真空度	4	240
振冲挤密碎石桩法	0.5m 砂垫层；干振碎石桩直径 40cm，长约 16m，间距 1.2m×1.2m，梅花形布置	3	400
水泥土搅拌法	0.5m 砂垫层；直径 0.5m，长约 15m，间距 1.0m×1.0m，水泥掺量为 15%，梅花形布置	3	350
堆载预压法	0.5m 砂垫层；塑料排水板长约 15m，间距 1.0m，方形布置，堆填 2.0m 砂	12	160

　　由表 8.1 中 5 种地基处理方法的对比可知：动力排水固结法能大幅提高地基土承载力，降低工后沉降量，且工期短、投资低，因此采用动力排水固结法进行软基处理；堆载预压法造价低，可在动力排水固结法处理后，在主体结构施工期间，采用堆载预压法处理场地的绿化、停车场及人行道的区域，从而更好地达到提高地基承载力、降低工后沉降的目的。

8.1.4　软土地基处理设计

　　1．排水系统设计

　　根据现场施工条件及工程地质特点，对动力排水固结法的排水系统进行设计，其排水系统平面布置图如图 8.2 所示，具体的排水系统设计如下。

　　1）水平排水垫层设计

　　该设计先在堆填砂整平后场地上铺设 30cm 厚的中粗砂垫层，再进行塑料排水板施工，待所有排水板施工完毕后，再铺筑剩余的 20cm 厚中粗砂垫层，以形成水平向排水通道。砂垫层采用中粗砂，渗透系数 $k \geqslant 1 \times 10^{-2}$cm/s，含泥量小于 5%，砂垫层的干密度不小于 1.6g/cm³，内摩擦角 $\geqslant 32°$。

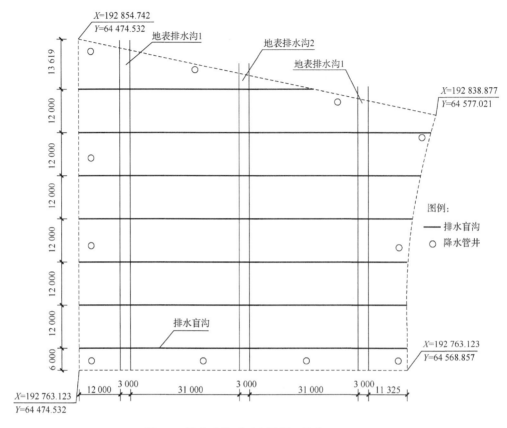

图 8.2　排水系统平面布置图（单位：mm）

2）垂直排水通道设计

该设计采用 B 型塑料排水板（原生板）作为垂直排水通道，正方形布置，间距 1.0m。塑料排水板长 12~20m，插板须打穿淤泥层并进入其下卧砂土层 0.5m，上端露出砂垫层顶面 0.25m，并把露出板头插入砂垫层 0.15m，其剖面布置图如图 8.3 所示。这样可以形成多面排水，减少排水路径，缩短固结时间。塑料排水板实际插设时需根据地质资料确定排水板的实际插设长度。

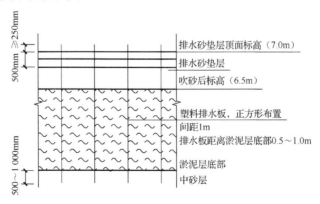

图 8.3　塑料排水板剖面布置图

其施工工艺要求如下所述。

（1）塑料板要有良好的透水性，并具有足够的抗拉强度，沟槽表面平滑，尺寸准确，能保持一定的过水面积。

（2）塑料板抗老化能力应在 1 年半以上，并具有耐酸碱抗腐蚀能力。

（3）打板前后均采用 30m×30m 方格网测出加固区各点高程，以便推算打板期间沉降量。

（4）打设塑料排水板应采用套管打设法，不得采用裸打法，施工机械可以采用步履式插板机。

（5）打设塑料排水板的平面间距偏差不大于 50mm。

（6）打设时应严格控制套管垂直度，其偏差不大于 1.5mm。

（7）按设计要求严格控制塑料排水板的打设标高，不得出现浅向偏差。

（8）塑料排水板"回带"数量控制在打设总量的 5%以内，且"回带"长度不应超过 500mm。

（9）剪断塑料板时，砂垫层以上的外露长度应大于 250mm。

（10）塑料排水板需要接长时，应采用滤膜内芯板搭接的连接方式，搭接长度宜大于 200mm。

（11）检查并记录每根板的施工情况，符合验收标准并确认无误时才能移机，否则在邻近板位处补打。

（12）塑料排水板打设完毕，应及时验收，合格后将打设时在板周围形成的孔洞用砂垫层砂料仔细填满，并将塑料板埋置于砂垫层中。

（13）打设塑料排水板时严禁出现扭结、断裂和撕破滤膜现象。

（14）正式施工前应进行试插板试验，以确定施工工艺、打设深度等。

（15）在淤泥下卧有砂层区域打设排水板时，应先将排水板端部滤膜割除，再打设施工。

3）排水盲沟设计

排水盲沟采用 ϕ80 塑料盲沟（SMY80K），盲沟底面以 1%的排水坡度往地表排水沟方向加深。盲沟铺设完成后采用中粗砂回填场地至标高 7.50m。

4）地表排水沟设计

地表排水沟 1 剖面图如图 8.4 所示，其排水沟深度为 1.0～1.2m；地表排水沟 2 剖面图如图 8.5 所示，其排水沟深度为 2.0～2.2m，底部宽度 1.0m，坡度按现场情况确定，保证稳定即可。在强夯过程中，地表排水沟若遭到破坏可人工修整，最后一遍点夯前将排水沟填平，在排水沟位置加密夯点。

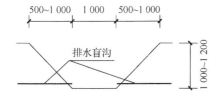

图 8.4　地表排水沟 1 剖面图（单位：mm）

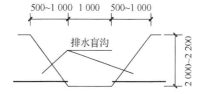

图 8.5　地表排水沟 2 剖面图（单位：mm）

5）降水管井设计

为加快软基的排水固结，在地基处理范围外边界，每 30～40m 长度布置一个管井，共布置 11 口管井进行降水，管径 300～350mm，管井长度下端需穿透填砂层进入淤泥层 1.0m，上端高出设计标高 0.2m，平均长度约 6.0m。井管采用加筋透水管或带孔包网 PVC 管，井身全为透水管，每口管井内设置 1 台潜水泵抽水，降水管井剖面图如图 8.6 所示。

2. 强夯工艺设计

（1）夯击工艺参数。采用四遍点夯一遍满夯，根据各点填土总厚度的厚薄确定夯击能。

① 第一遍和第二遍强夯对土体进行跳打夯击，以提高土体的密实度，夯击过程中按规范与设计要求对场地进行推填土方与整平。夯点按 5.5m×5.5m 方形布置，如图 8.7 所示，两遍间夯点错开分布，以使夯能均匀分布，夯击能量为 800～1 200kN·m，5～8 击，试夯确定，每遍夯击的收锤标准以 8 击总沉降量不大于 1 600mm 为准。

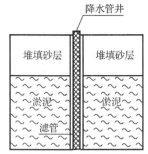

图 8.6　降水管井剖面图

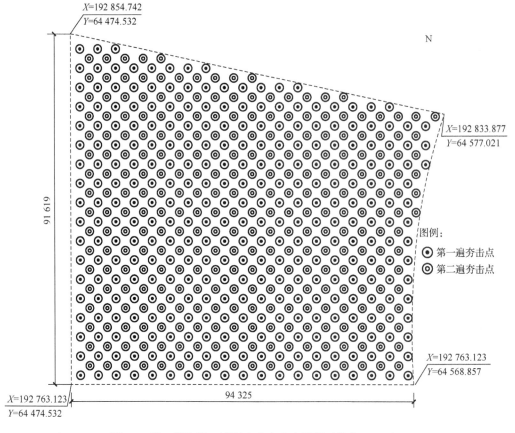

图 8.7　第一篇和第二遍强夯夯击点布置图（单位：mm）

② 第三遍强夯施工夯点按 5.0m×5.0m 方形布置，如图 8.8 所示，夯击能量 1 200～

1 500kN·m，5～8 击，试夯确定，收锤标准以 8 击、总沉降量不大于 1 600mm 为准。

③ 第四遍强夯施工夯点按 5.0m×5.0m 方形布置，如图 8.8 所示，夯击能量 1 500～2 000kN·m，5～8 击，试夯确定，收锤标准以 8 击、总沉降量不大于 1 600mm 为准。

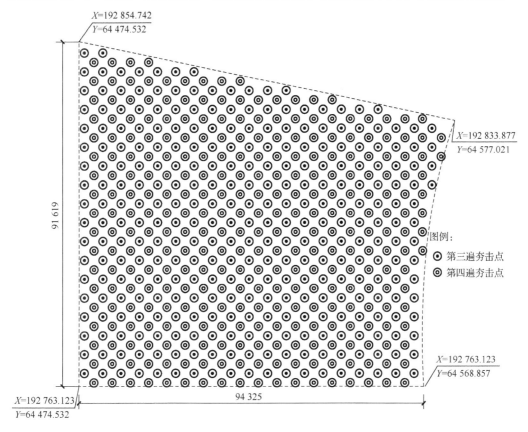

图 8.8 第三遍和第四遍强夯夯击点布置图（单位：mm）

④ 满夯、振动碾压。通过上述 4 遍的强夯施工，夯坑底以下的地基能得到有效加固，承载力预计可达到 120kPa 以上，坑底以上土相对较为松散，为进一步提高上部地基承载力和刚度，需要进一步夯击，主要采用低能量满夯和振动碾压。最后满夯一遍，低能量，夯击能为 1 000kN·m，挨点梅花形夯打锤印搭接 1/3，挨点以夯锤直径为准，不得以扩孔边为准，夯后原地整平并用 16～18t 压路机振动碾压 3～4 遍。

（2）夯击间隔时间。以超静孔隙水压力完全消散或基本消散为控制标准，超静孔压消散时间预计为 7 天左右。

8.1.5 监测及检测结果分析

通过表面沉降监测、孔隙水压力、分层沉降监测、测斜监测、边桩位移监测及静力触探、十字板剪切、瑞利波法及室内土工试验的结果，检验地基处理是否达到社会性、可靠性的要求。通过孔隙水压力监测结果，实现地基处理的经济性要求；通过测斜及边桩位移监测，保证了地基处理的安全性。

1. 表面沉降监测分析

经监测可得，场地的平均沉降量随时间变化曲线如图 8.9 所示，典型表面的沉降量随时间变化曲线如图 8.10 所示。

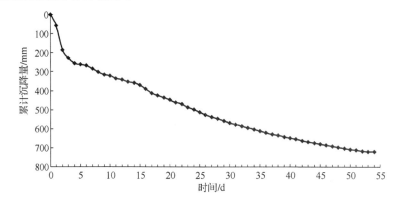

图 8.9　场地平均沉降量随时间变化曲线

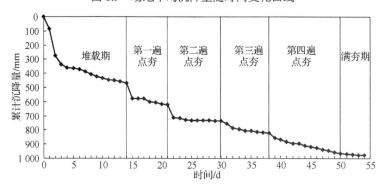

图 8.10　典型表面沉降量随时间变化曲线

由监测结果可知，场地 55d 平均累计沉降量为 722mm，最大的沉降量为 1 013mm，最小的沉降量为 572mm。由沉降量-时间变化曲线可知，场地堆载期平均沉降速率快，为 26.82mm/d，平均累计沉降量为 322mm。随着强夯遍数的增加，场地的表面沉降量变得越来越小，说明土层在夯击时是逐渐被压密，地基承载力及压缩模量等指标均在逐渐增大。曲线在满夯后已趋平缓，表明表面沉降已经趋稳定。

2. 孔隙水压力监测分析

经监测可知，典型孔隙水压力随时间变化曲线如图 8.11 所示。

由监测结果分析可得，经动力排水固结法处理的软土地基，其孔压的增长和消散有如下规律。

（1）0～3m、6～9m 处的超静孔隙水压力消散很快，在夯后 1～2 天内基本得以消散；3～6m 处的超静孔隙水压力消散较慢，在夯后 6～8 天才基本得以消散；9～12m 的超静孔隙水压力基本不变化。由上述分析可知，3m 处为素填土层，其离表面回填砂层较近，即其排水路径短；9m 处为细砂层，其渗透系数大，故超静孔隙水压力消散快；

6m 处为淤泥层，其渗透系数小，故超静孔隙水压力消散慢；12m 处的超静孔隙水压力不变化是强夯的影响深度达不到的缘故。

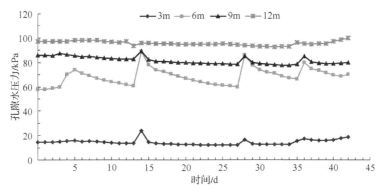

图 8.11 典型孔隙水压力变化曲线

（2）随着夯击能量的增大，超孔隙水压力的增量却比前一遍有所减小，这表明每遍强夯后地基土抵抗外部动荷载的能力有所提高。

（3）相同能量下，后一遍孔压的增幅大于前一遍孔压的增幅，且消散较慢。因为在前一次夯击时土体表面已形成一硬壳层，因而由动荷载反复冲击及上覆土层形成的附加压力使孔隙水压力不断增大，淤泥受到一定程度的扰动，渗透性及触变性差，孔隙水不易排出。

（4）由于形成良好的双向排水体系，在动荷载反复作用下，砂层具有一定程度的空隙，其渗透性良好，浅层孔隙水易排出；而塑料排水板贯穿整个淤泥层，在强夯中动荷载反复冲击形成的附加应力起作用，即相当于增加了静荷载，使得孔隙水通过竖向排水体排出地面，从而使饱和软土地基孔隙水压力明显低于初始静压值。

3. 分层沉降监测分析

经监测可知，典型分层沉降随时间变化曲线如图 8.12 所示。

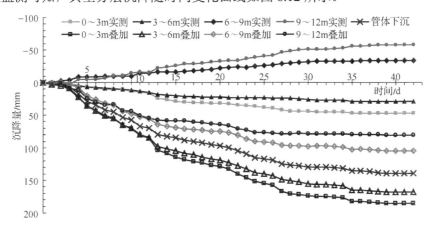

图 8.12 典型分层沉降量随时间变化曲线

由监测结果可得出如下结论。

（1）0～3m 处平均累计沉降量为 186mm；3～6m 处平均累计沉降量为 168mm；6～9m 处平均累计沉降量为 105mm；9～12m 处平均累计沉降量为 81mm。由场地的工程地质资料可知，0～3m 处为素填土；3～12m 处为淤泥。通过分层沉降监测，素填土的平均沉降量为 186mm，淤泥的平均沉降量为 354mm。

（2）6～9m 和 9～12m 处采用分层沉降仪实测的沉降量为负，是由于分层沉降管的下沉速率比该层土体的压缩变形的速率大，在强夯期间，分层沉降管的管体平均总下沉量为 125mm。

4. 测斜监测分析

测斜监测点共埋设 6 个，平面布置示意图如图 8.13 所示。

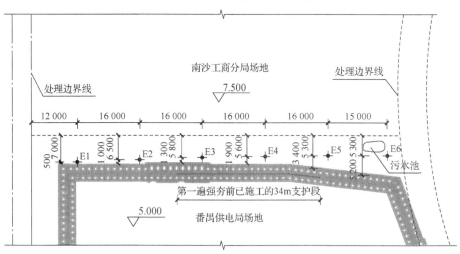

图 8.13　测斜监测点平面布置示意图（单位：mm）

由监测结果可得出如下结论。

（1）各测点北南方向的位移大，西东方向的位移小。

（2）各测点地面以下 0～6.0m 范围内土层受到强夯施工的影响大，地面 6.0m 以下的土层受到的影响较小。

（3）E1～E6 测点在强夯施工过程中北南方向最大侧移分别为 63.51mm、69.98mm、58.12mm、56.79mm、47.73mm 和 27.00mm，西东方向最大侧移量为-7.62mm、-13.23mm、12.92mm、5.66mm、26.81mm 和 12.72mm。

（4）各测点北南方向，在第一遍强夯期间，水平位移增量快；在第二遍～第四遍强夯及满夯期间，水平位移增量较小。

（5）E6 北南方向的水平位移相对于其他测点较小，是由于该测点西北面存在深约 1m 的污水池，污水池起到了隔振沟作用。

5. 边桩位移监测分析

经监测可知，E4 管面及边桩的北南、西东方向水平位移曲线如图 8.14 和图 8.15 所示。

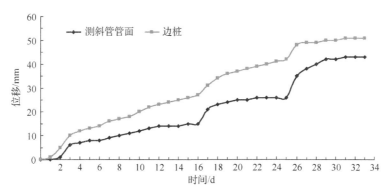

图 8.14　E4 管面及边桩的北南方向水平位移曲线

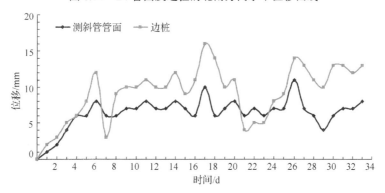

图 8.15　E4 管面及边桩的西东方向水平位移曲线

由监测结果可知：

（1）E3～E6 测斜管管面北南方向累计位移量为 47mm、43mm、45mm 和 21mm；E3～E6 边桩北南方向累计位移量为 31mm、51mm、35mm、22mm（E1、E2 点由于场地原因只监测到 8 月 31 日）。E3～E6 测斜管管面西东方向累计位移量为 9mm、8mm、25mm 和 23mm；E3～E6 边桩西东方向累计位移量为 10mm、13mm、20mm 和 8mm（E1、E2 点由于场地原因只监测到 8 月 31 日）。

（2）由管面及边桩的北南水平位移曲线可知，两者的位移趋势均随着夯击遍数的增加而增长，但位移速率是随着强夯能量及夯击遍数的加大而减小，这表明每遍强夯后，地基土抵抗外部动荷载的能力有所提高。西东方向水平位移曲线是随着夯击点位置的变化而变化，当强夯施工在管面及边桩以东进行时，管面及边桩就向西方向位移，且管面及边桩的位移趋势是一致的。

6. 静力触探试验对比分析

场地在地基处理前进行了 3 组静力触探试验，在强夯处理结束 1 个月后，进行了 4 组静力触探试验，淤泥在处理前、后典型比贯入阻力-深度变化对比曲线如图 8.16 所示。

根据静力触探试验处理前、后结果比较，淤泥强度增长明显，固结良好，淤泥层比贯入阻力平均增长到原来的 1.35 倍，而且地表以下淤泥层加固深度大于 9.0m。根据静力触探试验分析，淤泥在经过地基处理后，强度呈现两头增长快于中间的现象，是由于上层回填砂垫层和底部细砂层在塑料排水板作用下排水固结快形成的。

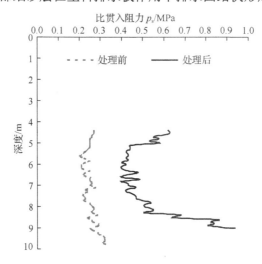

图 8.16　淤泥典型比贯入阻力-深度变化对比曲线

7. 十字板剪切试验对比分析

场地在地基处理前进行了 2 组十字板剪切试验，处理后进行了 4 组，典型原状土、重塑土不排水抗剪强度-深度变化曲线如图 8.17 所示。

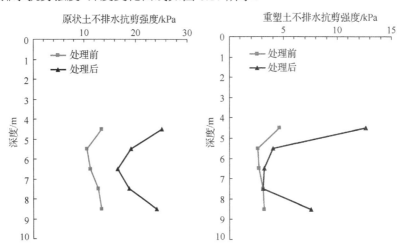

图 8.17　典型原状土、重塑土不排入抗剪强度-深度变化曲线

根据十字板剪切试验处理前、后的结果比较，地基处理后原状淤泥不排水抗剪强度为 17.05kPa，增长到原来的 1.50 倍，重塑淤泥不排水抗剪强度为 5.03kPa，增长到原来的 1.53 倍，淤泥层的灵敏度明显降低。由试验结果可知，随深度加深，淤泥的灵敏度有变大趋势，可见在 8.5m 深度范围内软基处理有了一定的效果。

8. 瑞利波法试验对比分析

经监测可知，强夯前、第二遍强夯后及满夯后的典型的频散曲线如图 8.18 所示。

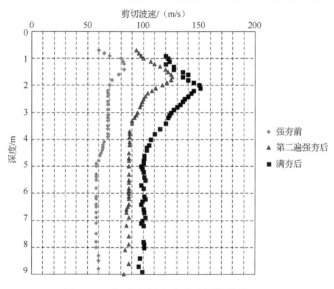

图 8.18　典型瑞利波法试验频散曲线对比

根据瑞利波法试验处理前、后的频散曲线可得，该曲线的两个拐点分别在 2m、4m 处。分析可知，0～2m 为回填砂垫层，2～4m 为素填土层，4～8m 为淤泥层。

在得出各测点的瑞利波等效剪切波速-深度曲线图后，通过该仪器所采用的公式 $f_k = 489.1 \times (\lg V_R - 1.854) + 80$（$V_R$ 为 R 波分层速度），估算地基土承载力 f_k，并对比地基处理前、第二遍强夯后、强夯及碾压完成休止期后的不同深度土层的估算承载力对比如表 8.2 所示。

表 8.2　不同工况后的估算承载力对比

深度/m	工况	平均剪切波速/（m/s）	估算承载力/kPa
	强夯前	80	103
0～2	第二遍强夯后	117	184
	满夯后	146	232
	强夯前	71	76
2～4	第二遍强夯后	91	131
	满夯后	101	154
	强夯前	60	42
4～8	第二遍强夯后	66	64
	满夯后	70	75

由表 8.2 可知，在强夯前、第二遍强夯及满夯后，各深度土层的平均剪切波速在逐步提高，表面中粗砂层，受动力排水固结的影响，砂层得到了密实，地基承载力也得到了提高，同时，下部淤泥的承载力也得到明显改善。经计算，处理前、后场地回填砂垫层、素填土层、淤泥层的承载力相对强夯前分别提高了 124.69%、103.57% 和 76.56%。

9. 室内土工试验对比分析

场地强夯及碾压完成休止期后，进行 4 个孔取土室内试验。地基处理前、后淤泥的物理力学性能对比如表 8.3 所示。

表 8.3　地基处理前、后淤泥的物理力学性能对比

项目	含水率/%	干密度/(g/cm^3)	孔隙比	塑性指数	液性指数	压缩模量/MPa	压缩系数/MPa^{-1}
处理前	67.4	0.95	1.90	21.9	1.46	1.58	1.93
处理后	53.8	1.10	1.40	15.3	0.70	2.26	1.10

地基强夯处理后，淤泥的性质发生了变化，其含水率、孔隙比相对于地基处理前有较大的减少。压缩模量、干密度等主要物理力学指标相对于处理前均有较明显的提高。

10. 堆载预压区沉降监测分析

经动力排水固结法处理后必须进行场地的碾压及整平。2010 年 9 月 14 日，碾压及整平结束后，对场地进行地表标高测量，测点的位置并非在沉降板上，而直接在地表上选 20 个点进行水准测量。测量结果表明，场地地表的平均高程为 6.492m。

8.2　惠州市大亚湾石化工业区 I1 地块软弱地基处理工程

惠州市大亚湾石化工业区 I1 地块软弱地基处理工程由广州大学结构工程研究所设计，广东省基础工程公司施工，采用动力排水固结法进行处理。广州大学结构工程研究所于 2008 年 5 月 8 日至 2009 年 1 月 3 日，对 I1 地块软基处理工程一期工程进行设计及信息化施工，并对处理后场地进行了静载、静力触探、瑞利波检测，以检测场地的处理效果。

8.2.1　工程概况

I1 地块地基处理工程位于惠州市大亚湾石化工业区 I1 地块（图 8.19），此区域是围海造地形成的，场地面积约 28 万 m^2，海床南北高差约 3m；部分已使用码头区疏淤物吹填，吹填材料为颗粒极细的淤泥等悬浮物；其上用山土回填覆盖，场地地貌属珠江三角洲冲积平原，第四系覆盖层主要为人工填土、冲积淤泥、粉质黏土、砂土及残积而成的粉质黏土，厚度为 8～20m。浅部土层中，粉砂渗透系数为 2～3m/d（经验值），中粗砂渗透系数为 8～12m/d（经验值）；地下水的补给与大气降水及海水有关。由于存在高压缩性及承载力较低（不排水抗压强度低于 10kPa）等问题，需进行地基处理。

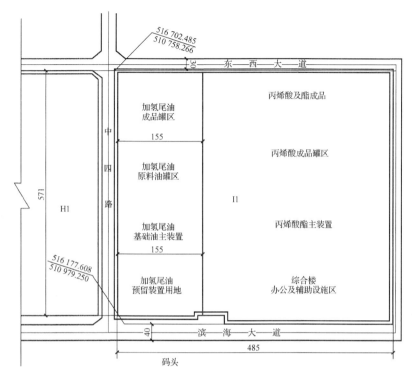

图 8.19　I1 地块平面布置图（单位：m）

检测区域为 I1 地块软基处理工程一期工程，包括静载试验 4 组、单桥静力触探 12 孔进尺 71.2m、瑞利波测试 15 点。

8.2.2　工程地质条件

该工程地质情况、地质坡面图如表 8.4 和图 8.20 所示。

表 8.4　工程地质条件

地层编号	岩土层名称	地层描述
①₁	填土（黏性土）	土黄色，稍湿，松软，欠压密，主要由经搬运的黏性土组成。局部含有 10%～30% 的软（硬）质碎石。整个场地有分布，层厚 0.80～14.50m，平均厚度为 5.36m
①₂	填土（淤泥）	灰黑色，饱和，流塑～软塑。局部含较多贝壳、混杂黏性土或少量块石。部分钻孔有分布，层顶埋深 0.80～9.00m；层厚 0.50～6.70m，平均厚度为 3.65m
①₃	填土（块石）	土灰色、灰白色、浅肉红色等，稍压密，主要由粒径小于 40cm 的块石组成，占比量为 40%～80%，碎石母质成分主要为花岗岩、凝灰岩，由黏性土充填。大部分钻孔有分布，层顶埋深 1.50～10.00m；层厚 0.40～8.90m，平均厚度为 4.08m
②	粉质黏土	灰黄色、红褐色等，稍湿，硬塑。含少量（局部多量）角砾—块石。少部分钻孔上部有分布。层顶埋深 5.80～11.60m；层厚 0.80～4.10m，平均厚度为 2.23m
③	黏土	灰黄色、褐红色、灰色，湿，可塑—硬塑（局部上部软塑）。黏性较强。该层全部钻孔有揭露。层顶埋深 5.80～14.50m；层厚 0.80～14.90m，平均厚度为 7.46m
④₁	强风化泥质砂岩	原岩结构已大部分破坏。浅褐红色、灰青色、灰黄色等。岩芯呈半岩半土状，一般中、下部偏中风化或夹中风化岩。该层各孔均有揭露，层顶埋深 13.80～26.10m；层厚 2.30～17.80m，平均厚度为 9.84m
④₂	中风化泥质砂岩	为软岩，岩体较完整（上部较破碎），结构基本未变。青灰色、灰黑色。岩芯机械破碎呈碎块—短柱状，节理裂隙稍发育。该层全部钻孔底部有揭露，层顶埋深 18.50～34.70m；（揭露）层厚 2.10～8.70m，平均厚度为 3.79m

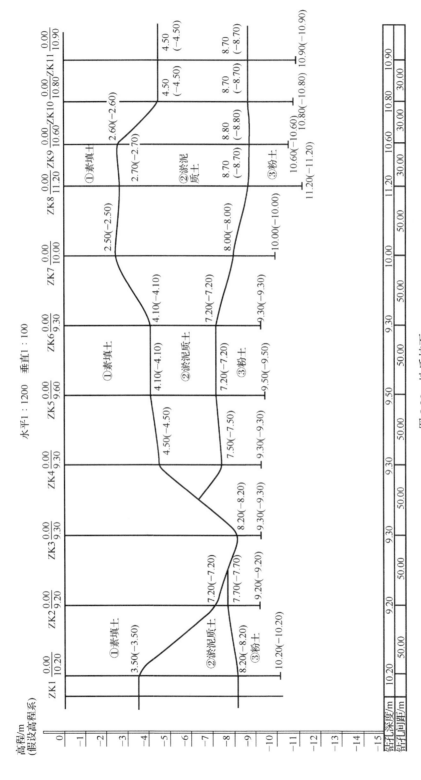

图8.20 地质坡面

8.2.3　地基处理设计要求

根据场地工程地质状况及建设单位要求,即处理后的地基承载力标准值必须≥120kPa,地基压实系数 λ_c ≥0.90,土在自重状态下的固结度≥0.90,剩余工程后沉降量≤20cm,不同处理分区工程后自然沉降量差≤5cm。

8.2.4　分区处理方案

由于建设单位急需用地,将 I1 地块地基处理分为三期工程。第一期工程为加氢尾油用地项目,是最先处理的地块,处理面积大约为 9 万 m^2,如图 8.21 所示。一期工程浅层分布一层欠固结、含水量高、强度低、厚度不均匀的吹填淤泥,吹填淤泥厚度在 0～7m,给地基处理带来困难。因此,在大范围强夯施工前,按相关规定进行试验性施工研究,考虑到本工程地质较复杂,在一期工程地块上选取 4 个试验区开展现场试验研究。

8.2.5　监测及检测结果分析

检测区域为 I1 地块软基处理工程一期工程,包括静载试验 4 组、单桥静力触探 12 孔、进尺 71.2m、瑞利波测试 15 点。

1.　静载试验报告

该检测区仪表布置及加荷装置如图 8.22 所示。

大亚湾石化工业区 I1 地块试验区有 1～4 个区,其中 3～4 区分别埋设了塑料排水板,1 区塑料排水管埋得不好,2 区没有埋设塑料排水管,如图 8.23 (a) 所示。

该试验第一次共在动力排水固结 4 区与 2 区进行了 4 组静载试验,其中①、③试验点均位于场地表层,②、④试验点位于地表以下 1m 深处,如图 8.23 (b) 所示。

①试验点位于动力排水固结 4 区,试验承压面为地基土表层。试验点荷载–沉降量(p-s)曲线与 s-$\lg t$ 曲线分别如图 8.24 与图 8.25 所示。

②试验点位于动力排水固结 4 区,试验承压面为地基土 1m 深处。试验点 p-s 曲线与 s-$\lg t$ 曲线分别如图 8.26 与图 8.27 所示。

从上述两组试验结果可以发现,同一地基处理工艺处理区 1m 深处地基承载力要远远大于表层的承载力。

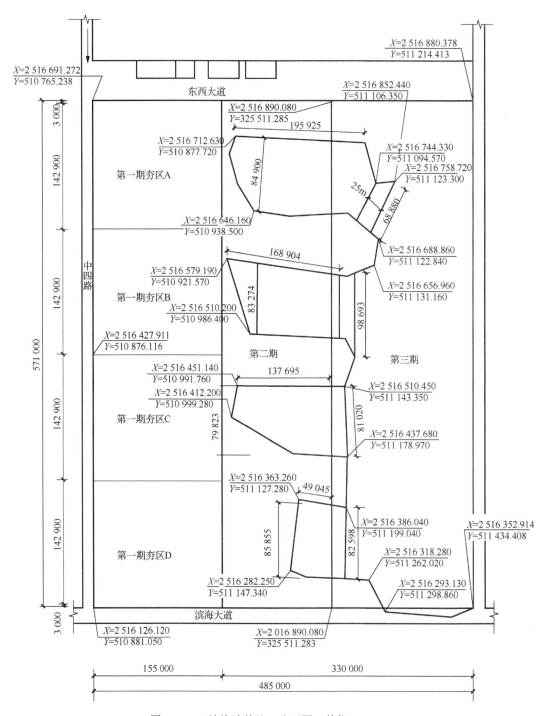

图 8.21　I1 地块地基处理分区图（单位：mm）

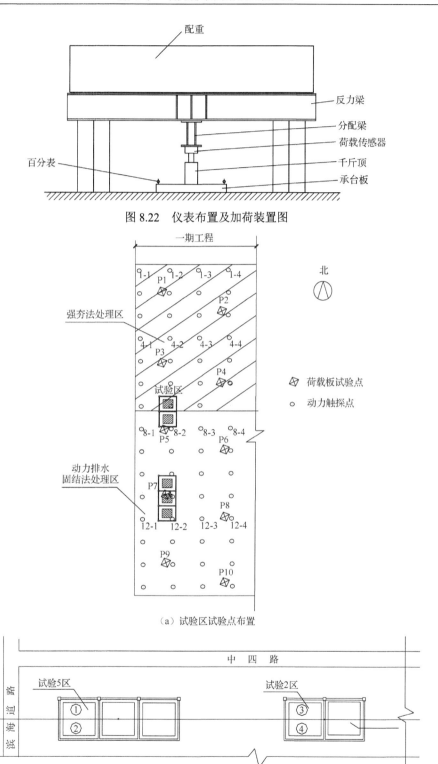

图 8.22　仪表布置及加荷装置图

（a）试验区试验点布置

（b）2区和5区试验点布置

图 8.23　试验区试验点平面布置图

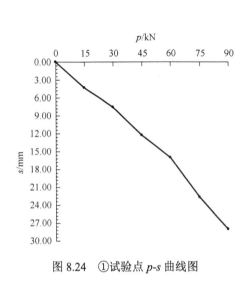

图 8.24　①试验点 p-s 曲线图

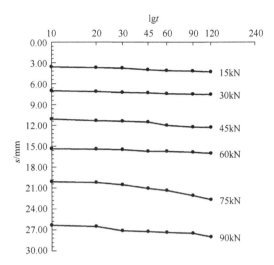

图 8.25　①试验点 s-lgt 曲线图

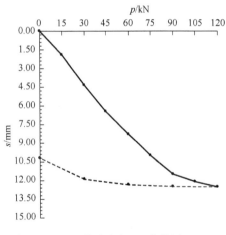

图 8.26　②试验点 p-s 曲线图

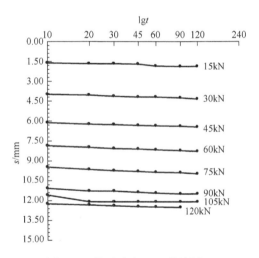

图 8.27　②试验点 s-lgt 曲线图

③试验点位于动力排水固结 2 区,试验承压面为地基土表层。试验点 p-s 曲线与 s-lgt 曲线分别如图 8.28 和图 8.29 所示。

④试验点位于动力排水固结 2 区,试验承压面取地基土地表以下 1m 深处。试验点 p-s 曲线与 s-lgt 曲线分别如图 8.30 和图 8.31 所示。

从两组试验结果对比可以发现,虽然地表层与 1m 深处地基承载力都较低,但后者的承载力比前者要大,即 1m 深处处理效果明显。

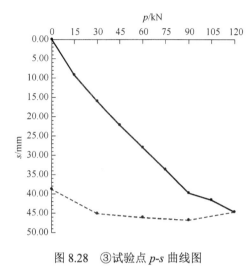

图 8.28　③试验点 *p-s* 曲线图

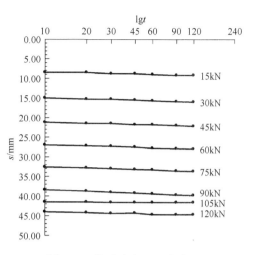

图 8.29　③试验点 *s*-lg*t* 曲线图

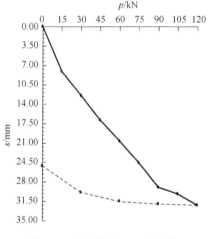

图 8.30　④试验点 *p-s* 曲线图

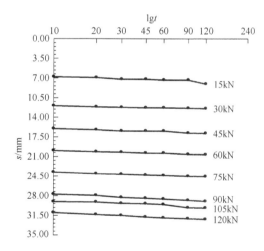

图 8.31　④试验点 *s*-lg*t* 曲线图

2. 静力触探试验报告

第一次试验共完成 5 个动力排水固结试验区单桥静力触探孔 6 个，进尺 43.3m，静力触探点分布图如图 8.32 所示。其中，CPT1、CPT2、CPT3、CPT4、CPT5 代表动力排水固结区内检测点，CPT6 代表动力排水固结区外检测点。第二次完成单桥静力触探孔 6 个，进尺 27.9m，静力触探点分布图如图 8.33 所示。

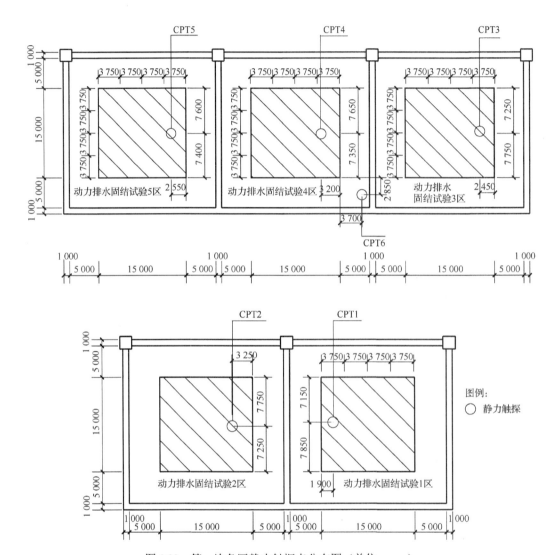

图 8.32 第一次各区静力触探点分布图（单位：mm）

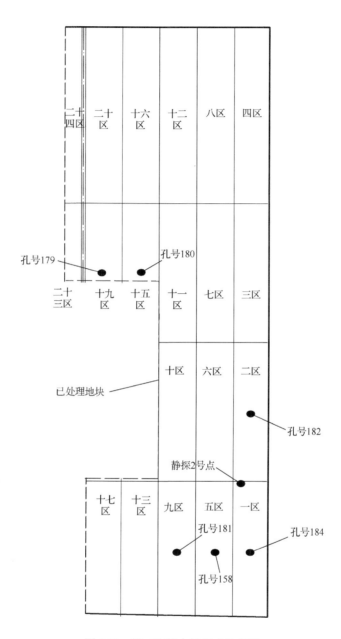

图 8.33　第二次静力触探点分布图

1）绘制曲线

对 CPT（单桥静力触探）绘制比贯入阻力-深度（p_s-h）曲线。

CPT 2 号孔静力触探曲线如图 8.34 所示。

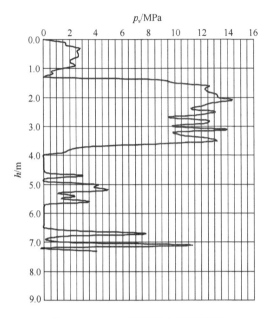

图 8.34　CPT 2 号孔静力触探曲线

2）试验成果

单桥静力触探试验具体单孔试验成果对比如表 8.5 所示。

表 8.5　静力触探试验成果对比

孔号	位置	深度/m	地层	p_s / MPa	f_s/kPa	E_s/MPa
CPT1	1 区	0.0~1.0	素填土	0.8	118	3.88
		1.0~2.5	素填土	0.9	128	4.10
		2.5~3.9	素填土	0.5	84	2.57
		3.9~6.9	淤泥	0.7	107	3.67
CPT2	2 区	0.0~1.2	素填土	0.8	118	3.88
		1.2~2.6	素填土	1.8	200	6.02
		2.6~4.0	素填土	0.5	84	2.57
		4.0~7.3	淤泥	1	137	4.31
CPT3	3 区	0.0~1.0	素填土	2	213	6.45
		1.0~2.5	素填土	0.5	84	2.57
		2.5~4.9	素填土	1	137	4.31
		4.9~6.0	淤泥质土	3.4	292	9.45
		6.0~6.8	淤泥	1.9	207	6.24
CPT4	4 区	0.0~0.5	素填土	1	137	4.13
		0.5~2.6	素填土	0.5	84	2.57
		2.6~4.9	素填土	1	137	4.31
		4.9~6.0	淤泥质土	3.5	297	9.66
		6.0~6.8	淤泥	0.5	84	2.57

续表

孔号	位置	深度/m	地层	p_s / MPa	f_s/kPa	E_s/MPa
CPT5	5 区	0.0～1.0	素填土	0.7	107	3.67
		1.0～4.2	素填土	1.7	193	5.81
		4.2～6.3	淤泥质土	0.5	84	2.57
		6.3～7.7	淤泥	0.8	118	3.88
CPT6	3、4 区区间	0.0～1.5	素填土	0.9	128	4.10
		1.5～3.1	素填土	0.5	84	2.57
		3.1～4.0	淤泥	0.7	107	3.67
		4.0～6.0	淤泥质土	0.8	118	3.88
		6.0～7.8	淤泥	1.8	200	6.02
158		0.0～1.5	素填土	1	137.41	4.31
		1.5～5.8	素填土	1.2	154.92	4.738
		5.8～6.1	淤泥	0.86	124.089 4	4.010 4
		6.1～6.3	卵石层	3.2	282.1	9.018
179		0.0～3.9	素填土	1.1	146.36	4.524
180		0.0～3.2	素填土	1.28	161.51	4.909 2
		3.2～4.5	淤泥质土	1.61	186.723 9	5.615 4
		4.5～7.6	素填土	3.3	287.18	9.232
181		0.0～4.4	素填土	1.46	175.62	5.294 4
182		0.0～2.7	素填土	1.9	206.82	6.236
184		0.0～3.0	素填土	2.35	235.17	7.199

3. 瑞利波测试报告

该工程使用了青岛某公司生产的 Miniseis 24 综合工程探测仪，具体采集参数如下。

1）瑞利波测试点

动力排水固结试验 1～5 区各设 3 个试验点，共 15 个试验点。通道数为 12，采样率为 0.1ms，采样点数为 7 000，偏移距为 5m，道间距为 1m。滤波参数为全频带接收，震源类型为锤击。该次勘探共布设测深点 15 个，测试点位置图如图 8.35 所示。

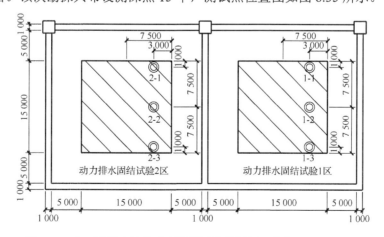

图 8.35　大亚湾强夯地基瑞利波测试点位置图（单位：mm）

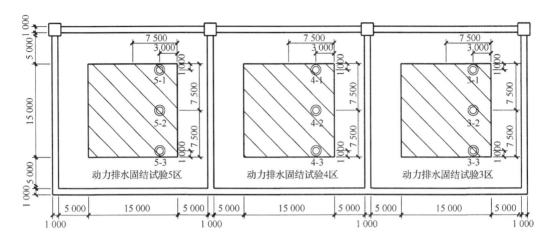

图例: ◎ 面波测试点

图 8.35（续）

2）数据处理结果

通过数据处理，各测点瑞利波分层速度 V_R 列于表 8.6 中，各测点分层地基承载力 f_{ak} 如表 8.7 所示。

表 8.6　各测点瑞利波分层速度 V_R

深度/m	V_R/（m/s）														
	1-1	1-2	1-3	2-1	2-2	2-3	3-1	3-2	3-3	4-1	4-2	4-3	5-1	5-2	5-3
0~1	92	89	90	92	94	91	102	105	101	121	97	110	114	112	124
1~2	118	115	112	115	104	121	158	156	154	174	194	198	210	208	212
2~3	112	108	102	115	106	124	150	156	160	174	194	198	212	208	212
3~4	101	110	98	106	106	101	121	156	132	172	138	152	212	211	198
4~5	80	84	82	92	90	93	96	125	130	172	138	142.1	198	193	198
5~6	80	84	82	80	76	90	96	81	70	83	80	118	198	193	198
6~7	80	84	82	80	62	90	96	81	70	83	80	118	88	92	98
7~8		80	62	90	96	80	70	83				81	88	70	

表 8.7　各测点分层地基承载力 f_{ak}

深度/m	f_{ak}/kPa														
	1-1	1-2	1-3	2-1	2-2	2-3	3-1	3-2	3-3	4-1	4-2	4-3	5-1	5-2	5-3
0~1	134	127	129	134	138	131	156	162	154	192	145	172	179	175	197
1~2	187	181	175	181	160	192	249	246	243	269	292	297	309	307	311
2~3	175	168	156	181	164	197	238	246	251	269	292	297	311	307	311
3~4	154	172	147	164	164	154	192	246	210	267	220	240	311	310	297
4~5	104	114	109	134	129	136	143	199	207	267	220	226	297	291	297
5~6	104	114	109	104	93	129	143	107	76	112	104	187	297	291	297
6~7	104	114	109	104	50	129	143	107	76	112	104	187	124	134	147
7~8	104			104	50	129	143	104	76	112		107	124	76	147

第9章 强夯置换法工程应用

9.1 青兰山库区 15 000kN·m 强夯置换工程

9.1.1 工程概况

中化泉州石化有限公司 1 200 万 t/a 重油深加工项目是国家"十二五"规划重点建设项目，也是中化集团第三次创业征途上具有代表性、标志性的工程项目，总投资 287 亿元人民币，其中建设投资为 248 亿元人民币，项目总体目标是：建成国内领先、国际一流的炼化企业。其中，青兰山库区拟建 10 万 m³ 油罐 12 个、成品油储罐 13 台、单罐容积 2 万 m³，场地为开山填海地基，总面积约为 50.16 万 m²，包括 A、B、C 区及成品油罐区。

9.1.2 工程地质条件

场地土层分布情况如表 9.1 所示，场地典型地质剖面如图 9.1 所示。

表 9.1 场地土层分布情况

层号	土层名称	特点
①	素填土	岩性（残积或者全风化、土状强风化成因的）由黏性土、砂质黏性土、砾质黏性土、砂砾石夹（碎块状强风化成因）碎石、块石组成
①₁	填石	岩性以中风化花岗岩为主，粒径为碎、块石等级（10～40cm 为主），块石为主
②₁	砂混淤泥	砂粒平均含量约 66%，淤泥平均含量 25%；砂粒以石英为主；含有机质、贝壳碎片
②₂	淤泥混砂	砂粒平均含量 52%，淤泥平均含量 41%；砂粒以石英为主；含有机质、贝壳碎片。局部含少量砾石、卵石
③₁	淤泥混砂	砂粒平均含量约 57%，淤泥平均含量约 33%；砂粒以石英为主；含少量有机质、贝壳碎片及砾石。局部分布
③₂	砂混淤泥	砂粒平均含量约 66%，淤泥平均含量约 20%；砂粒以石英为主；含少量有机质、贝壳碎片及砾石
③₃	卵石	颗粒磨圆度高，最大粒径约 20cm，石英中粗砂充填。局部分布
③₄	砾砂	砂粒以石英为主。局部为中粗砂
⑤	残积黏性土	以长石风化黏性土为主，含少量砂粒，摇震无反应，泡水易软化、崩解，干强度及韧性中等。局部为残积砂质黏性土
⑤₁	残积砂质黏性土	以长石风化黏性土为主，含砂粒，摇震无反应，泡水易软化、崩解，干强度及韧性中等。局部为残积黏性土。局部分布

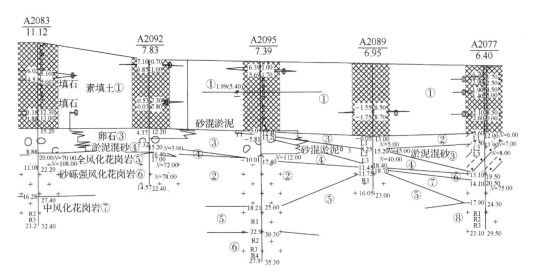

图 9.1 场地典型地质剖面图

9.1.3 水域回填残积土地基处理的难点

水域回填残积土地基处理的难点如下所述。

（1）遇水软化和湿陷性。

（2）自重压密时间长、效果差。

（3）饱和状态下挤密效果差。

9.1.4 地基处理设计

根据总体设计要求，青兰山库区经过强夯处理后，需达到以下目标。

（1）罐基础区域。处理后地基承载力特征值≥250kPa，有效加固深度范围内地基土加权压缩模量 E_s ≥18MPa；处理深度应达到残积土层顶或基岩面层顶或 12m。

（2）罐基周边区域，包括罐基周边区域、管廊、通道、附属设施区域（锅炉房等），处理后地基承载力特征值≥200kPa，有效加固深度范围内地基土加权压缩模量 E_s ≥15MPa；有效加固深度至填土层底或 12m。

（3）B 区及邻近围堤区域。处理后地基承载力特征值 f_{ak} ≥150kPa，深层地基按厚度加权压缩模量 E_s ≥10MPa；有效加固深度至填土层底。

（4）A 区、B 区交界区域。处理后地基承载力特征值 f_{ak} ≥200kPa，有效加固深度范围内地基土加权压缩模量 E_s ≥15MPa；处理深度应达到素填土层底或 12m。

9.1.5 施工工艺和施工概况

A 区施工工艺为高能级强夯置换工艺，加固面积 133 209m²，施工顺序：先进行罐基础区域的施工，再进行罐基周边区域的施工，然后进行邻近围堤区域及 A 区、B 区交界区域的施工。施工采用圆柱形钢锤，直径 2.5m，平锤设置四个上、下贯通的通气孔，孔径 250~350mm，夯坑采用回填整平，施工过程中有局部轻微隆起。

B 区加固面积 113 938m²，主要加固处理回填土层，根据回填土厚度不同采用 4 000kN·m、6 000kN·m 和 8 000kN·m 平锤强夯。

C 区加固面积 113 938m²，主要加固处理回填土层和半填半挖地基，采用"碎石垫层+强夯置换"方法处理。

各区域地质条件及地基处理设计方案如表 9.2 所示。

表 9.2　各区域地质条件及地基处理设计方案

区域	地质情况	内容	地基处理设计
A 区	回填土厚度为 9~12m，填土的来源为后山挖方，其成分为花岗岩残积土、全风化或强风化为主，并含有球形风化残留孤石	7 个 10 万 m³ 原油储罐	a. 罐基础区域 采用 15 000kN·m 平锤强夯置换，局部增加 10 000kN·m 柱锤强夯置换，调整罐基处理的均匀性。第一遍和第二遍采用 15 000kN·m 能级平锤强夯置换施工，夯点间距为 9m×9m b. 罐基周边区域 采用 12 000kN·m 能级平锤强夯置换五遍成夯工艺。第一遍和第二遍采用 12 000kN·m 能级平锤强夯置换施工，夯点间距 10m×10m c. 邻近围堤区域 采用过渡能级强夯处理，能级从 4000kN·m 过渡到 12 000kN·m，由围堤向内侧进行施工，采取隔行跳打方式施工 d. A、B 交界区域 采用 15 000kN·m 能级平锤强夯置换处理。第一遍和第二遍采用 15 000kN·m 能级平锤强夯置换施工，夯点间距 9m×9m，第三遍采用 8 000kN·m 能级平锤强夯置换施工
B 区	上部回填土厚度为 6~8m；下卧软弱土层总厚度为 6.7~12.3m，包括①₂层冲填土、①₃层冲填土、②₁层淤泥、②₂层淤泥混砂、③₁层砂混淤泥	预留区	经过塑料排水板及预压处理后，根据填土层厚度不同，采用 4 000~8 000kN·m 能级平锤强夯处理
C 区	场地局部存在较厚的软弱土，平面分布上存在软硬地层并存的情况，油罐位于半填半挖地基、土岩组合地基之上	5 个 10 万 m³ 原油储罐	采用"碎石垫层+强夯置换"方法处理：首先将场地通过爆破松动、凿除、开挖平整至 6.5m 设计标高，其中油罐区域中的挖方区域通过爆破开挖至 5.5m 标高，然后回填 1m 厚碎石（可选择将基岩爆破后形成块石破碎至 10cm 以内）至 6.5m 标高；场地平整后，对填方区域进行强夯置换处理，强夯置换施工能级根据填方厚度定，依次为 5 000~12 000kN·m，最后连同挖方区域碎石垫层一并进行满夯处理

9.1.6　检测结果与综合分析

该次地基处理效果的检验，主要采用平板荷载试验、标准贯入试验、重型圆锥动力触探试验、多道瞬态面波测试等多种试验方法检测试验地基处理的效果。其中，静荷载板为方形板，面积为 1.0m² 和 2.0m²（其中，A、C 区罐基区域荷载板面积为 2.0m²；罐基周边区域、B 区及邻近围堤区域荷载板面积为 1.0m²）。各区域典型点检测结果统计如表 9.3 所示。

表 9.3　各区域典型点检测结果统计表

区域	静荷载试验			深度/m	标贯			动力触探			面波
	p/kPa	s_{max}/mm	f_{ak}/kPa		击数/击	f_{ak}/kPa	E_0/MPa	击数/击	f_{ak}/kPa	E_0/MPa	V_s/(m/s)
A 区	500	21.03	250	0~8	50	>300	>20	38	>300	>20	241
				8~12	29	>280	>20	18	>300	>20	245
				12~15	37	>300	>20	20	>240	>16	256
B 区	300	29.76	150	0~2				43.66	>300	>20	242
				2~6				21.23	>300	>20	263
				6~10				8.2	>240	>16	267
C 区	500	19.32	250	0~5	40.6	>300	>20	39.9	>300	20	231
				5~10	48.1	>300	>20	17.6	>300	18	267
				10~13	50	>300	>20	34.2	>300	20	279

9.1.7　小结

（1）该次针对开山填海项目的强夯地基处理工艺取得了不错的效果，说明强夯法对大厚度填土地基，尤其是填料不均匀的场地，具有很好的适用性。通过针对性的夯后检测，地基处理效果总体达到了预期目标[26]。

（2）A 区整体位于填方区，回填土中含有大量块石，且分布极不均匀，其他处理方式难度极大。通过高能级强夯置换，夯坑回填粒径 30cm 左右的块石，通过击数及夯沉量双重控制，加固深度达到了基岩顶面（或不低于 12m）。

（3）B 区整体位于淤泥埋深较深的填方区，由于该区域作为预留区，该次仅仅对填土层进行了加固。

（4）C 区半挖半填区域是本次地基处理难度最大的部分，油罐地基最大的问题便是不均匀沉降，该次地基处理工艺的亮点是对浅层的基岩区进行爆松，对填方区进行强化置换，使场地整体最大限度地达到软硬均匀。

（5）该项目从回填到建成投产历时近 5 年，整个工程的设计和施工都体现了创新，也体现了信息化施工、动态化设计。高能级强夯置换施工工艺在开山填海工程中的应用取得了成功，为类似工程积累了丰富的经验。该次地基处理相对于常规地基处理方法（一般采用桩基础）节约造价 1 亿多元，节约工期 1 年多，为建设方后期的投产运营争取了时间，取得了较好的经济效益。

9.2　葫芦岛海擎重工机械有限公司煤工设备重型厂房开山填海地基 15 000kN·m 强夯置换处理工程

9.2.1　工程概况

该项目主要建设内容包括煤化工重型设备生产厂房、石化设备生产厂房、核电压力容器生产厂房、综合仓库等。该工程从 2008 年 5 月开始试验性施工至 2008 年 12 月份完成大面积处理施工。

该项目的煤化工重型设备厂房在 400t 行吊荷载和重型设备作用下单柱产生最大设计轴力荷载达到 10 000kN，最大设计弯矩达到 15 000kN·m。按照常规基础设计只能采用桩基础设计方案，但由于场地为开山填海形成的，回填过程中填料质量很难控制，无论是采用预制桩还是钻孔桩、挖孔桩，均有施工难度大、桩基造价高、工期长等工程难题。为解决以上难题，在经过分析、计算后，提出高能级异形锤复合平锤五遍成夯的地基处理方案，地基处理后在最大运行 400t 行吊的重型厂房中采用浅基础设计方案。根据当时建设单位对填海地基情况下类似重型厂房所采用基础形式的调查结果，同规模重型厂房同种地质条件下采用浅基础设计方案在国内尚属首次。

9.2.2　工程地质条件

根据相关场地地质勘察报告，地层主要由素填土、淤泥质砂、淤泥质粉质黏土、中砂、粉质黏土、粗砂砾砂、全风化混合花岗岩组成，场地土层分布情况如表 9.4 所示。

表 9.4　场地土层分布情况

层号	土层名称	厚度/m	特点
①	素填土	8.0~8.7	主要由板岩、石英砂岩、混合花岗岩的中、强风化块石、碎石、角砾等组成，含少量黏性土，一般粒径为 10~200mm，含量为 50%~80%，最大可见粒径为 300~800mm
②$_1$	淤泥质砂	0.7~5.1	主要成分为长石、石英矿物，含淤泥质黏性土，占 15%~30%，见少量贝壳碎片，具腥味
②$_2$	淤泥质粉质黏土	0.3~4.4	软塑—可塑状态，局部呈现流塑状态，韧性低，干强度低，无摇震反应，切面粗糙，含中粗砂占 1%~5%，见大量贝壳碎片，具腥味
②$_3$	中砂	0.6~5.8	主要成分为长石英质矿物，稍密状态，饱和，一般粒径为 0.5~10mm。其中角砾含量为 20%~30%，成分以石英岩、花岗岩为主，含少量黏性土
②$_4$	粉质黏土	0.5~4.0	硬塑状态，韧性中等，干强度中等，切面光滑，无摇震反应
②$_5$	粗砂	0.3~5.8	主要成分为长石、石英矿物，含少量黏性土，占 3%~5%
②$_6$	砾砂	0.6~6.4	以长英质矿物为主，一般粒径为 1~10mm，可见最大粒径为 30mm，其中角砾含量为 25%~40%，部分砾砂强烈风化
③$_1$	全风化混合花岗岩	0.8~3.3	主要组成矿物为石英、长石、黑云母等，其中长石已高岭土化；原岩结构、构造已不清晰，节理裂隙极发育，岩芯呈粗砂及砾砂状，手捻可碎，稍具黏性

9.2.3　地基处理设计要求

重型、中型跨柱基及重要设备的地基承载力特征值 $f_{ak} \geqslant 350$kPa，有效加固深度 $\geqslant$ 10m，2~4m 深度范围内压缩模量 $E_s \geqslant 25$MPa，4~6m 深度范围内压缩模量 $E_s \geqslant 20$MPa，6~8m 深度范围内压缩模量 $E_s \geqslant 15$MPa。

轻型跨柱基、其他设备及室内道路、地坪下，地基承载力特征值 $f_{ak} \geqslant 300\text{kPa}$，有效加固深度 $\geqslant 9\text{m}$，1～3m 深度范围内压缩模量 $E_s \geqslant 22\text{MPa}$，3～5m 深度范围内压缩模量 $E_s \geqslant 18\text{MPa}$，5～7m 深度范围内压缩模量 $E_s \geqslant 12\text{MPa}$。

9.2.4　强夯试验

根据设计要求，在正式施工前进行了两个试验区的试验性施工，其中试验一区采用 12 000kN·m 能级平锤强夯处理工艺，试验二区采用 8 000kN·m 能级异形锤强夯置换与 12 000kN·m 能级平锤强夯联合处理工艺。

试验性施工前对试夯区进行了重型动力触探、钻孔取样并进行室内土工试验，并在试夯一区和试夯二区各进行一台现场载荷试验。试验性施工结束后共进行 15 个钻孔取样（试夯一区 6 个、试夯二区 9 个），以便采取素填土下面原状土样；试夯一区距夯点 1.0m 处进行 3 组重型动力触探，试夯二区距强夯置换点 1.0m、2.0m 处共进行 10 组重型动力触探；试夯一区和试夯二区各自选择两个夯点、两个夯间共进行 4 台静荷载试验。

从夯前、夯后取样分析，夯前所见的淤泥质砂层②₁，夯后该层土已被置换掉，充填到填土孔隙之中；根据动力触探检测结果，地表下 6m 左右范围属强夯置换区，加固效果显著，由素填土（夯前）置换为块石（夯后），重型触探击数由 4 击增加到 17.2 击（10.2 击）；地表下 6～9m 范围属强夯加强区，加固效果较好，淤泥质细砂层②₁、粉土层②₂地基处理后，强度有所增长，淤泥质砂层②₁重型触探击数由 2.5 击增加到 3 击；粉土层②₂重型触探击数由 3 击增加到 4.2 击。根据静载试验结果，夯后地基承载力由 160kPa 增加至 600kPa（平夯）和 1 000kPa（置换联合夯），提高了 3.8～6.7 倍。

施工结束后为判断所形成置换墩的深度和直径，在加固区域进行了垂直开挖检查，开挖效果如图 9.2 所示。

图 9.2　置换墩位置垂直开挖效果

9.2.5　强夯处理施工工艺

根据试夯结果，正式施工将整个厂房分为 3 个区域处理，强夯置换现场施工情况如图 9.3 所示。

图 9.3　强夯置换现场施工情况

Ⅰ区：重型、中型跨厂房柱基及重要设备下柱锤强夯置换联合平锤强夯置换区，采用 10 000kN·m 能级柱锤强夯置换联合 12 000kN·m 能级平锤强夯置换五遍成夯施工工艺处理，其中柱基中心采用 15 000kN·m 平锤强夯置换进行加固。具体施工工艺为：第一遍采用 10 000kN·m 能级柱锤强夯置换，夯点依据柱基位置和尺寸布置，重要设备下按 12m×12m 正方形布置，收锤标准按最后两击平均夯沉量不大于 15cm 且击数不少于 25 击，施工完成后及时将夯坑填平；第二遍采用 15 000kN·m 能级平锤强夯置换，夯点位于柱基中心，收锤标准按最后两击平均夯沉量不大于 15cm 且击数不少于 25 击，施工完成后及时将夯坑填平；第三遍采用 12 000kN·m 能级柱锤强夯置换，夯点依据柱基位置和尺寸布置，重要设备下按 12m×12m 正方形布置，收锤标准按最后两击平均夯沉量不大于 10cm 且击数不少于 20 击，施工完成后及时将夯坑填平；第四遍采用 5 000kN·m 能级平锤强夯，夯点按 4m×4m 正方形布置，收锤标准按最后两击平均夯沉量不大于 15cm 且击数不少于 25 击，施工完成后及时将夯坑填平；第五遍采用 2000kN·m 能级满夯，每点夯 3 击，要求夯印 1/3 搭接，以夯实地基浅部填土，满夯结束后整平场地。

Ⅱ区：轻型跨柱基下平锤强夯置换区，采用 15 000kN·m 能级平锤强夯置换联合 12 000kN·m 能级平锤强夯置换施工工艺，具体施工工艺如下：第一遍采用 15 000kN·m 能级平锤强夯置换，每个柱基下两点，收锤标准按最后两击平均夯沉量不大于 15cm 且击数不少于 25 击，施工完成后及时将夯坑填平；第二遍采用 12 000kN·m 能级平锤强夯置换，夯点依据柱基位置和尺寸布置，收锤标准按最后两击平均夯沉量不大于 10cm 且击数不少于 20 击，施工完成后及时将夯坑填平；第三遍采用 6 000kN·m 能级平锤强夯，夯点依据柱基位置和尺寸布置，收锤标准按最后两击平均夯沉量不大于 5cm，施工完成后及时将夯坑填平；第四遍采用 4 000kN·m 能级平锤强夯，夯点按 4m×4m 正方形布置，按每点 10 击，施工完成后及时将夯坑填平；第五遍采用 2 000kN·m 能级满夯，每点夯 3 击，要求夯印 1/3 搭接，以夯实地基浅部填土，满夯结束后整平场地。

Ⅲ区：其他设备及室内道路、地坪下平锤强夯置换区，采用五遍成夯的 12 000kN·m 能级平锤强夯置换工艺，具体施工顺序如下：第一遍采用 12 000kN·m 能级平锤强夯置换，夯点按 12m×12m 正方形布置，收锤标准按最后两击平均夯沉量不大于 10cm 且击数不少于 20 击，施工完成后及时将夯坑填平；第二遍采用 12 000kN·m 能级平锤强夯置换，夯点按 12m×12m 正方形布置，收锤标准按最后两击平均夯沉量不大于 10cm 且击数不少于 20 击，施工完成后及时将夯坑填平；第三遍采用 6 000kN·m 能级柱锤强夯置换，为第一遍和第二遍夯点间插点，收锤标准按最后两击平均夯沉量不大于 5cm，施工完成后及时将夯坑填平；第四遍采用 3 000kN·m 能级平锤强夯，夯点按 4m×4m 正方形布置，按每点 10 击，施工完成后及时将夯坑填平；第五遍采用 1 500kN·m 能级满夯，每点夯 3 击，要求夯印 1/3 搭接，以夯实地基浅部填土，满夯结束后整平场地。

9.2.6　地基处理效果检测与分析

工程施工结束后由检测单位对该厂房强夯地基分别在夯点和夯间选取检测点进行浅层平板荷载验收试验，由于试验为工程验收性检验，试验最大加荷值不少于设计荷载的 2 倍，试验结果如表 9.5 和表 9.6 所示。

表 9.5　工程验收地基土承载力及变形参数静载试验结果（试 1～试 5）

试验内容		静载试验结果				
		试 1	试 2	试 3	试 4	试 5
承压板宽度/m		1.50	1.50	1.50	1.50	1.50
试验点标高/m		−2.65	−2.95	−2.95	−2.65	−2.95
试验点位置		夯间	夯点	夯点	夯间	夯点
夯击能量/(kN·m)			15 000（强夯置换点）	15 000（强夯置换点）		15 000（强夯置换点）
最大加荷值与承载力特征值取值	最大加荷值/kN（对应沉降量/mm）	1 620（13.20）	1 620（10.77）	1 620（13.92）	1 620（22.30）	1 620（11.38）
	承载力特征值/kPa（对应沉降量/mm）	360（8.03）	360（7.43）	360（9.03）	360（12.68）	360（7.88）
变形模量/MPa		56.6	61.1	50.3	35.8	57.6

表 9.6　工程验收地基土承载力及变形参数静载试验结果（试 6～试 9）

试验内容		静载试验结果			
		试 6	试 7	试 8	试 9
承压板宽度/m		1.50	1.50	1.50	1.50
试验点标高/m		−2.95	−2.65	−2.95	−2.95
试验点位置		夯点	夯间	夯点	夯点
夯击能量/(kN·m)		15 000（强夯置换点）		15 000（强夯置换点）	15 000（强夯置换点）
最大加荷值与承载力特征值取值	最大加荷值/kN（对应沉降量/mm）	1 620（14.22）	1 620（21.86）	1 620（16.02）	1 620（14.29）
	承载力特征值/kPa（对应沉降量/mm）	360（9.43）	360（13.91）	360（10.62）	360（9.22）
变形模量/MPa		48.1	32.6	42.8	49.2

试验的 9 个检测点地基承载力特征值均≥360kPa，地基承载力特征值与其对应的变形模量均满足设计要求。

为对处理后厂房地基的加固效果及有效加固深度做出评价，在浅层平板荷载试验后进行了多道瞬态面波测试，厂房 1～36 轴 0～4m、4～8m、8～12m 内等效剪切波速等值线如图 9.4～图 9.6 所示。

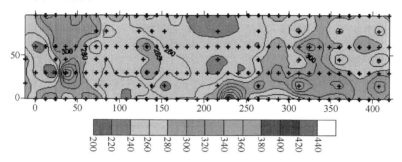

图 9.4　0～4m 等效剪切波速等值线（图中十字叉为测点位置）

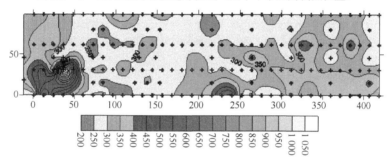

图 9.5　4～8m 等效剪切波速等值线（图中十字叉为测点位置）

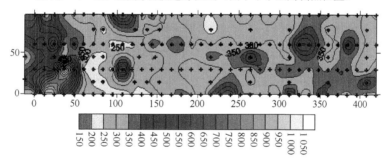

图 9.6　8～12m 等效剪切波速等值线（图中十字叉为测点位置）

根据分层等效剪切波速等值线图可以判断，场地经过地基处理后，土层加固效果明显，等效剪切波速基本上在 200m/s 以上，波速值提高幅度比较大，加固效果比较明显，有效加固深度超过 10m，达到设计要求。

9.2.7　后期沉降观测

该项目竣工投产后，应建设单位要求对厂房柱基及重要设备基础进行了沉降量变形观测，观测时间自 2009 年 3 月 30 日开始，至 2012 年 4 月 28 日结束，历时 1 125d，各厂房柱基的沉降量历时曲线如图 9.7 所示。

由图 9.7 可以看出，厂房整体沉降量在设计允许范围内，且沉降比较均匀。在厂房建成后的第一年，沉降量相对较大，第二年趋稳态势比较明显，第三年结束时已基本稳定。最后一次观测获得的厂房沉降速率在 0.00~0.01mm/d，也说明厂房沉降量在目前荷载状态下已基本稳定。

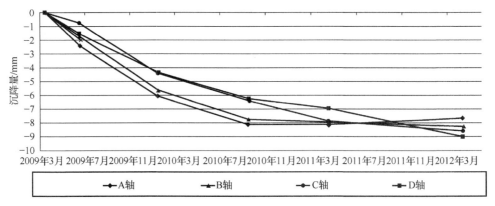

图 9.7　各厂房柱基的沉降量历时曲线

9.2.8　小结

该项目针对国内沿海地区普遍存在的开山填海场地地基，对于重型设备制造厂房基础的设计施工首次采用了高能级强夯置换和强夯处理后直接设置浅基础的技术方案，不仅满足了建设单位的功能使用要求，而且大大节约经济成本和缩短了建设工期，在工程应用、技术推广、概念创新、节能环保方面取得了显著的效果，可以为相似场地地基条件下重型厂房建设提供参考。根据工程施工检测结果和后期沉降量观测数据，可得到以下结论。

（1）根据试夯区夯前、夯后取样揭示的地层变化结果可知，夯前所见的淤泥质细砂层，夯后已不见，该层土已被置换掉，充填到填土孔隙之中。

（2）根据试夯区夯前、夯后重型动力触探试验对比结果可知，地表下 6m 左右属强夯置换区，加固效果显著，由素填土（夯前）置换为块石（夯后），重型触探击数由 4 击增加到 17.2 击；地表下 6~9m 范围属强夯加强区，加固效果较好，淤泥质砂层、粉土层②$_2$ 地基处理后，强度有所增长，淤泥质砂层②$_1$ 重型触探击数由 2.5 击增加到 3 击，粉土层②$_2$ 由 3 击增加到 4.2 击。

（3）根据试夯区夯前、夯后浅层平板载荷试验对比结果可知，夯后地基承载力由 160kPa 增加至 600kPa（平夯）和 1 000kPa（置换联合夯），提高了 3.8~6.7 倍。

（4）根据厂房强夯地基的浅层平板载荷试验结果，地基经高能级强夯置换和强夯处理后，承载力特征值和变形参数满足厂房进行浅基础设计的承载力要求。

（5）根据厂房强夯地基的多道瞬态面波测试结果，场地经过地基处理后，土层加固效果明显，等效剪切波速基本上在 200m/s 以上，波速值提高幅度比较大，加固效果比较明显，有效加固深度超过 10m，可以达到设计要求。

（6）根据厂房柱基和设备基础后期沉降量观测结果，竣工投产 3 年内厂房柱基和设备基础整体沉降量均匀，可以满足设计要求，且监测结束时沉降量可判定已达到稳定。

第10章　复杂地基处理工程

10.1　中海石油炼化有限责任公司惠州炼油二期 2 200万t/a炼油改扩建工程公用工程区强夯地基处理

10.1.1　工程概况

中海石油炼化有限责任公司惠州炼油二期2 200万t/a炼油改扩建工程公用工程区地处广东省惠州市大亚湾石化区中海油惠炼二期D1、D2场区东侧，根据地基处理基础设计及试夯结果，应采用强夯法对该场区地基进行加固处理，并对公用工程区进行强夯监测及检测工作。

该场区强夯加固总面积约 103 万 m^2，角点坐标为：A1=4 872.65，B1=1 031.50；A2=4 872.64，B2=1 582.12；A3=4 542.39，B3=1 582.12；A4=4 542.39，B4=1 547.12；A5=4 416.39，B5=1 547.12；A6=4 416.35，B6=2 320.35；A7=3 808.01，B7=2 320.35；A8=3 808.01，B8=1 031.71。场区北部区域主要采用 8 000kN·m 能级强夯法进行地基加固处理，场区中部采用 12 000kN·m 能级强夯法进行地基加固处理，场区南部采用 15 000kN·m 能级强夯法进行地基加固处理。

10.1.2　工程地质条件

场区强夯前进行了详细勘察工作，根据钻孔揭露，场地地质概况如下：场地覆盖层上部为人工填土，第四系海相沉积形成的淤泥质粉质黏土、粉细砂，第四系陆相冲洪积形成的粉质黏土、粉细砂、中粗砂、卵砾石层，中部第四系残积形成的粉质黏土，下伏基岩为侏罗系砂砾岩、泥质砂岩、泥岩。

10.1.3　监测、检测工作量布置

遵照国家现行的有关勘察、设计、地基处理等方面的规范，具体监测点的位置位于被监测构筑物上方，垂直夯点布设，监测、检测实物工程量如表10.1所示。

表 10.1　监测、检测实物工程量

工作内容		完成工程量
方格网测量/m²		1 030 796
检测点的测量定位/点		4 812
夯前瑞利面波检测/点		1 263
强夯振动监测/点		1 102
夯后原位测试	超重型动力触探/（m/孔）	18 472/1 233
	瑞利面波测试/点	1 282
	平板载荷试验/组	1 034

注：夯后原设计检测点数为瑞利面波 1 201 点，超重型动力触探 1 152 点，平板载荷 1 115 点。检测过程中因道路施工的需求，经业主同意将道路上的未检测平板载荷点（共 81 点）改为超重型动力触探和瑞利面波两种检测方法同时检测。

10.1.4　地基处理方式及技术要求

1. 强夯技术要求

（1）强夯能级 1，采用 8 000kN·m 能级强夯加固处理地基。

① 强夯区域：公用工程区北部区域。

② 夯击步骤：分五遍进行，第一遍和第二遍的单击夯击能均为 8 000kN·m，夯锤直径为 2.5m；第三遍夯击能为 4 000kN·m；第四遍、第五遍满夯能级为 2 000kN·m，第四遍满夯每点 3 击，第五遍满夯每点 2 击。两遍主夯点呈 8m×8m 正方形布置，第一遍、第二遍夯点采取隔行跳点方式进行施工，第三遍夯点在第一遍、第二遍相邻四个主夯点的中间插点，第四遍、第五遍满夯夯印要求搭接 1/4，以夯实地基浅部填土，并整平地基表面。夯点布置如图 10.1 所示。

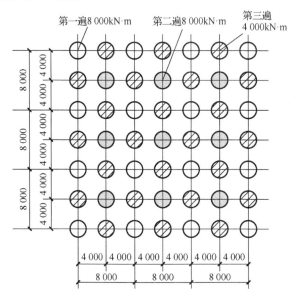

图 10.1　8 000kN·m 能级夯点布置图（单位：mm）

③ 指标要求：要求处理后的地基承载力特征值 $f_{ak} \geqslant 220kPa$，压缩模量 $E_s \geqslant 15MPa$，有效加固深度 $\geqslant 9.0m$。

（2）强夯能级 2，采用 12 000kN·m 能级强夯加固处理地基。

① 强夯区域：公用工程区中间区域。

② 夯击步骤：分五遍进行，第一遍和第二遍的单击夯击能均为 12 000kN·m，夯锤直径为 2.5m；第三遍夯击能为 8 000kN·m；第四遍、第五遍满夯能级为 2 000kN·m，第四遍满夯每点 3 击，第五遍满夯每点 2 击。两遍主夯点呈 9m×9m 正方形布置，第一遍、第二遍夯点采取隔行跳点方式进行施工，第三遍夯点在第一遍、第二遍相邻四个主夯点的中间插点，第四遍、第五遍满夯夯印要求搭接 1/4，以夯实地基浅部填土，并整平地基表面。夯点布置如图 10.2 所示。

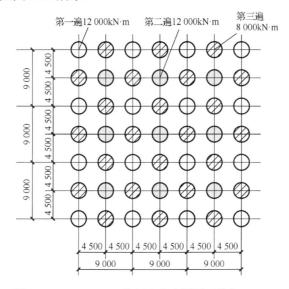

图 10.2　12 000kN·m 能级夯点布置图（单位：mm）

③ 指标要求：要求处理后的地基承载力特征值 $f_{ak} \geqslant 230kPa$，压缩模量 $E_s \geqslant 15MPa$，有效加固深度为 10～12m。

（3）强夯能级 3，采用 15 000kN·m 能级强夯加固处理地基。

① 强夯区域：公用工程区南部区域。

② 夯击步骤：分五遍进行，第一遍和第二遍的单击夯击能均为 15 000kN·m，夯锤直径为 2.5m；第三遍夯击能为 10 000kN·m；第四遍、第五遍满夯能级为 2 500kN·m，第四遍满夯每点 3 击，第五遍满夯每点 2 击。两遍主夯点呈 10m×10m 正方形布置，第一、第二遍夯点采取隔行跳点方式进行施工，第三遍夯点在第一遍、第二遍相邻四个主夯点的中间插点，第四遍、第五遍满夯夯印要求搭接 1/4，以夯实地基浅部填土，并整平地基表面。夯点布置图如图 10.3 所示。

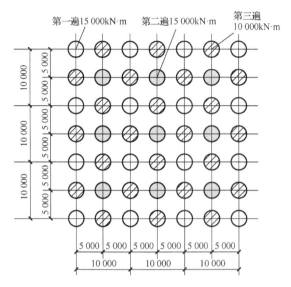

图 10.3　15 000kN·m 能级夯点布置图（单位：mm）

③ 指标要求：要求处理后的地基承载力特征值 $f_{ak} \geqslant 230$kPa，压缩模量 $E_s \geqslant 15$MPa，有效加固深度 12～14m。

2. 强夯监测、检测技术要求

强夯监测、检测技术要求如下。

（1）按照该场区抗震设防烈度，在强夯区内夯点距离供水管道小于 70m 时开始同步监测，当夯点距离其他建筑物小于 60m 时开始同步监测。

（2）检测工作应在强夯结束 2～4 周后进行。夯后检测数据与夯前面波及试夯阶段各项数据进行对比，检验强夯效果。

（3）要求 8 000kN·m 能级处理后的地基承载力 $f_{ak} \geqslant 220$kPa，压缩模量 $E_s \geqslant 15$MPa，有效加固深度 $\geqslant 9$m；12 000kN·m 能级处理后的地基承载力 $f_{ak} \geqslant 230$kPa，压缩模量 $E_s \geqslant 15$MPa，有效加固深度 10～12m；15 000kN·m 能级处理后的地基承载力 $f_{ak} \geqslant 230$kPa，压缩模量 $E_s \geqslant 15$MPa，有效加固深度 12～14m。

（4）超重型动力触探，检验深度应深于设计要求加固有效深度 2m，以判断地基的夯后承载力特征值和压缩模量，以及夯后地基土沿深度方向上的均匀性。检测点均匀布置于全部强夯区域或由设计指定，每 900m² 布置一个检测点。

（5）瑞利波试验，通过与夯前阶段的波速曲线结果的对比，大面积测控地基的加固效果。检测点均匀布置于全部强夯区域或由设计指定每 900m² 布置一个检测点。

（6）静载荷检测，确定承压板下应力主要影响范围内地基土综合承载力和压缩模量。检测点标高为夯后标高以下 1.2m。检测点均匀布置于全部强夯区域或由设计指定每 900m² 布置一个检测点，承压板尺寸不小于 1.5m×1.5m。

10.1.5　数据处理

该场区强夯施工时主要利用强夯振动监测仪对建构筑物进行监测，以避免建构筑物因强夯施工产生破坏。采用超重型动力触探来评价强夯地基的均匀性，并提供各层土承载力的经验值；采用瑞利面波测试与夯前数据对比，提供强夯有效影响深度，并大面积评价地基的加固效果；采用静载荷试验来确定承压板下地基土的综合承载力和变形模量。

1. 强夯监测

强夯检测与强夯施工同步进行，即在强夯施工时，采用振动监测仪时时监测，并即时给出振动数据，监测完毕后，将监测数据导入计算机，利用振动监测数据处理软件读取监测曲线。该场区监测数据统计和曲线如表 10.2 和图 10.4 所示。

表 10.2　强夯振动监测数据统计

序号	距离/m	加速度/g	速度/（cm/s）	频率/Hz
1	20	0.356 0	5.67	8.12
2	25	0.251 0	3.52	6.78
3	30	0.176 0	2.89	7.15
4	40	0.102 0	1.45	6.45
5	50	0.071 0	1.01	5.89
6	60	0.047 0	0.75	8.87
7	70	0.035 0	0.51	9.12
8	80	0.025 0	0.42	8.56

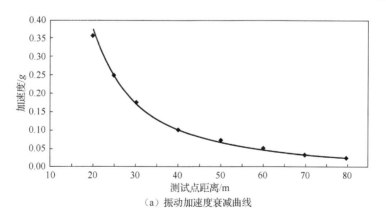

（a）振动加速度衰减曲线

图 10.4　强夯振动监测数据曲线

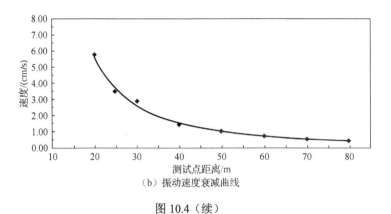

（b）振动速度衰减曲线

图 10.4（续）

2. 超重型动力触探

采用超重型动力触探（N_{120}）试验连续贯入的方式对地基土进行测试，检测点根据设计要求随机布设，然后由甲方、设计及监理审核确定。

为了确定各层地基土密实度，根据有关技术报告划分地层，采用与就近钻孔对比原则，对各地层的动探击数进行统计。首先对实测锤击数进行杆长修正，用厚度加权平均法计算单孔分层的贯入指标平均值，然后统计场地各层土的贯入指标平均值、变异系数等指标。统计中对异常值进行了剔除，随后进行初步统计，统计后根据统计结果，进行再次剔除和统计，指标剔除的标准为舍弃正负三倍标准差之外的数据。详细指标见超重型动力触探（N_{120}）试验成果统计（表 10.3～表 10.5）。各孔数据校正完成后成图，其测试成果曲线——超重型动力触探（$N_{63.5}$）试验曲线如图 10.5 所示。

表 10.3　8 000kN·m 夯区超重型动力触探（N_{120}）试验成果统计

层号	土层名称	统计项目	统计个数	最大值	最小值	平均值	标准差	变异系数
①	素填土	实测值	4 180	42	1.0	8.2	8.2	1.00
		修正值	4 180	41	0.9	7.9	7.9	1.00
②₂	粉细砂	实测值	1 006	9.0	1.0	3.4	1.5	0.44
		修正值	1 006	7.9	0.9	3.1	1.3	0.42
③₂	粉细砂	实测值	148	9.0	1.0	3.9	1.9	0.49
		修正值	148	7.9	0.9	3.5	1.6	0.46
③₄	卵砾石	实测值	892	36	2.0	6.9	5.4	0.78
		修正值	892	29.4	1.6	6.2	4.7	0.76
③₅	粉质黏土	实测值	502	5.0	1.0	2.5	1.3	0.53
		修正值	502	4.6	0.9	2.4	1.2	0.50
④	粉质黏土	实测值	147	4.0	1.0	2.8	1.4	0.50
		修正值	147	3.5	0.6	2.6	1.2	0.46

表 10.4　12 000kN·m 夯区超重型动力触探（N_{120}）试验成果统计

层号	土层名称	统计项目	统计个数	最大值	最小值	平均值	标准差	变异系数
①	素填土	实测值	21 154	40.0	1.0	9.5	8.6	0.90
		修正值	21 154	35.6	0.9	8.9	7.7	0.87
②₁	淤泥质粉质黏土	实测值	286	3.0	1.0	1.9	0.7	0.37
		修正值	286	2.8	0.8	1.7	0.6	0.36
②₂	粉细砂	实测值	3 300	10.0	1.0	3.6	1.9	0.53
		修正值	3 300	9.4	0.8	3.3	1.6	0.48
③₁	粉质黏土	实测值	144	4.0	1.0	2.1	1.3	0.62
		修正值	144	3.6	0.8	1.8	1.1	0.61
③₂	粉细砂	实测值	1 095	12.0	1.0	4.2	1.8	0.43
		修正值	1 095	10.6	0.8	3.7	1.5	0.41
③₃	中粗砂	实测值	3 617	12.0	1.0	5.4	2.6	0.48
		修正值	3 617	10.0	0.8	4.6	2.0	0.43
③₄	卵砾石	实测值	5 678	42.0	1.0	7.8	7.6	0.98
		修正值	5 678	30	0.8	7.0	6.5	0.93
③₅	粉质黏土	实测值	351	4.0	1.0	2.5	1.5	0.60
		修正值	351	3.5	0.8	2.3	1.2	0.52
④	粉质黏土	实测值	684	5.0	1.0	2.9	1.3	0.45
		修正值	684	4.4	0.8	2.6	1.1	0.42

表 10.5　15 000kN·m 夯区超重型动力触探（N_{120}）试验成果统计

层号	土层名称	统计项目	统计个数	最大值	最小值	平均值	标准差	变异系数
①	素填土	实测值	50 043	36.0	2.0	10.1	6.8	0.67
		修正值	50 043	32.9	1.5	9.2	5.9	0.64
②₁	淤泥质粉质黏土	实测值	3 150	4.0	1.0	1.8	1.0	0.56
		修正值	3 150	3.4	0.8	1.5	0.8	0.53
②₂	粉细砂	实测值	1 772	6.0	1.0	3.7	1.7	0.46
		修正值	1 772	5.4	0.8	3.4	1.5	0.44
③₁	粉质黏土	实测值	895	3.0	1.0	2.3	0.9	0.39
		修正值	895	2.6	0.8	2.0	0.7	0.35
③₂	粉细砂	实测值	1 028	10.0	1.0	4.5	1.9	0.42
		修正值	1 028	9.2	0.8	4.0	1.6	0.40
③₃	中粗砂	实测值	536	15.0	1.0	5.3	2.9	0.55
		修正值	536	13.4	0.8	4.9	2.3	0.47
③₄	卵砾石	实测值	10 227	39.0	2.0	8.6	8.5	0.99
		修正值	10 227	29.6	1.5	7.8	7.5	0.96
③₅	粉质黏土	实测值	2 571	4.0	1.0	2.8	1.6	0.57
		修正值	2 571	3.5	0.8	2.5	1.3	0.52
④	粉质黏土	实测值	1 501	5.0	1.0	3.4	1.4	0.41
		修正值	1 501	4.0	0.8	2.9	1.1	0.38

注：为了与勘查报告协调一致，本次检测工作定义的地层、层序、编号和岩土名称均沿用原详勘报告的定义，以便于设计时应用。

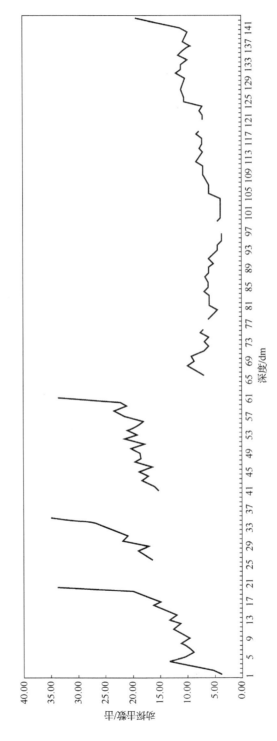

图 10.5 超重型动力触探（$N_{63.5}$）试验曲线

1）确定土层的密实度

参照广东省有关标准中的密实度判别如表 10.6 所示。

表 10.6　地基土密实度统计

层号	夯区能级					
	8 000kN·m		12 000kN·m		15 000kN·m	
	锤击数(N_{120})	密实度	锤击数(N_{120})	密实度	锤击数(N_{120})	密实度
①	7.9	中密	8.9	中密	9.2	中密
②₂	3.1	稍密	3.3	稍密	3.4	稍密
③₂	3.5	稍密	3.7	稍密	4.0	稍密
③₃			4.6	稍密	4.9	稍密
③₄	6.2	中密	7.0	中密	7.8	中密

2）确定地基土承载力及压缩模量

依照广东省有关标准，由动探试验结果确定的密实度，并通过查表法确定各层土承载力特征值 f_{ak} 及压缩模量 E_s（或变形模量 E_0），如表 10.7 所示。

表 10.7　地基土承载力特征值及压缩模量 E_s（或变形模量 E_0）

层号	夯区能级					
	8 000kN·m		12 000kN·m		15 000kN·m	
	承载力特征值 f_{ak}/kPa	压缩（变形）模量 E_s（E_0）/MPa	承载力特征值 f_{ak}/kPa	压缩（变形）模量 E_s（E_0）/MPa	承载力特征值 f_{ak}/kPa	压缩（变形）模量 E_s（E_0）/MPa
①	220	(15)	230	(15)	230	(15)
②₁			95	3.0	95	3.0
②₂	160	7.5	160	7.5	160	7.5
③₁			140	6.5	140	6.5
③₂	170	10	170	10	180	10
③₃			220	8.0	230	8.0
③₄	460	12	460	12	460	10
③₅			180	7.0	180	7.0
④			200	7.0	200	7.0

3. 瑞利波测试

为了对场区地基土进行均匀性评价和测控大面积地基的加固效果，采用瑞利波法检测，共检测 1 282 点。

根据场区测试目的，为了更直观地对强夯处理效果进行分析评价，把同一剖面上不同面波检测点的频散曲线在距离和深度方向连接起来，根据各面波点层速度绘制成面波深度映像剖面图。具体各测点瑞利面波频散曲线成果图和地质映像剖面图如图 10.6 和图 10.7 所示。

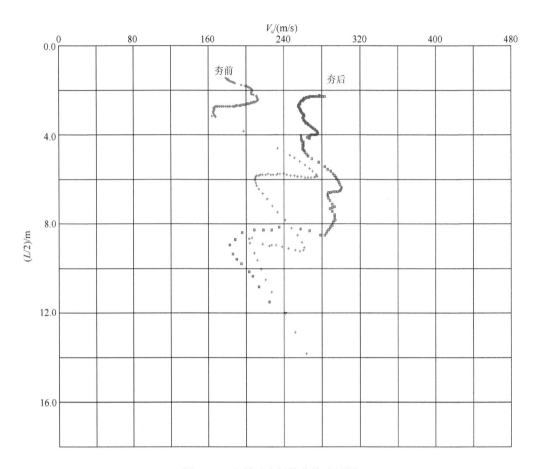

图 10.6　瑞利面波频散曲线成果图

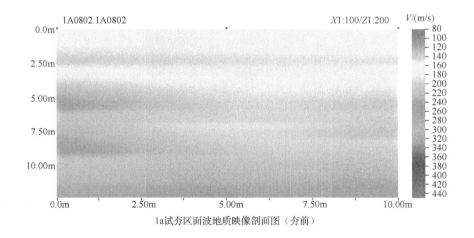

图 10.7　瑞利面波地质映像剖面图

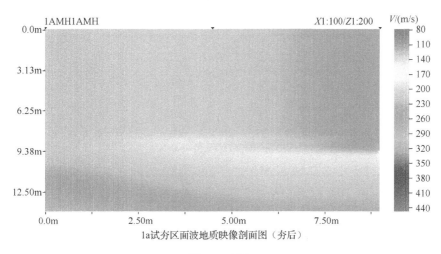

1a试夯区面波地质映像剖面图（夯后）

图 10.7（续）

　　面波成果解释以测试点面波频散曲线为基础，根据测线上面波点频散曲线，通过反演分析计算做成面波深度映像剖面图。从整个图中可以看出：在垂直方向上面波层速度（深度轴）大体分布为低—高走势，表层视速度在 200～360m/s。随着深度增加，视速度整体呈增大趋势，部分检测点波速在深部出现波速减小现象，反映出强夯效果在垂直方向上存在较大差异。

　　在水平方向上面波层速度（水平轴）大体可分为两种趋势。一种为浅部的不均匀性，这在整个测区的每条测线上都有或多或少的反映。引起这种不均匀性的原因除强夯效果不同外，还与填料不均匀、场地的不同地质条件有较大的相关性。另一种为深部的不均匀性，此类不均匀性主要与测区原始地形和填土的填料有关：原始地形越高，填料越坚硬密实，深部波速越高；反之，原始地形越低，填料越松散，深部波速越低。

　　总之，在测区中无论是垂直方向还是水平方向都存在较大的不均匀性，这在强夯加固中不可避免，其主要原因是由于填料性质、颗粒大小、级配、含水量、填土厚度及天然地基土性质的影响，存在场地加固不均匀性引起不均匀沉降等问题，建议根据建筑物的重要性及建筑物对沉降的敏感性加强沉降监测。

4. 静荷载试验

　　为了确定夯后地基土的地基强度及变形指标，场区共选择 1 034 个点进行平板静荷载试验检测。试验结果统计如表 10.8 和图 10.8 所示。

表 10.8　平板静荷载试验结果统计

序号	荷载/kPa	历时/min		沉降量/mm	
		本级	累计	本级	累计
0	0	0	0	0.00	0.00
1	55	60	60	2.21	2.21
2	110	60	120	2.40	4.61

续表

序号	荷载/kPa	历时/min		沉降量/mm	
		本级	累计	本级	累计
3	165	60	180	2.24	6.85
4	220	60	240	1.72	8.57
5	275	60	300	2.44	11.01
6	330	60	360	2.51	13.52
7	385	90	450	1.97	15.49
8	440	60	510	1.82	17.31

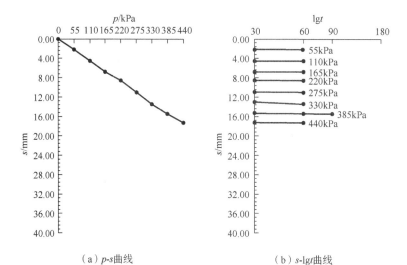

（a）p-s曲线　　　　　　　（b）s-lg$t$曲线

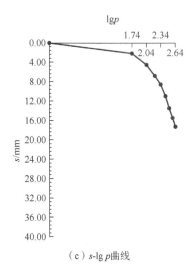

（c）s-lg$p$曲线

图 10.8　平板静荷载试验结果图

由平板静荷载试验结果统计可知，该场区 8 000kN·m 能级夯区内所测点的承载力特征值均不小于 220kPa，12 000kN·m 及 15 000kN·m 能级夯区内所测点的承载力特征值均不小于 230kPa，变形模量均不小于 15MPa，满足设计要求。

5. 地基加固效果综合评价

本场区强夯效果综合评价如表 10.9～表 10.11 所示。

表 10.9　8 000kN·m 地基处理效果综合评价

层号	平板荷载试验		瑞利面波勘探波速/（m/s）	超重型动力触探试验		综合评价结果	
	承载力特征值 f_{ak} /kPa	变形模量 E_0 /MPa		承载力特征值 f_{ak} /kPa	压缩模量 E_s /MPa	承载力特征值 f_{ak} /kPa	压缩（变形）模量 E_s（E_0）/MPa
①			200～350	220	15	220	>(15)
②₂	≥220	20.93～33.06	160～280	160	7.5	160	7.5
③₂			160～300	170	10	170	10
③₄			>200	460	10	460	10

表 10.10　12 000kN·m 地基处理效果综合评价

层号	平板荷载试验		瑞利面波勘探波速/（m/s）	超重型动力触探试验		综合评价结果	
	承载力特征值 f_{ak} /kPa	变形模量 E_0 /MPa		承载力特征值 f_{ak} /kPa	压缩模量 E_s /MPa	承载力特征值 f_{ak} /kPa	压缩（变形）模量 E_s（E_0）/MPa
①层			200～360	230	15	230	>(15)
②₁			150～300	95	3.0	95	3.0
②₂			150～300	160	7.5	160	7.5
③₁			160～300	140	6.5	140	6.5
③₂	≥230	19.19～50.79	180～350	170	10	170	10
③₃			200～350	220	8.0	220	8.0
③₄			250～500	460	10	460	10
③₅			200～350	180	7.0	180	7.0
④			200～400	200	7.0	200	7.0

表 10.11　15 000kN·m 地基处理效果综合评价

层号	平板荷载试验		瑞利面波勘探波速/（m/s）	超重型动力触探试验		综合评价结果	
	承载力特征值 f_{ak} /kPa	变形模量 E_0 /MPa		承载力特征值 f_{ak} /kPa	压缩模量 E_s /MPa	承载力特征值 f_{ak} /kPa	压缩（变形）模量 E_s（E_0）/MPa
①			200～360	230	15	230	>（15）
②₁			150～280	95	3.0	95	3.0
②₂			150～300	160	7.5	160	7.5
③₁			160～300	140	6.5	140	6.5
③₂	≥230	15.73～52.48	180～300	180	10	180	10
③₃			200～350	230	8.0	230	8.0
③₄			250～500	460	10	460	10
③₅			200～350	180	7.0	180	7.0
④			200～400	200	7.0	200	7.0

从整体加固效果看，夯后场地上部土层强度因土质、碎块石含量及夯点、夯间差别，在水平及垂直方向上存在差异。强夯后场地的①层素填土及②$_2$、③$_2$层粉细砂的加固效果较好，夯后承载力特征值和压缩（变形）模量均比强夯前有较大提高，③$_1$、③$_3$、③$_5$层及④层承载力及压缩（变形）模量均有提高，③$_4$层卵石加固效果不明显。由于地质条件的影响，②$_1$层淤泥质粉质黏土的承载力与压缩（变形）模量夯后提高幅度较小。

10.1.6　结论与建议

1. 结论

（1）通过对强夯施工的跟踪监测，该场区出现部分振动超标点，在施工时均通知业主和监理，并通知了施工单位暂停施工，对周边建构筑物进行了有效的保护。

（2）由超重型圆锥动力触探试验结果可以看出：整个夯区内强夯后①层素填土及②$_2$、③$_2$层粉细砂的加固效果较好，夯后承载力特征值和压缩（变形）模量均比强夯前有较大提高，②$_1$层淤泥质粉质黏土的承载力与压缩（变形）模量夯后提高幅度较小，③$_1$、③$_3$、③$_5$层及④层承载力及压缩（变形）模量均有提高。

（3）由瑞利波测试数据可以看出：各检测点波速随深度的增加变化各异，不同检测点波速在同一深度位置差别较大，反映出强夯效果在水平和垂直方向上存在着较大差异。

（4）由平板载荷试验结果可知，该场区 8 000kN·m 能级夯区内所测点的①层素填土承载力特征值均不小于 220kPa、12 000kN·m 及 15 000kN·m 能级夯区内所测点的①层素填土承载力特征值均不小于 230kPa，变形模量均不小于 15MPa，满足设计要求。

（5）综合三种检测方法并结合公用工程区相关岩土工程勘察技术报告（详细勘察）分析，该场地强夯后，检测深度范围内地基土的工程特性有了较大改善和提高。受地质条件影响，该场区强夯有效加固深度差异性较大。总体来看，8 000kN·m 能级夯区强夯有效加固深度为 6～9m，12 000kN·m 能级夯区强夯有效加固深度为 8～12m，15 000kN·m 能级夯区强夯有效加固深度为 10～14m。

（6）由夯前夯后方格网测量成果图可以看出，整个强夯场区内部分区域夯前夯后标高差异值略大于±100mm。从场地标高平均值来看，一标段夯前平均标高为 6.24m，夯后平均标高为 6.22m，差值为-20mm；二标段夯前平均标高为 6.18m，夯后平均标高为 6.10m，差值为-80mm；三标段夯前平均标高为 6.38m，夯后平均标高为 6.41m，差值为 30mm。总体场地标高平均值符合设计要求。

2. 建议

（1）因土质、夯点、夯间的差异性，强夯后地基土强度在水平、垂直方向上存在较大差异。

（2）该场地检测深度范围内未发现空洞等不良地质现象，各土层的稳定性较好，但由于地质条件的复杂性，动力触探检测数据离散性较大，各检测点平板荷载试验最终沉降值差异较大，且表层土波速存在很大差异，建议施工开槽后进行验槽工作，查明建筑物基础范围内地基土的均匀程度，消除地基土不均匀性对建构筑物产生的影响。

（3）由于填土层中块石及夯填料的影响，对于场区内的重载荷和沉降敏感区域，建议采用冲击成孔的方式灌注桩。

10.2　温州医科大学仁济学院迁建工程软基处理工程

10.2.1　工程概况

该工程场地位于温州市洞头区新城，场地原为滩涂，现大部分已回填塘渣整平，地势较平坦，北侧为拟建海景大道，南侧为拟建霓屿路，西侧为拟建滨海大道，东侧为大门路，场地内拟建建筑物主要包括有宿舍楼、教师公寓楼、教学楼、校行政用房、实验楼、图书馆、食堂、操场等。该工程总用地面积 343 498.4m²，总建筑面积 316 707.4m²。场地地貌类型属滨海淤积平原地貌类型。场地原为滩涂，原地面标高为 1.50～2.00m，设计地面标高为 5.00～7.00m，回填厚度较大，场地下浅部主要以厚度大、性质差的软弱土层为主，具有含水量高、孔隙比大、压缩性高、易扰动变形等特点，在地面大面积堆载作用下易产生较大的沉降量及不均匀沉降，且持续时间很长，从而引起地面开裂而影响正常使用，故需要进行地基处理。地基处理范围为场地内道路、管线、室外广场及各类运动场，建筑物均不做处理。地基处理面积约为 81 845m²，其中按照场地用途功能分：休闲广场 35 400m²，室外运动场（运动场一～运动场三及足球场）15 875m²，规划道路（道路一～道路三）30 570m²（图 10.9 和图 10.10）。

10.2.2　工程地质及水文地质条件

工程地质及水文地质概况参见浙江省工程勘察院提供的相关勘察报告。

10.2.3　软基处理

综合考虑该场地的地质条件、施工工艺、工程投资以及施工工期等，该场地软基处理采用动力排水固结法方案，即柱锤冲扩碎石桩+强夯处理方案。该场地的平均夯沉量为 800～1 000mm，经动力排水固结法处理后，预计工后沉降可控制在 300mm 内。

采用柱锤冲扩碎石桩+强夯动力排水施工原则及参数如下所述。

原则：信息化施工，根据施工（孔隙水压力消散情况、每击夯沉量、各击夯沉量相对大小，以及每遍工序下高程测量等）记录及观察、动力触探自检、监测反馈的信息，结合工程地质条件，控制工艺参数，必要时经认可后调整工艺参数。采取少击多遍、循序渐进的方式逐步提高软土承载力。

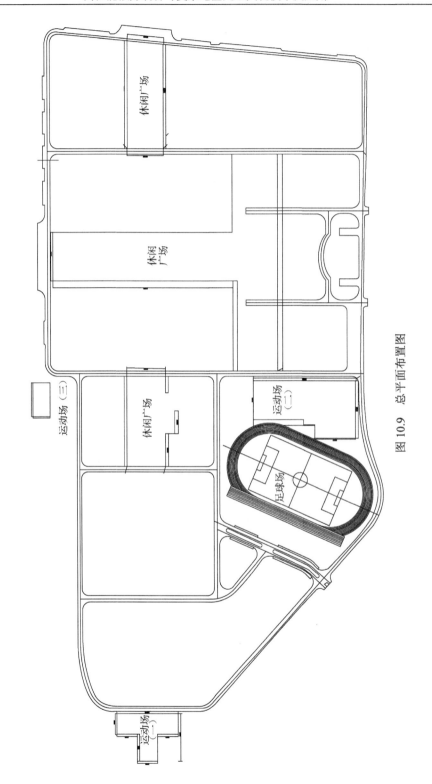

图 10.9　总平面布置图

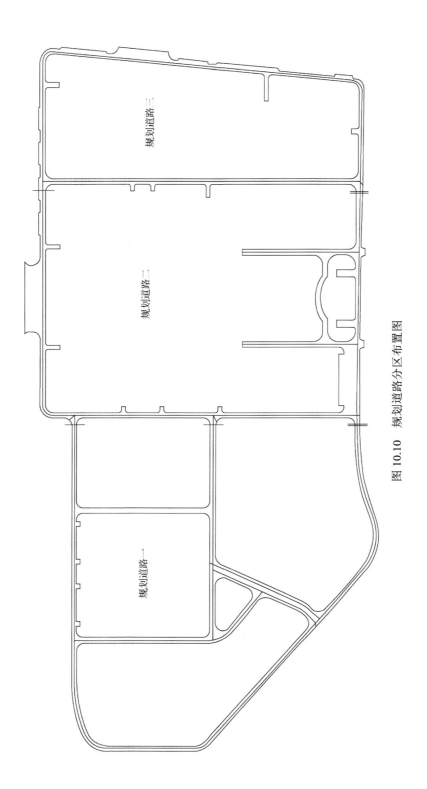

图 10.10　规划道路分区布置图

排水体系：竖向排水体系采用柱锤强夯置换法形成碎石桩体。用带有自动脱钩装置的履带式起重机或其他专用设备将柱锤提高到一定高处使其自由落下冲击成孔，形成夯坑，然后分层填入并不断夯击坑内回填的砂石、工业废渣及建筑碎骨料等硬粒料，使其成密实桩体。柱锤用15t重锤，锤径1 100mm，夯击能约为3 000kN·m，提升高度约20m，形成桩径约为1 200mm，桩长桩距根据不同分区的地质情况分别确定，柱锤碎石扩桩布置图如图10.11～图10.14所示。

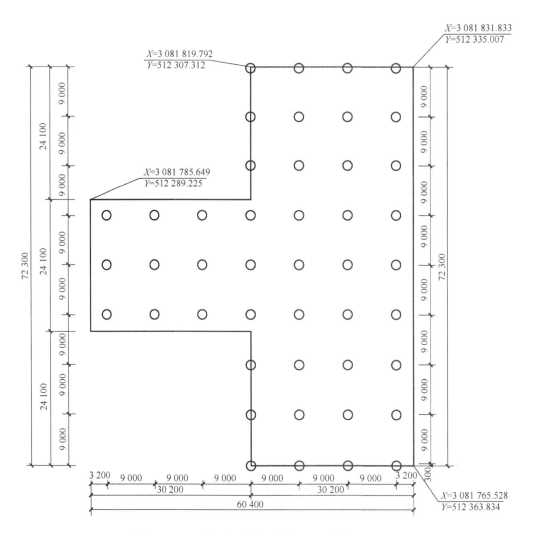

图10.11　运动场碎石桩布置图（一）（单位：mm）

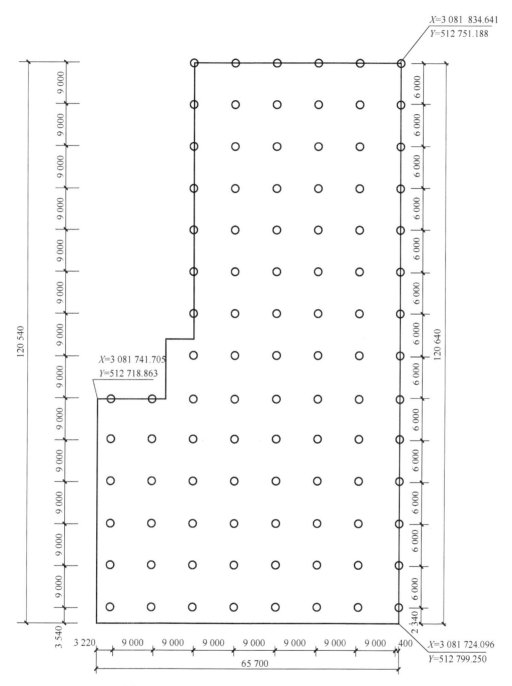

图 10.12　运动场碎石桩布置图（二）（单位：mm）

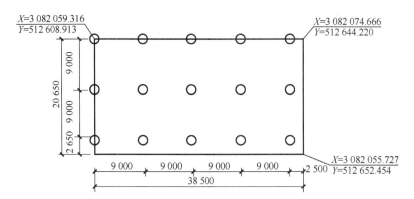

图 10.13　运动场碎石桩布置图（三）（单位：mm）

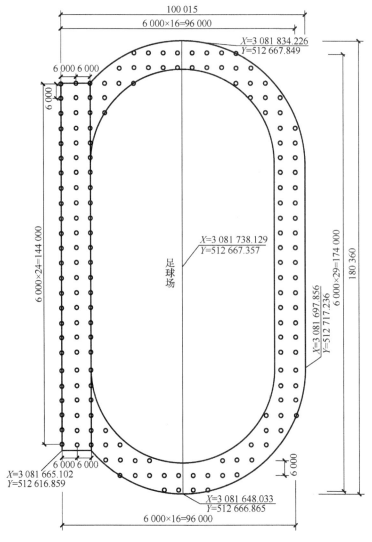

图 10.14　足球场碎石桩布置图（单位：mm）

夯击工艺参数：施工中严禁形成"弹簧土"，重点在正确控制夯击击密施工的有关参数（夯击能量、击数、遍数、间歇时间等），不同的区域，不同的土层，采用不同的控制参数，具体根据现场施工的详细勘探资料计算预控参数，信息化施工中参照适量微调。

强夯施工时按"先轻后重，逐级加能，少击多遍，逐层加固"的方式进行夯击，夯点采用梅花形布置，夯间距 9m，采用一遍普夯、四遍点夯、一遍满夯的方式，根据各点地质情况分别确定夯击能。

（1）普夯夯击能 1 000～1 500kN·m，每点 2 击，1/3 锤印搭接。

（2）第一遍点夯，夯点按 9.0m×9.0m 方形布置，夯击能 2 000～2 500kN·m，6 击夯。第一遍夯击完成后，采用夯区碎石砂土填实推平，等孔隙水压力消散之后，再进行第二遍夯击。每遍夯击的收锤标准以 6 击总沉降量不大于 1 600mm 为准。

（3）第二遍点夯，夯点按 9.0m×9.0m 方形布置，夯击能 2 000～2 500kN·m，6 击夯。第二遍夯击完成后，采用夯区两碎石砂土填实推平，等孔隙水压力消散之后，再进行第三遍夯击。每遍夯击的收锤标准以 6 击总沉降量不大于 1 600mm 为准。

（4）第三遍点夯，夯点按 9.0m×9.0m 方形布置，夯击能 2 500～3 000kN·m，10 击夯。第三遍夯击完成后，采用夯区两碎石砂土填实推平，等孔隙水压力消散之后，再进行第四遍夯击。每遍夯击的收锤标准以 6 击总沉降量不大于 1 600mm 为准。

（5）第四遍点夯，夯点按 4.5m×4.5m 方形布置，夯击能 2 500～3 000kN·m，10 击夯。第四遍夯击完成后，采用夯区两碎石砂土填实推平，等孔隙水压力消散之后，再进行满夯。每遍夯击的收锤标准以 6 击总沉降量不大于 1 600mm 为准。

（6）满夯夯击能 1 000～1 500kN·m，每点 2 击，1/3 锤印搭接。

夯击点布置图如图 10.15（a）～（c）所示。

10.2.4　监测

由业主请第三方进行监测，作为信息化施工的重要补充。

（1）进行地表沉降量监测。

（2）土中孔隙水压力监测。

在深度 8m 处设置一个孔隙水压力计，各监测点间距离为 50～100m，主要监测各土层在强夯期间孔隙水压力消散规律和水位变化，分析超孔隙水压力的消散情况。孔隙水压力计安设后，待监测值稳定时读取初始值。在强夯施工过程中孔隙水压力每天监测一次。

10.2.5　施工质量检测

在强夯完成后，经过 21～30 天休止期，要对处理过的地基进行静力触探、原位十字板剪切试验、取土进行室内土工试验，主要检测地基土的强度、含水量、容重、孔隙比、渗透系数和固结系数等指标，以便了解软基的深部沉降、固结情况及强度增长情况等指标。试验的具体要求参照相关标准，确定本次软基处理面积约为 81 845m²，按每 400m² 布置 1 个检测点，共布置 205 个检测点。

竣工验收时，要提供所有观测和检测项目的成果资料，并以图表和过程线的形式表示清楚。

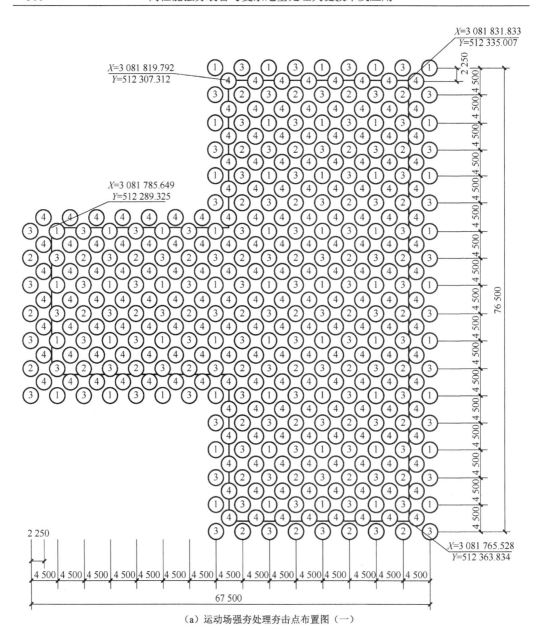

（a）运动场强夯处理夯击点布置图（一）

图 10.15 强夯点布置图（单位：mm）

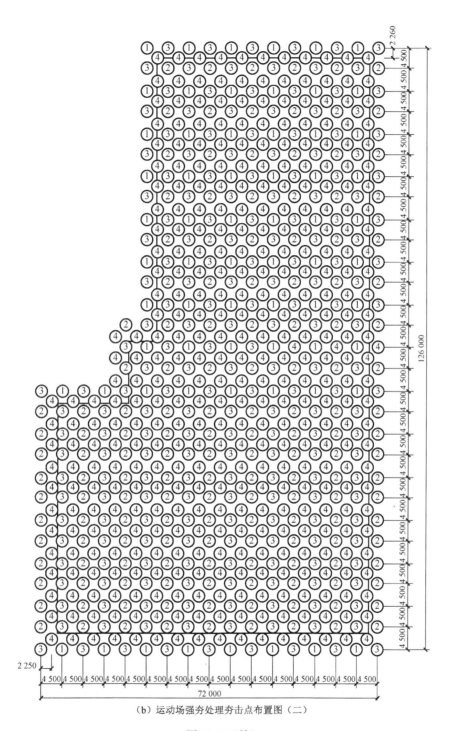

（b）运动场强夯处理夯击点布置图（二）

图 10.15（续）

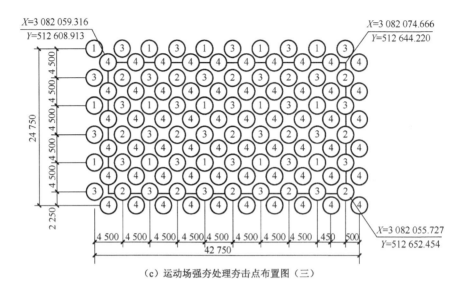

（c）运动场强夯处理夯击点布置图（三）

图 10.15（续）

参 考 文 献

[1] 张季超. 地基处理[M]. 北京：高等教育出版社，2009.

[2] 张季超，陈一样，蓝维，等. 新编地基处理技术与工程实践[M]. 北京：科学出版社，2014.

[3] 王铁宏，水伟厚. 高能级强夯技术发展研究与工程应用[M]. 北京：中国建筑工业出版社，2017.

[4] 王铁宏. 新编全国重大工程项目地基处理工程实录[M]. 北京：中国建筑工业出版社，2005.

[5] 王铁宏，稽转平，张季超. 全国重大工程项目地基处理工程实录[M]. 北京：中国建筑工业出版社，1998.

[6] 水伟厚，胡瑞庚. 按变形控制进行强夯加固地基设计思想的探讨[J]. 低温建筑技术，2018，40（2）：117-121.

[7] 水伟厚. 冲击应力与10000kN·m高能级强夯系列试验研究[D]. 上海：同济大学，2004.

[8] 水伟厚. 对强夯置换概念的探讨和置换墩长度的实测研究[J]. 岩土力学，2011，32（S2）：502-506.

[9] 水伟厚，王铁宏，王亚凌. 高能级强夯地基土载荷试验研究[J]. 岩土工程学报，2007（7）：1090-1093.

[10] 曾华健，张季超，童华炜，等. 强夯法处理广东科学中心软弱地基的试验研究[J]. 广州大学学报（自然科学版），2005，4（2）：184-187.

[11] 水伟厚，王铁宏，朱建峰. 高能级强夯作用下地面变形试验研究[J]. 港工技术，2005（2）：50-52.

[12] 王铁宏，水伟厚，王亚凌. 对高能级强夯技术发展的全面与辩证思考[J]. 建筑结构，2009，39（11）：86-89.

[13] 水伟厚，王亚凌，何立军，等. 10000kN·m高能级强夯作用下地面变形实测分析[J]. 地基处理，2006，17（1）：49-54.

[14] 水伟厚，朱建锋. 10000kN·m高能级强夯振动加速度实测分析[J]. 工业建筑，2006（1）：37-39.

[15] 水伟厚，王铁宏，王亚凌. 10000kN·m高能级强夯作用下孔压测试与分析[J]. 土木工程学报，2006，39（4）：78-81.

[16] 水伟厚，高广运，吴延炜. 湿陷性黄土在强夯作用下的非完全弹性碰撞与冲击应力解析[J]. 建筑结构学报，2003，24（5）：92-96.

[17] 陈一平，张季超，陈小宝. 地基处理新技术与工程实践[M]. 北京：科学出版社，2010.

[18] 张季超. 基础工程与检测实录[M]. 北京：中国建材工业出版社，1998.

[19] 水伟厚，王铁宏，王亚凌. 碎石回填地基上10000kN·m高能级强夯标准贯入试验[J]. 岩土工程学报，2006（10）：1309-1312.

[20] 张季超，吴义章，许勇，等. 基础工程测试技术与案例分析[M]. 北京：科学出版社，2012.

[21] 水伟厚，王铁宏，王亚凌. 瑞雷波检测10000kN·m高能级强夯地基[J]. 建筑结构，2005（7）：46-48.

[22] 王铁宏，水伟厚，王亚凌，等. 10000kN·m高能级强夯时的地面变形与孔压试验研究[J]. 岩土工程学报，2005（7）：759-762.

[23] 水伟厚，王铁宏，王亚凌. 对湿陷性黄土在强夯作用下冲击应力的分析[J]. 建筑科学，2003，19（1）：33-36.

[24] 刘茂龙，马哲，张季超，等. 广州外国语学校首期软基处理工程检测与监测[J]. 工程力学，2010，27（S2）：231-234.

[25] 水伟厚，裴捷，王铁宏，等. 碎石回填地基在10000kN·m高能级强夯前后土性变化研究[J]. 建筑施工，2005（6）：35-37.

[26] 张季超. 多种地基处理技术在复杂场地下的综合运用[J]. 工程力学，1999（增刊）：896-901.